新型职业农民培育系列教材
——生产经营型

设施蔬菜栽培技术与经营管理

李玉振　王玉新　井润梓　主编

中国农业科学技术出版社

图书在版编目（CIP）数据

设施蔬菜栽培技术与经营管理/李玉振，王玉新，井润梓主编. —北京：中国农业科学技术出版社，2015.2（2024.12 重印）
ISBN 978-7-5116-1214-4

Ⅰ.①设… Ⅱ.①李…②王…③井… Ⅲ.①蔬菜园艺-设施农业 Ⅳ.①S626

中国版本图书馆 CIP 数据核字（2014）第 306378 号

责任编辑	崔改泵　涂润林
责任校对	贾晓红

出版发行	中国农业科学技术出版社
	北京市中关村南大街 12 号　邮编：100081
电　话	（010）82109194（编辑室）（010）82106624（发行部）
	（010）82109709（读者服务部）
传　真	（010）82106650
网　址	http://www.castp.cn
经销商	各地新华书店
印刷者	北京中科印刷有限公司
开　本	880mm×1230mm　1/32
印　张	8.75
字　数	232 千字
版　次	2015 年 2 月第 1 版　2024 年 12 月第 4 次印刷
定　价	28.00 元

◆◆◆ 版权所有·翻印必究 ◆◆◆

《设施蔬菜栽培技术与经营管理》编委会

主　编：李玉振　王玉新　井润梓
副主编：马善峰　王庆节　邢西珍
　　　　　邰凤雷　吕春英　任永霞
编　委：（按姓氏拼音排序）
　　　　陈雪梅　陈运超　陈　哲　戴佩宏
　　　　冯　佩　高　峰　贾占光　焦桂华
　　　　景占辉　李金位　李　兴　刘彩玲
　　　　刘　伟　柳俊梅　孟宪杰　钱双岩
　　　　王丽川　王　玲　王书荣　吴　赛
　　　　杨树新　张翠梅　张二朝　张秋兰
　　　　赵彦卿　周　芳　周艳勇

序　言

"菜篮子"关系社会民生。蔬菜跟粮食一样，人人要吃、每天要吃、餐餐要吃，还要吃得安全、吃得便宜。随着我国蔬菜生产发展迅速，供应情况发生了根本性好转。有数据显示，2012年，全国蔬菜面积超过3亿亩（1亩约为667 m^2，全书同），总产突破7亿t，人均占有量达500kg。然而，随着蔬菜从副食变为城乡居民天天要吃的重要农产品，随着经济、社会的发展和生活水平的不断提高，蔬菜消费群体与市场格局发生了巨大变化。一方面，城市居民更加注重健康保养，对蔬菜的需求大幅度增长；另一方面，农民工进城，由蔬菜生产者变成蔬菜消费者；此外，在家务农的农民，多数也由自给自足的蔬菜生产和消费者变成商品菜消费者。有数据显示，全国按城镇化率每年提高0.9%计算，人均蔬菜消费量大约增长15%。则到2020年至少需要增加9 740万t蔬菜供应，蔬菜产业的发展依然是方兴未艾之势。河北省辛集市地处河北靠近京津，且光照充足、农田肥沃、区位优势和资源优势比较明显，有着得天独厚的蔬菜产业发展条件。

辛集市总面积95 100hm^2，耕地面积83.9万亩，人口62万。蔬菜播种面积17.27万亩，其中设施蔬菜面积10.3万亩，年产蔬菜103.3万t，年产值12.9亿元。近年来，辛集市委、市政府对蔬菜发展高度重视，制定出台了《加快蔬菜产业发展，促进农民增收的实施意见》及《加快蔬菜产业发展的奖励办法》，确保了蔬菜产业的迅猛发展，目前蔬菜已成为全市农业主导产业之一。

辛集市蔬菜生产虽已开始由数量规模型的发展模式向质量效益型转变，但由于蔬菜生产受自然条件和市场因素的双重影响，蔬菜产业仍存在着一些阻碍产业发展的新情况、新问题，蔬菜生产科技水平仍需进一步增强，质量有待进一步提高，为此我们组织近几年来工作在农技推广特别是蔬菜产业一线的专业技术人员编写了《设施蔬菜栽培技术与经营管理》一书。现代蔬菜生产除要求高产之外，必须保证无公害蔬菜向绿色蔬菜方向发展，实行标准化生产，实现优质高效，保护环境和高效利用资源。本书在编写过程中采编了相关内容，力求反映当前产业技术水平和具有前瞻性的质量要求。旨在提高专业技术人员与蔬菜从业者的技术和经营水平。当前我们欣喜地看到辛集市蔬菜产业正在向着"规模化、品牌化、高档次、重特色"方向快速发展。相信在不久的将来这颗冀中平原的明珠必将绽放出更加美丽的光彩。

本书在编写过程中参考引用了许多文献资料，在此谨向其作者深表谢意。由于编者水平有限，书中难免存在疏漏和错误之处，敬请专家、同行和广大读者批评指正。

2015 年 1 月

目 录

第一章 概 述 (1)
  第一节 设施蔬菜概念 (1)
  第二节 我国设施蔬菜产业的现状 (2)
  第三节 设施蔬菜发展存在的问题及发展前景 (6)

第二章 设施蔬菜准备 (9)
  第一节 大棚 (9)
  第二节 日光温室 (17)
  第三节 蔬菜设施育苗 (22)
  第四节 嫁接育苗 (33)

第三章 果蔬类蔬菜生产技术 (36)
  第一节 黄瓜 (36)
  第二节 甜瓜 (65)
  第三节 苦瓜 (98)
  第四节 丝瓜 (101)

第四章 茄果类蔬菜生产技术 (103)
  第一节 番茄 (103)
  第二节 茄子 (139)
  第三节 辣椒 (177)

第五章 叶类蔬菜生产技术 (183)
  第一节 大白菜 (183)
  第二节 菠菜 (194)
  第三节 芹菜 (209)

第四节　莴笋……………………………………………（215）
第六章　其他蔬菜生产技术……………………………（223）
　第一节　生姜……………………………………………（223）
　第二节　大葱……………………………………………（229）
　第三节　大蒜……………………………………………（246）
　第四节　四季豆…………………………………………（255）
　第五节　食用菌…………………………………………（258）
第七章　设施蔬菜营销管理……………………………（262）
　第一节　设施蔬菜的市场分析…………………………（262）
　第二节　蔬菜销售管理技巧……………………………（266）
参考文献…………………………………………………（271）

第一章 概述

第一节 设施蔬菜概念

一、设施蔬菜的概念

设施蔬菜学是研究设备、环境条件与蔬菜作物生长的需要三者之间复杂关系的一门科学。设施栽培和露地栽培是蔬菜生产中的两种方式。所谓设施栽培是指在不适宜蔬菜作物生长发育的寒冷或炎热季节，利用专门的保温、防寒、或降温、防雨设施、设备，人为地创造适宜蔬菜作物生长发育的小气候条件进行生产。其栽培的目的是在冬春严寒季节或盛夏高温多雨季节提供新鲜蔬菜产品上市，以季节差价来获得较高的经济效益。因此，又称为"不时栽培"、"反季节栽培"或"保护地栽培"。

二、设施蔬菜生产的意义

1. 它保证了蔬菜周年的供应

设施蔬菜栽培能在不适宜蔬菜生长季节内利用一些专门的材料与设备，人为地创造适合蔬菜生长发育的小气候条件进行生产，增加了蔬菜上市的时间和品种，从根本上解决了南北各地蔬菜生产淡季鲜菜供应紧张的局面，真正做到了"周年生产，均衡供应"，对增进人民身体健康，提高人民生活水平具有重要意义。同时，蔬菜设施栽培，提高了土地的利用率和产出率，安置了农闲期间的闲散劳动力，增加了农民收入，是实现农业增效，农民增收的一条重要途径。

2. 提高了单位面积产量和品质

设施栽培的蔬菜产量比露地栽培要高一倍以上。如设施黄瓜的平均亩（1 亩 ≈ 667m²；15 亩 = 1hm²。全书同）产可达 7 000kg 以上，高的可达到 2 万 kg，最高产可达 4.2 万 kg；设施番茄平均亩产约 5 000kg。

三、设施蔬菜的栽培

设施蔬菜的栽培是在不适宜蔬菜生长的季节，利用各种设施为蔬菜生产创造适宜的环境条件，从而达到周年供应的栽培形式。常见的设施栽培类型主要有风障、阳畦、地膜覆盖、塑料小棚、塑料中棚、塑料大棚、日光温室等。

第二节 我国设施蔬菜产业的现状

一、蔬菜设施栽培特点

目前，中国设施园艺总面积中，约 95% 是用于蔬菜的设施栽培，蔬菜设施栽培是一种高科技的高效集约型农业，要求应用现代化的栽培管理和经营管理技术，才能实现高投入、高产出的目标。其主要特点是：除防雨棚外，一般都能实行半封闭式或封闭式的环境调控，有利于创造蔬菜作物地上部和地下部最适的环境条件，实现优质高产。由于常年避雨和冬季长期保温或加温，设施的土壤水分管理、通风换气、冬季加温保温、夏季防止热蓄积等都要求精细集约的管理技术。在封闭式环境调控条件下，可利用天敌等生物技术防治病虫，实行无（少）农药栽培。设施蔬菜栽培季节长，复种指数高，对于长季节栽培的果菜番茄、黄瓜等，如何保持营养生长与生殖生长的平衡，成为栽培技术的关键。设施蔬菜周年四季均可生产，不同季节要选用适宜的生态品种以适应不同气候环境，防止生长障碍的发生。设施果菜栽培低温期授粉受精困难，为防止落花落果，应尽量避免应用激素，而利用熊蜂等昆虫授粉或选用单性结实性强的品种等省工省力、环保型的农业技术措施。

二、中国设施蔬菜栽培区划

根据我国地理和气候分布的不同，我国设施蔬菜可划分为下列4个气候区。

1. 东北、蒙新北温带气候区

本区包括黑龙江、吉林和辽宁、内蒙古自治区（以下称内蒙古）、新疆维吾尔自治区（以下称新疆）等地，是我国最寒冷气候区，冬季日照充足，但日照时数少；1月平均日照时数180~200h，日照百分率60%~70%，1月平均气温在-10℃以下，北部最低气温达-30~-20℃，设施生产冬季以日光温室为主，设临时加温设备。在极端低温地区（如松花江以北地区），冬季只能以耐寒叶菜生产为主。春秋蔬菜生产可以利用各种类型的塑料大棚。

2. 华北暖温带气候区

本区地处秦岭、淮河以北、长城以南地区，包括北京、天津、河北、山东、河南、山西、陕西的长城以南至渭河平原以北地区以及甘肃、青海、西藏自治区（以下称西藏）和江苏、安徽的北部地区，辽东半岛也属于这个地区。1月日照时数均在160h以上，1月平均最低气温-10~0℃，该区冬春季光照充足，是我国日光温室蔬菜生产的适宜气候区。冬季利用节能型日光温室在不加温条件下可安全进行冬春茬喜温蔬菜的生产，但北部地区日光温室要注意保温，应有临时辅助加温设备，南部地区冬季要注意雨雪和夏季暴雨的影响。这一地区春提前、秋延后的蔬菜生产设施仍以各种类型的塑料棚为主，大中城市郊区作为都市型农业可适当发展现代加温温室，用来生产菜、花、果等高附加值园艺产品。

3. 长江流域亚热带气候区

本区包括秦岭—淮河以南、南岭—武夷山以北，四川西部—云贵高原以东的长江流域各地，属亚热带季风气候区，主要包括江苏、安徽南部，浙江、江西、湖南、湖北、四川、贵州省和陕西渭河平原等。本区属亚热带气候，1月平均最低气温0~8℃。冬春季多阴雨，寡日照，但这里冬半年温度条件优越，因此蔬菜生产设施以塑料大、中棚为主，在有寒流侵入时搞好多重覆盖，即可进行冬季果菜生产，夏季以遮阳网、防雨棚等为主要蔬菜生产设施。可进行高附加值的菜、花、果、药等园艺作物的生产，或进行工厂化穴盘育苗以及在都市型农业中都可以适当发展高科技的开放型现代玻璃温室。

4. 华南热带气候区

本区主要包括福建、广东、海南、中国台湾及广西壮族自治区（以下称广西）、云南、贵州、西藏南部。1月平均气温在12℃以上，周年无霜冻，可全年露地栽培蔬菜，可利用该区优越的温度资源，作为天然温室进行南菜北运蔬菜生产，但该区夏季多台风、暴雨和高温，故遮阳网、防雨棚、开放型玻璃温室成为这一地区夏季蔬菜生产主要设施，冬季则以中小型塑料棚覆盖增温。

三、设施栽培的主要蔬菜种类

因设施投资高，应优先栽培高效益的蔬菜。通常以果菜冬春反季栽培为主。

1. 瓜类蔬菜

主要品种有黄瓜、西葫芦、西瓜、厚皮甜瓜、苦瓜、早冬瓜等。

2. 茄果类蔬菜

主要品种有番茄、辣椒、茄子，还有甜玉米、菜豆、食荚豌豆、早毛豆、草莓等。

3. 叶菜类蔬菜

主要品种有莴苣、芹菜、小白菜、小萝卜、菠菜、蕹菜、苋菜、茼蒿、芫荽等，既可单作，也可间作套种。北方严寒地区单作面积较大的绿叶菜为芹菜、叶用莴苣、茼蒿、菠菜、芫荽、苋菜、蕹菜、荠菜等。

4. 芽苗菜类

主要品种有在设施栽培条件下,将豌豆、萝卜、苜蓿、花生、荞麦等种子遮光发芽培育成黄化嫩苗或在弱光条件下培育成绿色芽菜,作为蔬菜食用。

5. 食用菌类

大部分的食用菌类需要设施栽培,其中大面积栽培的有双孢蘑菇、香菇、平菇、金针菇、草菇等。

四、设施栽培方式

1. 冬春长季节栽培

冬春长季节栽培又称越冬栽培、深冬栽培,是指冬季严寒期利用温室等设施进行长期加温或保温栽培蔬菜的方式。如目前的一些大型连栋温室内进行的茄果类蔬菜的长季节栽培,从11月定植到翌年6月采收结束。在我国,除少数现代化温室外,大多利用不加温或短期加温的节能型日光温室,通过多重覆盖增加保温性能进行栽培。如在辽宁南部,节能型日光温室的黄瓜可在10月育苗,11月定植,1~6月采收。在淮河以北地区采用节能型日光温室,在长江流域采用塑料大棚多重覆盖,将8~10月育苗的茄果类、瓜类等果菜,在10~12月定植到棚室内,于翌年1月初至3月即开始上市,直到6~7月结束,也属于长季节栽培。

2. 春季早熟栽培

指在设施栽培条件下定植的蔬菜,生育前期(早春)短期加温,而生育后期不加温,只是进行保温或改为在露地条件继续生长或采收的春季提早上市的栽培方式。我国常用于早熟栽培的设施主要是日光温室、塑料大棚和中小棚,如番茄、辣椒、茄子等于冬季11月至翌年1月用电热线加温,于日光温室或塑料大棚内育苗,2~3月定植于日光温室或塑料棚内,采收期较常规露地育苗栽培能提早一个月左右。

3. 秋季延迟栽培

一般指一些喜温性蔬菜的延迟栽培,如黄瓜、番茄等,秋季前期在未覆盖的棚室或在露地生长，晚秋早霜到来之前扣薄膜防止霜冻，使之在保护设施内继续生长，延长采收时间，俗称秋延后栽培，它比露地栽培延迟供应期 1~2 个月。如利用日光温室或塑料大棚多重覆盖栽培，可使采收期延长到元旦、春节，经济效益大幅提高。

4. 遮阳网覆盖栽培

夏季将遮阳网等材料覆盖于温室或拱棚骨架上进行遮阳降温、防暴雨为主的夏季设施栽培方式。对缓解南方蔬菜夏天淡季，保证蔬菜周年均衡供应有重要意义。用网目为 20~25 目的封闭式防虫网覆盖，主要覆盖于塑料拱棚或温室的门窗通风口，切断各种害虫成虫潜入棚室产卵繁殖、幼虫为害和传播病毒的途径，实现夏季蔬菜的无（少）农药栽培。

第三节　设施蔬菜发展存在的问题及发展前景

一、设施蔬菜产业发展存在的问题

近几年来，随着种植业结构的调整，我国蔬菜产业得到了稳步发展，蔬菜的播种面积呈逐年递增。蔬菜产业由于生产周期短、商品化程度高、经济效益好而受到高度重视，成为种植业结构调整中最具活力的主导产业。

1. 产业内部种植结构不合理

我国蔬菜生产由于受自然条件的影响，种植品种仍以常规品种为主，产品质量不高，拳头产品、名牌产品较少。种植分布上，以各家各户分散种植为主，集中连片少、种植大户少（旺季多、淡季少，直销多、加工少等）。

2. 投入不足，生产基础仍然薄弱

蔬菜生产基地建设的投入不稳定，生产布局不合理，标准化生产基地不多，生产基地分散，大部分基地的基础设施仍然落后，抵御自然风险能力依然较差。

3. 农民对发展蔬菜产业认识不高

受传统粗放型农业生产观念的影响，大部分农民思想观念还比较陈旧，思维保守，对种植蔬菜认识不高，大多数农民依然种植玉米等大田作物。加之部分农民文化素质不高，对新品种、新技术的接受能力较差，特别是发展设施蔬菜前期投入大而让很多农民望而却步，在一定程度上制约了我国的蔬菜产业进一步发展壮大。

4. 设施蔬菜产业化经营水平不高

设施蔬菜产业化经营水平需进一步提高。我国涌现一些蔬菜产业龙头企业，虽然对推动和发展我国的蔬菜产业起到了一定的辐射带动作用，但是规模还偏小，辐射范围不广，吸纳蔬菜产品进行加工量还很低，生产的大部分蔬菜直接流向市场，缺乏加工转化增值环节，容易受市场价格波动影响，收入不稳定。

5. 销售、信息、服务等体系还不健全

虽然建立了市场发育程度、流通秩序和信息服务等环节，但是，蔬菜销售点多呈零星状分布，缺乏规模大的蔬菜交易市场。农民生产、销售信息不灵通，不能根据市场需求而及时调整蔬菜种植生产。同时由于交易地点多而散，管理服务工作很难跟进，欺行霸市现象时有发生。

6. 设施蔬菜质量卫生安全问题依然突出

随着工业化城镇化迅猛发展，环境污染治理滞后，易造成蔬菜生产环境质量降低，加之农民的无公害生产意识较差，在生产过程中任意使用农业投入品，使得蔬菜产品的农药残留量、硝酸盐含量等指数严重超标，给消费者的身心健康带来了巨大的威胁，同时也不能适应市场安全、优质的消费要求，影响了我国蔬菜产品的外销和出口。

二、设施蔬菜产业发展发展前景

1. 市场消费潜力大

随着百万人口中心城市建设的推进，外来人口会急剧增加，蔬菜需求量也会剧增,现有市场和潜在市场需求旺盛。而且随着城乡人民生活水平的不断提高和生活节奏的加快,人们对安全、优质蔬菜的需求越来越大,消费群体也越来越大众化。绝大多数农民不再为自己吃菜种几行辣椒、几棵白菜再去育苗、施肥、灌水、打药,而是选择到市场、超市临时购买时令、新鲜的蔬菜,以便节省出大量时间和人力获取更大更多的收益,这也是蔬菜产业发展面临的新机遇。

2. 投入产出比例高

设施蔬菜一年可进行两茬或多茬种植,土地利用率高,复种指数大,当年投入,当年见效,投入产出比是种粮的 8~20 倍,做大做强蔬菜产业,是优化农业产业结构,安置农村剩余劳动力、提高农业生产效益、促进农民增收的重要选择。

3. 内外销售市场旺

河北省辛集市现有城乡居民 43.8 万人,按人均日消费 0.75kg 蔬菜计算,年消费量约 12 万 t,目前辛集市蔬菜自给供应严重不足,外省市蔬菜在辛集市占据了很大市场。贸易城作为辛集市唯一的蔬菜综合批发市场,日交易量 170t,而本地产蔬菜年均仅占总交易量的 24.3%,外地蔬菜占 73.7%,说明辛集市自产的蔬菜每年只有 1.5 万 t 进入流通市场(不含小集市零散交易)。

4. 产业收入效益好

就辛集市目前的生产水平,正常年份小麦和玉米合计亩收入在 550~800 元,而春秋大棚、日光温室的亩生产效益是粮食种植的 8~20 倍。对于辛集市大多数靠粮食种植为主要经济来源的农户,完全可以投入到专业的蔬菜生产中去。以一个 3 口人的家庭来说,2 个劳动力完全可以经营 2 座生产面积为 1 亩的日光温室,年收入也在 5 万元以上,除去 1 万元的生产投入,纯收入可达 4 万元左右,远高于种 5 亩左右的粮食收入。

第二章 设施蔬菜准备

第一节 大棚

塑料拱棚有三种：小拱棚、中拱棚和塑料大棚。

一、小拱棚

（一）小拱棚的类型和结构

1. 拱圆形小棚

这是园艺作物生产上应用最多、最早的一种棚型，其骨架主要采用毛竹片、细竹竿、荆条或 f 6~8mm 的钢筋弯成弓形棚架，高度1m左右，宽1.5~2.5m，长度依地而定，拱杆间距40cm左右，全部拱杆插完后，绑3~4道横拉杆，使骨架连成整体。上覆盖0.05~0.10mm 厚聚氯乙烯或聚乙烯薄膜，外用 8#铁丝、压膜线或尼龙绳固定棚膜而成。因小棚多用于冬春生产，宜建成东西延长。为了加强防寒保温，棚的北面可加设风障，夜间在棚面上加盖草苫等防寒物。

2. 半拱圆形小棚

形式很类似于改良阳畦。它是在菜畦北侧筑起约1m高，上宽30cm，下宽40~50cm 的土墙，拱架一端固定在土墙上，另一端插在畦南侧土中。一般无立柱，跨度大（2~3m）时中间可设1~2排立柱，以支撑棚面及负荷草苫。放风口设在棚的南面腰部，采用扒缝放风，棚的方向以东西延长为好。

（二）小拱棚的性能

小拱棚的气温增温速度较快，最大增温能力可达20℃左右，在高温季节容易造成高温危害；但降温速度也快，有草苫覆盖的半拱圆形小棚的保温能力仅有 6~12℃。小拱棚内地温变化与气温变化相似，但不如气温变化剧烈。一般棚内地温比露地高 5~6℃。棚内相对湿度可达 70%~100%；白天通风时，相对湿度可保持在 40%~60%，平均比外界高 20% 左右。

（三）小拱棚的应用

小拱棚主要用作春提早定植果菜类蔬菜和早春育苗，秋延后或越冬栽培耐寒蔬菜。

二、中拱棚

人可在棚内直立操作，是小棚和大棚的中间类型，常用的中拱棚主要为拱圆形结构。拱圆形中拱棚一般跨度为 3~6m。在跨度 6m 时，以高度 2.0~2.3m、肩高 1.1~1.5m 为宜。长度可根据需要确定。另外，根据中棚跨度的大小和拱架材料的强度，确定是否设立柱。用竹木或钢筋做骨架时，需设立柱；而用钢管作拱架则不需设立柱。

（一）竹片结构

按棚的宽度插入 5cm 宽的竹片，将其用铅丝上下绑缚一起形成拱圆形骨架，竹片入土深度 25~30cm。拱架间距为 1m 左右。中棚纵向设 3 道拉杆，主拉杆位置在拱架中间的下方，多用竹竿或木杆设置，主拉杆与拱架之间距离 20cm 立吊柱支撑。两道副拉杆设在主拉杆两侧部分的 1/2 处，用 12mm 钢筋做成，两端固定在立好的水泥柱上，副拉杆距拱架 8cm，立吊柱支撑。两个棚头的拱架即边架，每隔一定距离在近地面处设斜支撑，斜支撑上端与拱架绑住，下端插入土中，竹片结构拱架，每隔两道拱架设一根立柱，立柱上端顶在拉杆下，下端入土 40cm。立柱多用木柱或粗竹竿、竹片结构的中拱棚，跨度不宜太大，多在 3~5m。

(二) 钢架结构

拱架分主架与副架。跨度为 6m 时，主架用 4 分钢管作上弦、12 号钢筋作下弦制成桁架，副架用 4 分钢管做成。主架 1 根，副架 2 根，相间排列。拱架间距 1.0~1.1m。钢架结构设 3 道拉杆。拉杆用 f12 号钢筋做成，拉杆设在拱架中间及其两侧部分 1/2 处，在拱架主架下弦焊接，钢管副架焊短截钢筋连接。拱架中间一道拉杆距主架上弦和副架均为 20cm，拱架两侧的两道拉杆，距拱架 18cm。不设立柱。

中拱棚的性能介于小拱棚与塑料薄膜大棚之间，可用于果菜类蔬菜及草莓和瓜果的春早熟或秋延后生产，也可用于采种及花卉栽培。

三、塑料大棚

塑料大棚是用塑料薄膜覆盖的一种大型拱棚。它和温室相比，具有结构简单、建造和拆装方便，一次性投资较少等优点；与中小棚相比，又具有坚固耐用，使用寿命长，棚体空间大，作业方便及有利作物生长，便于环境调控等优点。

（一）塑料大棚的类型

按棚顶形状可以分为拱圆形和屋脊形，我国多数为拱圆形。按骨架材料则可分为竹木结构、钢架混凝土柱结构、钢架结构、钢竹混合结构等。按连接方式又可分为单栋大棚、双连栋大棚及多连栋大棚。我国连栋大棚棚顶多为半拱圆形，少量为屋脊形。

（二）塑料大棚的结构

塑料薄膜大棚应具有采光性能好，光照分布均匀；保温性好，保温比适当；棚型结构抗风（雪）能力强，坚固耐用；易于通风换气，利于环境调控；利于园艺作物生长发育和人工作业；能充分利用土地等特点。

塑料薄膜大棚的骨架是由立柱、拱杆（拱架）、拉杆（纵梁、横拉)、压杆(压膜线)等部件组成,俗称"三杆一柱"。这是塑料薄膜大棚最基本的骨架构成,其他形式都是在此基础上演化而来。大棚骨架使用的材料比较简单,容易建造,但大棚结构是由各部件构成的一个整体,因此选料要适当,施工要严格。

1. 竹木结构单栋大棚

大棚的跨度为8～12m,高2.4～2.6m,长40～60m,每栋生产面积333～666.7m^2。由立柱(竹、木)、拱杆、拉杆、吊柱(悬柱)、棚膜、压杆(或压膜线)和地锚等构成(图2-1)。

(1)立柱 立柱起支撑拱杆和棚面的作用,纵横成直线排列。原始型的大棚,其纵向每隔0.8～1.0m一根立柱,与拱杆间距一致;横向每隔2m左右一根立柱,立柱的直径为5～8cm,中间最高,一般2.4～2.6m,向两侧逐渐变矮,形成自然拱形。竹木结构的大棚立柱较多,使大棚内遮阳面积大,作业也不方便,因此可采用"悬梁吊柱"形式(图2-1),即将纵向立柱减少,而用固定在拉杆上的小悬柱代替。小悬柱的高度约30cm,在拉杆上的间距为0.8～1.0m,与拱杆间距一致,一般可使立柱减少2/3,大大减少立柱形成的阴影,有利于光照,同时也便于作业。

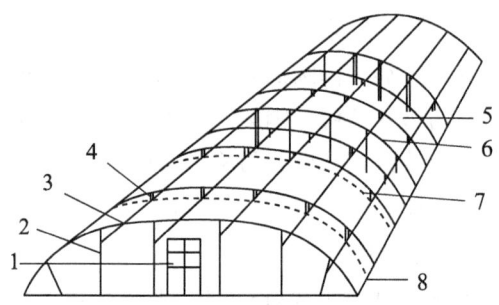

图2-1 悬梁吊柱式竹木结构大棚示意图

1. 门 2. 立柱 3. 拉杆(纵向拉梁) 4. 吊柱
5. 棚膜 6. 拱杆 7. 压杆(或压膜线) 8. 地锚

（2）拱杆　拱杆可用直径 3~4cm 的竹竿或宽约 5cm、厚约 1cm 的毛竹片按照大棚跨度要求连接构成。拱杆两端插入地中，其余部分横向固定在立柱顶端，成为拱形，通常每隔 0.8~1.0m 一道拱杆。

（3）拉杆　起纵向连接拱杆和立柱，固定压杆，使大棚骨架成为一个整体的作用。通常用直径 3~4cm 的细竹竿作为拉杆，拉杆长度与棚体长度一致。

（4）压杆（压膜线）　压杆位于棚膜之上两根拱架中间，起压平、压实绷紧棚膜的作用。压杆两端用铁丝与地锚相连，固定后埋入大棚两侧的土壤中。压杆可用光滑顺直的细竹竿，或专用的塑料压膜线，压膜线既柔韧又坚固，且不损坏棚膜，易于压平绷紧。

（5）棚膜　棚膜可用 0.1~0.12mm 厚的聚氯乙烯（PVC）或聚乙烯（PE）薄膜以及 0.08~0.1mm 的醋酸乙烯（EVA）薄膜，这些专用的塑料大棚膜，其耐候性及其他性能均与非棚膜有一定差别。目前，生产上多使用无滴长寿膜和耐低温防老化膜。

为了便于放风，可将棚膜分为三或四大块，搭接起来。接缝位置通常在棚顶部及两侧距地面约 1m 处。大棚宽度小于 10m，顶部可不留风口；宽度大于 10m，难以靠侧风口对流通风，需在棚顶设通风口。

（6）铁丝　铁丝粗度为 16 号、18 号或 20 号，用于捆绑连接固定压杆、拱杆和拉杆。

（7）门　大棚两端各设出入门，门的大小既要出入方便，又要利于保温。

2. 钢架结构单栋大棚

这种大棚的骨架是用钢筋或钢管焊接而成。其特点是坚固耐用，无支柱，空间大，透光性好，作业方便，有利于设置内保温，抗风载雪能力强，可由专门的厂家生产成装配式以便于拆卸，与竹木大棚相比，一次性投资较大。

一般跨度为 10~12m，矢高 2.5~2.7m，长度 50~60m，单栋

面积多为 667m²。每隔 1m 设一拱形桁架，桁架上弦用 f16 号、下弦用 f14 号的钢筋，拉花用 f10 号钢筋焊接而成，桁架下弦处用 5 道 f16 号钢筋做纵向拉杆，拉杆上用 f14 号钢筋焊接两个斜向小立柱支撑在拱架上，以防拱架扭曲（图 2-2）。

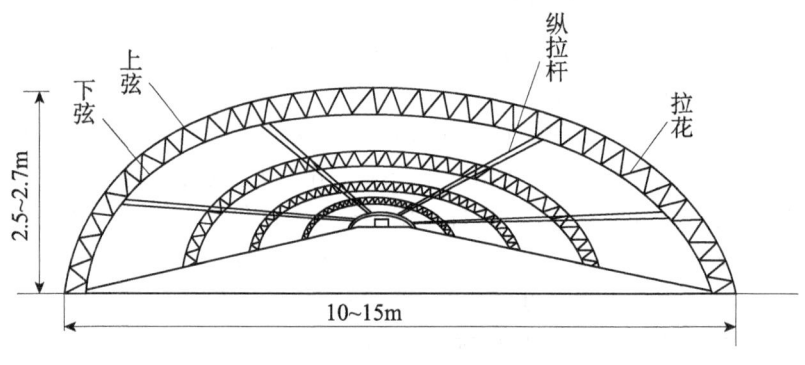

图 2-2 无柱钢架大棚

3. 钢竹混合结构大棚

这种结构的大棚是每隔 3m 左右设一平面钢筋拱架，用钢筋或钢管作为纵向拉杆，每隔约 2m 一道，将拱架连接在一起。在纵向拉杆上每隔 1.0~1.2m 焊一短的立柱，在短立柱顶上架设竹拱杆，与钢拱架相间排列。其他如棚膜、压杆及门窗等均与竹木或钢筋结构大棚相同。

钢竹混合结构大棚用钢量少，无支柱，避免支柱的遮光，降低了建造成本，改善了作业条件，是一种较为实用的结构。

4. 拉筋吊柱大棚

这种大棚用竹竿做拱杆，水泥柱作立柱，钢筋作拉杆。也是一种钢竹混合结构。一般跨度 12m 左右，长 40~60m，矢高 2.2m，肩高 1.5m。水泥柱间距 2.5~3m，水泥柱用 6 号钢筋纵向连接成一个整体，在拉筋上穿设 2.0cm 长吊柱支撑拱杆，拱杆用 3cm 左右的竹竿，间距 1m（图 2-3）。

优点是建筑简单，用钢量少，支柱少，减少了遮光，作业也比较方便，而且夜间有草帘覆盖保温，提早和延晚栽培果菜类效果好。且仍具有较强的抗风载雪能力，造价较低。

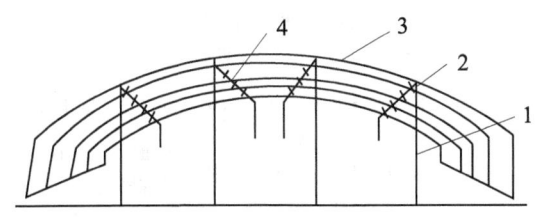

图2-3　拉筋吊柱大棚
1. 水泥柱　2. 吊柱　3. 拱杆　4. 拉筋（拉杆）

5. GP系列装配式镀锌钢管大棚

该系列由中国农业工程研究设计院研制成功，并在全国各地推广应用。骨架采用内外壁热浸镀锌钢管制造，抗腐蚀能力强，省钢材、成本低，使用寿命10~15年，抗风荷载31~35kg/m^2，抗雪荷载20~24kg/m^2。

代表性的GP-Y8-1型大棚，其跨度8m，高度3m，长度42m，面积336m^2；管径25mm，管壁厚1.2~1.5mm的薄壁钢管制作成拱杆、拉杆、立杆（两端棚头用）；用卡具、套管连接棚杆组装成棚体，覆盖薄膜用卡膜槽。还可外加压膜线，作辅助固定薄膜之用；该棚两侧还附有手动式卷膜器，取代人工扒缝放风。

装配式镀锌钢管大棚的型号如表2-1所示。

表2-1　GP系列镀锌钢管装配式大棚骨架规格表

型号	结构尺寸（m）					结构
	长度	宽度	高度	肩高	拱架间距	
GP-Y8-1	42	8.0	3.0	0	0.5	单拱，5道纵梁，2道纵卡槽
GP-Y825	42	8.0	3.0	-	0.5	单拱，5道纵梁，2道纵卡槽
GP-Y8.525	39	8.5	3.0	1.0	1.0	单拱，5道纵梁，2道纵卡槽

（续表）

型号	结构尺寸（m）					结构
	长度	宽度	高度	肩高	拱架间距	
GP-C1025-S	66	10.0	3.0	1.0	1.0	双拱，上圆下方，7道纵梁
G-C1225-S	55	12.0	3.0	1.0	1.0	双拱，上圆下方，7道纵梁，1道加固立柱
GP-C625-Ⅱ	30	6.0	2.5	1.2	0.65	单拱，3道纵梁，2道纵卡槽
GP-C825-Ⅱ	42	8.0	3.0	1.0	0.5	单拱，5道纵梁，2道纵卡槽

（三）塑料薄膜大棚的建造（以竹木结构大棚为例）

1. 场地选择与棚群规划

（1）场地选择　选择避风向阳、地势平坦、排灌方便、地下水位较低、土质肥沃的地块；棚址周围不能有高大建筑物，以免影响通风透光；远离灰尘和煤灰等污染源；交通方便，电力有保障。

（2）棚群规划　根据不同棚向确定适宜的棚间距离和棚头距离。棚群内各棚多为对称排列。棚向为南北延长时，一般两棚东西间的距离最好是等于棚的高度，两棚前后排之间的距离应是棚高的1.5~2倍，这样在早春和晚秋，前排棚不会挡住后排棚的太阳光线。棚向为东西延长时，一般两棚之间的距离最好等于棚的高度，两棚前后排之间的距离应是棚高的1.5~2倍。

2. 棚向的确定

大棚的棚向是根据种植季节、光照和温度在棚内的分布情况来确定的。一般以春夏和秋季种植为主的大棚，宜南北向延长；以冬季种植为主的大棚，则宜东西向延长。

3. 大棚安装

竹木（或钢筋水泥柱竹木）大棚安装的工序依次为：埋立柱、插绑拱杆、绑拉杆、扣棚膜、上压杆或压膜线。

（1）埋立柱　将立柱埋入事先挖好的坑内，基部用砖、石等做立脚石，深埋 30～50cm，以免大棚下沉或被风拔起。同一排的立柱高度要一致，纵横一定要成行，以保证棚拱弧度一致。

（2）绑拱杆和拉杆　立柱埋好后，把拱杆放在立柱上端，两头插入土中深约 20～30cm。所有的拱杆要在同一条直线上，用铁丝通过立柱顶端的小孔，将拱杆与立柱绑牢。绑拱杆时两人从中柱开始，一齐向两边绑。拱杆绑完后，绑拉杆，绑时掌握所有的立柱纵横成行。

（3）扣棚膜　选暖和无风的上午扣棚膜。扣时将棚膜拉紧，下边埋入土中，压杆也要压紧绑牢。两块交叉的棚膜应重叠 40～50cm，重叠的两边要卷烙一绳，以便放风和关闭风口。最后在棚头设棚门。

（四）塑料大棚的应用

1. 早春育苗

主要是采取多重覆盖的方式，为露地早熟栽培提供秧苗。

2. 春茬早熟栽培

早春用温室育苗，大棚定植，一般果菜可比露地提早上市 20～40d。主要栽培作物有：黄瓜、番茄、青椒及茄子等。

3. 秋季延后栽培

定植及采收与春茬早熟栽培相同，延长采收期至 11 月上中旬。这种栽培方式主要种植黄瓜、青椒、番茄、菜豆等。

4. 春到秋长季节栽培

北方气候较为冷凉的地区可利用塑料大棚春秋保温、夏季防雨的特点，采取春到秋长季节栽培果菜类蔬菜，生产期从 3 月中旬至 11 月上中旬。

第二节　日光温室

在北方，日光温室是近年来发展起来的保护地设施，它为实现我国"菜篮子"工程,特别是在解决北方地区蔬菜市场供应方面发挥了重要作用。这是一种在室内不加热的温室,即使在最寒冷的季节,也只依靠太阳光来维持室内一定的温度水平,以满足蔬菜作物生长的需要。温室内可设置一些加热、降温、补光、遮光设备,使其具有较灵活的调节控制室内光照、空气和土壤的温湿度、二氧化碳浓度等蔬菜作物生长所需环境条件的能力,成为当今蔬菜保护地设施之一。我国以中小型为主,以塑膜(聚乙烯膜和多功能膜、无滴 PVC 棚膜)为主要覆面材料。我国日光温室投资回收期短,竹木结构的当年可收回投资,钢结构的投资回收期一般为 2~4 年。是农业增效、农民增收的重要途径,特别是在我国自然资源丰富、区位优势明显、劳动力资源充足的条件下,发展日光温室蔬菜生产对强农、富民有重要战略意义。

一、选地

建造温室应选择避风、向阳、地势平坦、水源充足、排水良好、土质肥沃、周围无高大树木和建筑物遮阳的地方,并且近十几年内不列入市、县城市建设规划之内的地块。

二、建造日光温室方位的选择

温室的方位是指温室屋脊的走向。一般都是坐北朝南、东西延长,东、西、北三面筑墙,设有不透明的后屋面,前屋面用塑料薄膜覆盖,作为采光屋面。采光面朝正南以充分接受阳光。河北省冬季气温低,温室不能在日出后立即揭帘受光,所以要选择正确建造温室的方位。具体做法是可用罗盘测定方位,在没有仪器的条件下,也可以用立杆法测出温室的朝向方位。即在温室定位点立一垂直于地面的木杆,在上午 10 点到下午 2 点每隔 10min 测一次木杆的影长和位置,其中,木杆最短的阴影线标记好方向,并做出该线的垂直线,此垂直线的走向就是温室正东西方向线,也就是温室后墙方向的基准线走向。温室走向可以适当向南偏西倾斜,以提高温室内的温度，但应控制在10°之内，否则对其他季节采光产生不利影响。

三、采光面形状的设计

冬季采光面倾角需增大。目前，以圆—抛物线组合型应用的最多。在距离前屋面底角0.5~1m处需要足够的空间，便于人员操作，适于高科作物生长。综合考虑以上因素采光面应建成以4米为半径的弧形，即温室以拱圆形或抛物线形屋面效果好。

四、后屋面的仰角和宽度

后屋面的仰角应达到冬至前后白昼最短3个月的正午太阳光线能直接照射到温室后墙及后屋面内屋面，增加后墙及后屋面的热量，有利热量的储蓄，一般应在25°~40°仰角。后屋面应保持适当的宽度。后屋面太宽，遮光面积很大，减少进入室内的太阳辐射能量；后屋面太窄，对保温不利。因此，要兼顾采光和保温两个方面来考虑后屋面的宽窄。根据实践经验，后屋面地面垂直投影约为温室跨度的0.2倍时，温室的热效应最大。

五、温室的后墙、山墙的建造

日光温室后墙高度一般为1.8~2.2m，不宜低于1.6m。后墙要距房屋3~4m外，沿着温室延长方向画线。后墙、山墙按建筑材料可分为泥垛、砖石两种。无论是用泥还是用砖，基础最好是用砖或石头砌0.5m高，这样可有效地抗伏雨淋冲水泡，延长温室的使用寿命。墙体若用砖砌，内层砖墙24cm，中间保温夹层12cm，外层砖墙厚12cm。保温夹层可填充珍珠岩、炉灰渣等。若用泥垛，要用扬脚泥垛，底宽1m，顶宽0.8m。后墙可培土，以便增强保温效果。目前，我国已发现新的廉价保温材料相变蓄热材料，将相变蓄热材料用于日光温室墙体可有效提高温室的生产能力，是温室蓄热保温的新途径。

六、温室的高度和跨度

跨度是指温室后墙内侧到前屋面内侧间的距离。温室的高度与跨度：温室的高度与跨度是密切相关的。目前，"模式"中的温室设计普遍是高度矮、跨度增大。它带来的弊端有许多人已认识到了，而在实际做的时候绝大多数人又把它忽视了。这是人们希望温室内可播种面积越大越好，而导致跨度增大，温室跨度的大小决定温室的采光和保温，同时也决定作物栽培和人工作业空间。日光温室的跨度应根据当地最低温度而定，河北省温室内跨度6.5m，长度不小于50m，温室脊高2.73m，北纬38°以北地区，往北移1°，后墙高度相应提高12cm，后墙外高2.2~2.5m。

七、温室的结构以及风雪荷载

想要提高温室的透光率就必须降低温室的结构比，即温室骨架材料面积与采光面面积之比。日光温室前屋面建筑材料断面面积大小对温室采光有明显的影响，断面面积越大，遮光面积越大。现有建材中，钢筋骨架断面最小，遮光最少，建议采用钢筋骨架，主体钢骨架材料均需要采用热镀锌防腐处理，温室雨槽高度以3m为宜，过高不利于温室保温，过矮不利于室内作业。北方地区建造温室，应该充分考虑温室的风、雪荷载指标。最近几年，气候反常，冬季暴风雪常常不约而至，有的地方达到30年一遇甚至50年一遇的规模。为安全生产，也考虑到温室自身具备一定的化雪功能，华北地区建造温室风、雪荷载指标应该分别不低于 $0.5kN/m^2$ 和 $0.3kN/m^2$，东北地区雪荷载指标建议达到 $0.4kN/m^2$。

八、相邻温室的间距确定

相邻温室的间距是指南北两栋相邻的温室距离。自南栋温室后墙根至北栋温室采光面底脚应不小于当地冬至前后正午时南栋温室后墙阴影距离。一般前后栋温室之间的合理距离为前栋温室脊高的

2.5~3倍。

九、温室长度与采光面覆盖

温室适当长些，可以减少两个山墙遮光面积的比例。但是如果温室过长将影响管理，通风不好，一般温室长以60~80m为宜。为了便于操作，温室长度不宜大于100m，温室面积以小于667m²（1亩以下同）为宜。采光面覆盖物塑料薄膜的选择十分重要。在薄膜的选择上要强调无滴性和保温性，目前首选应用的薄膜有聚氯乙烯无滴膜、聚乙烯长寿无滴膜和聚乙烯紫光膜。

十、前屋面角与防寒沟

温室采光屋面与地平面构成的夹角，一般以23°~25°较适宜。日光温室的东西侧及南侧，应沿墙设置防寒沟，深度一般为500mm，宽度为300~500mm，内填保温材料。防寒沟应防水防潮，保证防寒沟内保温材料的干燥。防寒沟设置在温室的内部，保温效果较好，但减少内部土地利用率，有时也把防寒沟设置在温室外侧。

十一、新模式的推广

目前北方地区正在推广"四位一体"日光温室，其特点是以种植业为基础，以养殖业为主干，以沼气为纽带，以庭院为依托，组成物质良性循环利用的生态农业系统。"四位一体"日光温室已成为推动当地农业生产结构调整，提高农产品质量、改善生态环境、促进绿色食品和无公害农产品发展，实现农业增效、农民增收一项重要技术措施。

随着人们物质生活的富足安康，人们对精神生活的追求成了新的潮流，发展观光园艺也成了新的商机，蝴蝶兰为兰科蝴蝶兰属常绿草本花卉，为单茎性气生兰，原产于中国台湾、菲律宾、印度尼西亚、泰国、马来西亚等地。蝴蝶兰花型奇特，酷似蝴蝶，色彩艳丽，花期长久，在国内外花卉市场深受欢迎并被誉为"洋兰皇后"，是兰科植物中栽培最广泛、最普及的种类之一，具有较高的观赏价值和经济价值。同时在培育观赏作物的过程中也要注意相关问题及其解决办法。

第三节　蔬菜设施育苗

育苗是蔬菜生产的一大特色，是争取农时，增多茬口，发挥产能，提早成熟，延长供应，减免病虫害和自然灾害，增加产量的一项重要措施。育苗还可节约用种，便于集中管理、培育健壮秧苗。育苗通常是在大田播种或定植适期以前提早进行，或在数九寒天的严冬与早春，或在炎热多雨的盛夏与早秋。即在气候条件不适于蔬菜生长的时期，利用保护设施创造适宜的环境来培育适龄的壮苗。一旦气候条件适合定植于大田。

一、冬春保护地电热加温育苗

(一) 苗床培养土的配制

1. 培养土应具备的条件

用于蔬菜育苗的床土又称培养土。培养土质量的好坏对秧苗生长发育的关系很大，为了培养壮苗，要求培养土具备肥沃，疏松、呈微酸性或中性，保水排水性能良好，不带病菌、虫卵和杂草种子等条件。要使培养土具备上述优良性状，必须经过科学配制、堆沤发酵、药剂消毒等过程。

2. 培养土的配比及原料准备

园土是配制培养土的主要成分，一般应占50%~60%。选用园土要注意防止土传病害如猝倒病、立枯病，茄科的早疫病、绵疫病，瓜类的枯萎病、炭疽病的传入，一般不要使用同科蔬菜的园土。栽培过茄果类、瓜类的土壤不宜用，以种过豆类、葱蒜类蔬菜的土壤为好。因为豆类菜地中有根瘤菌，具有一定的固氮作用，能增加土壤肥沃度；葱蒜类菜地中含大量大蒜素等硫化物，有利于抑制或杀灭土壤中的病菌。如用以上园土确有困难，一定要铲除表土，挖取心土。园土最好在8月高温时挖取，经充分烤晒后，打碎、过筛，筛好的园土应存贮于室内或用薄膜覆盖，保持干燥状态备用。

有机肥料，如人畜粪尿，其他栏粪或堆厩肥，食用菌下脚料，垃圾等是主要的营养源，其含量应占培养土的20%～30%。这些有机肥应充分发酵腐熟后才能使用。未经腐熟的有机肥，吸附病菌较多，易侵害秧苗。所以，猪粪渣等栏粪或其他堆厩肥，必须先堆置腐熟后方可使用。或者将其与园土混合堆积起来，待完全腐熟后使用。

化学肥料，大约1 000kg培养土中分别加入尿素1kg、氯化钾0.5kg、过磷酸钙或钙镁磷肥2kg。

炭化谷壳或草木灰，能增加钾素；使土壤疏松、透气、颜色变深，多吸收太阳热能，提高土温，其含量可占培养土的20%～30%。谷壳炭化时应掌握好适宜的程度，一般应使谷壳完全炭化，但仍基本保持原形为好。如缺乏谷壳，也可用种植食用菌后的废棉籽屑代替，与园土、厩肥一同堆沤发酵。

3. 培养土的堆沤发酵

原料准备好后，应在播种育苗前的40～50d进行堆沤发酵。一般选择高燥、排水良好、离育苗场所近的坪地上堆沤培养土，堆宽1～1.5m，堆长视培养土的量而定，堆呈长梯形。具体做法：先在地面上铺一层20cm厚的园土，然后用粪水浇透，再铺一层10～13cm厚的厩肥及其他土杂肥，又浇泼一层粪水。以后再按上列顺序继续加高肥堆，一般至1.5m高，然后覆盖塑料薄膜防雨保温保湿。

堆沤20～30d后，应进行翻堆，把堆的上下层，内外层交换位置，使培养土充分腐熟，养分均匀。翻堆时，可将化学肥料加入，并视干湿情况补充水分。翻堆后继续覆盖保湿，再经15～20d，培养土变黑褐色，无臭味，标志已完全腐熟，堆沤结束。堆沤好的培养土应敞晒干，过筛备用。

4. 培养土的消毒

过筛后的培养土应拌入炭化谷壳和草木灰，然后进行消毒。培养土的消毒方法主要有：

（1）40%的甲醛（即福尔马林）消毒　可消灭猝倒病菌和菌核病菌等。一般1 000kg土壤，用40%的甲醛0.2~0.3kg对水25~30kg，喷洒后，加盖薄膜闷2~3d后揭开，再经过1周待土壤中药气散尽后方可使用。

（2）用抗菌剂401或50%多菌灵或70%苯来特消毒　每平方米床上用药4g，（可任选其中一种药），加水溶解后均匀喷洒于床土上，加水量视床干湿而定，以湿润床土为宜。喷后覆盖薄膜，四周压紧密封，以充分发挥药效。2~3d后，揭膜通气，待药气散尽后方可播种。

（二）电热温床的设置

1. 电热加温线的性能与型号

电热温床主要依靠电热加温线来提高苗床温度，而电热加温线实质上是一种电热转换的器件，是具有一定电阻率的特制电线。它的外面包有耐热性能强的乙烯树脂作为绝缘层，将其埋在一定深度的土层中，通电以后，电流通过阻力大的导体，产生一定的热量，使电能转换为热能，从而提高了土壤温度。由电热加温发出的热量逐层向外水平传递，传递距离可达25cm左右，以15cm内的热量最多，靠电热加温线越近的土温越高，反之则低。因此，要使苗床土壤中的热量分布均匀，线与线之间的距离不应超过30cm。

目前电热温床育苗多使用上海市农机研究所生产的DV型系列电热加温线，其型号有DV20406、DV20608、DV20810、DV21012，其主要技术参数见表2-2。如DV20810型号的"D"表示电热加温线，"V"表示塑料绝缘层，"2"表示电热加温线额定电压为220V，"08"表示电热加温线的额定功率为800W，末两位的"10"表示电热加温线长度为100m。

表2-2　DV电热加温线主要技术参数

型号	电压（V）	电流（A）	功率（W）	长度（m）	色标	使用温度（℃）
DV20406	220	2	400	60	棕	≤40
DV20608	220	3	600	80	蓝	≤40
DV20810	220	4	800	100	黄	≤40
DV21012	220	5	1 000	120	绿	≤40

DV型电热加温线由塑料绝缘层，电热线和两端导线接头构成。塑料绝缘层主要起绝缘和导热的作用，并有耐水、耐酸、抗碱等优良性能。电热线是电热加温线的发热元件，为一种合金材料，通电发热后的温度不超过65℃，在土壤中允许使用温度不超过40℃，在35℃土壤环境中可以长期工作。接头用来连接电热加温线和引出线，是用塑料高频热压工艺制成，不漏电，不渗水。引出线为普通铜芯电线。

2. 保护设施选择与隔热材料准备

设置电热温床首先要考虑设施的配套，以利保温，节能和降低育苗成本，如果直接在露地设置电热温床，则散热快，能耗增加，而且由于地温与气温相差较大，育苗效果难以保证。因此保护设施必须符合下列条件：大小适中，面积以60~180m^2为宜；能避风雪；保温性能好。目前生产上多选用PS-4型组装式塑料中棚（图1-2），该棚拱高2m，棚体长20m，宽4m，可铺设（20×1）m^2的标准床3个或（10×1）m^2标准床6个。也可根据各地的条件，在原有的固定温室、大棚及简易竹制小拱棚中设置。

为减少电能损耗，提高增温效果，还必须考虑电热温床的底部及四周的隔热问题，床底部应充填5cm厚的隔热层，大棚的四周应挂茅扇，以利保温防寒。隔热材料一般采用稻草、木屑、谷壳等。

3. 电热温床电功率的选定与布线间距的确定

电热温床电功率的选定一般取决于当地的气候、育苗的季节、作物的种类，不同的育苗阶段及温床的散热与保温性能等。在长江以南地区培育茄子、辣椒幼苗应选定每米100~280W的电功率，培育番茄、黄瓜幼苗应选定每米80~260W的电功率。如采用PS-4型大棚培育茄子、辣椒苗，内设（20×1）m^2苗床3个，每床用DV21012型电热温线2根，共6根。如内设（10×1）m^2苗床6个，每床用DV21810型电热加温线1根，共6根。

电热加温线的布线间距可以通过下列公式计算求得：

$$布线间距 = \frac{每米电加温线的瓦数（W/m）}{每平方米温床选定的功率（W/m^2）}$$

若选用功率为800W，长度为100m的DV电热加温线铺设辣椒播种床，每1m^2选定功率为80W，布线间距为：

$$8W/m \div 80W/m^2 = 0.10m$$

在实际铺设时，考虑到苗床边缘与床中央散热不一样，为使床温热量分布均匀，不要均等距离布线，靠床的边缘可小于平均线距，床的中央要大于平均线距。

（三）电热温床的铺设程序

1. 平整床底

在PS-4型大棚内，按床长10m或20m，宽1m的标准作床，并把床内多余土壤铲出，将床底整平。

2. 铺隔热层

在床底铺上5cm厚的隔热层，并耙平。

3. 布电热线

布线前准备若干根小竹签，布线时将小竹签按布线间距直接插在苗床两端，然后采用3人布线，两人在两端拉线，逐条拉紧。布线前必须考虑到电热加温线的两根引出线处于苗床的同一端，以便连接电源。（10×1）m^2苗床采用DV20810型电热加温线1根，刚好绕5个来回；（20×1）m^2的苗床需DV20012型电热加温线2根，刚好绕6个来回，这样可以保证引出线均处于苗床的同一端。布线时应注意：①线与线之间不能重叠或交叉，更不能扭结，以防通电时烧断。②电热线不能随意接长或缩短，因其电阻和功率是额定的，否则会引起烧断。③2根或2根以上的电热加温线铺在同一床中时，只能用并联，不可串联。

4. 通电试验

线布好后，接通电源，合上闸刀开关，通电1~2min，如电热线变软发热，说明工作正常，即可覆盖床上；如电热线不发热，说明线路不通，应检查线路，排除故障。

5. 覆盖床土

通电试验后，应在电热线上面覆盖8~10cm厚的床土，即每平方米覆盖100~125kg床土。盖土时应注意先用部分床土将电热线分段压住，以免填土时移位，同时床土应顺着电热线延伸的方向铺放。床土覆好后，将床表面用木板刮平，以便播种。

二、电热温床的播种

（一）播种时期的确定

电热温床的播种时期依栽培方式、栽培目的及通电时间的多少而定。大棚春提早栽培，茄果类应10月中下旬播种，培育适龄大苗过冬，2月中旬定植于塑料棚内，黄瓜应在2月上旬播种，3月中旬定植于塑料棚内。露地栽培，茄果类在12月下旬至元月上旬播种，4月上旬定植于露地；黄瓜在3月上旬播种，4月上旬定植于露地。另外，如果选用早熟品种，以早熟栽培为目的，可适当早播7~10d；选用中晚熟品种，以丰产栽培为目的，则可适当迟播7~10d。育苗通电时间短，幼苗生长慢，可适当早播。近年来，一些菜农探索出仅在出苗期通电，其他时期不通电，而将播种时期提早到11月中旬的方法，大大降低了育苗成本。

（二）播前种子处理

目前生产上进行种子处理的常见方法是温汤浸种和催芽。

1. 温汤浸种

温汤浸种可以杀灭潜伏在种子表面的病原菌，并促使种子吸水均匀。其具体做法是：将种子装在纱布袋中（只装半袋，以便搅动种子），一般先放在常温水中浸15min，然后转入55~60℃的温水中，水量为种子量的5~6倍，为使种子受热均匀，要不断搅动，并及时补充热水，使水温维持在所需温度之内达10~15min。随后让水温逐渐下降，继续浸泡数小时。通常茄果类种子浸泡4~5h，黄瓜、南瓜和甜瓜种子浸泡2~3h，其他瓜类种子依种壳厚薄相应延长浸泡时间。

温汤浸种要注意严格掌握水温与时间。温度偏低、时间太短起不到杀菌效果；温度过高，时间太长，会烫坏种子。加热水时不要直接倾倒在种子上。浸种完毕后，要用清水将种子表面的黏液冲洗干净，沥干表面水分。

2. 催芽

催芽可使种子快速、整齐出芽，缩短在电热温床加温的时间，减少能耗。其做法是：将温汤浸过的种子用湿润细煤灰拌匀，种子与煤灰的体积比为1∶（2~3），拌匀后调节含水量至60%，即用手捏成团，松开即散为宜。然后将煤灰拌和的种子盛入容器（瓦罐、塑料袋等）中，上方或侧面留通气孔，随即放入28~30℃的恒温箱中或土温箱中催芽。催芽过程中，每隔12h查看1次，翻动种子，补充氧气和水分。一般黄瓜种子经过15~20h，番茄种子经2~3d，辣椒种子经3~4d，茄子种子经3~5d就可出芽。当发现有75%的种子出芽（粉嘴）时，即可播种。

3. 播种

播种宜选晴天或寒潮刚过，即将转暖的天气进行。催芽开始时，掌握天气变化的动态，以保证播种时天气较好。播种前先在整平的床面上浇足底水，待水渗下后，撒一薄层药土（药土配合比例按重量计，1份药剂拌和1 000份土。常用农药有五氯硝基苯、敌克松、福美双等），然后开始播种。每1m^2播种量依作物种类而有不同，番茄8~10g，辣椒15~20g，茄子10g，黄瓜40~50g。茄果类、黄瓜幼苗均需假植，故一般采用撒播法，将发芽种子连同煤灰均匀地撒播于苗床上，然后及时覆上0.5~1.0cm厚的盖籽培养土，并用洒水壶喷上一层薄水，冲出来的种子再用培养土覆没。为增加保温保湿效果，床面盖上一层地膜后，再设置塑料小拱棚，形成地膜、小拱棚、大棚三层配套覆盖保温。

三、幼苗培育管理

（一）播种床管理

是指播种到分苗这段时期的管理，可分为三个时期进行。

1. 出苗期

从播种到子叶微展，一般需经3~5d，管理上主要维持较高的温度和湿度。播种后一般不通风，温度保持在25~30℃为宜，空气相对湿度在80%以上，以减少床土水分蒸发。如发现底水不足，应及时补水。播种第3d后，幼苗开始拱土，如发现幼苗"戴帽"，可采取补救措施，若覆土过薄，应补加盖土；若表土过干，应喷水帮助脱壳。当发现小部分幼苗拱土时，不要马上揭掉地膜，否则会造成出苗不整齐，应等大部分幼苗子叶出土，方可揭掉地膜，但也不能揭膜过迟，以免形成"高脚苗"。

2. 破心期

从子叶微展到心叶长出，一般需经一周左右或更长些。其生长特点是幼苗转入绿化阶段，生长速度减慢，子叶开始光合作用，有适量干物质积累。此期管理上主要保证秧苗的稳健生长。主要措施有4个。

（1）降低床温　辣椒和茄子白天控制在18~20℃，夜间控制在14~16℃；黄瓜和番茄床温应控制在比辣椒、茄子低2℃左右。在降温的同时，要严防秧苗受冻，因破心期的秧苗一旦受冻就很难恢复，甚至形成"秃顶苗"。

（2）降低湿度　若床土过湿，幼苗须根少，幼苗下胚轴伸长过快，造成徒长，同时易诱发猝倒、灰霉等病害。床土湿度一般控制在持水量60%~80%为宜。在湿度过大的情况下，可采取通气，控制浇水、撒干细土等措施来降低湿度，使床土表面"露白"，做到不"露白"不喷水，这样既可以控制下胚轴的伸长，又可促进根系向下深扎。空气湿度也不能过高，一般相对湿度以60%~70%为宜。降低空气湿度的主要方法是通风，通风时注意通气口一定要背风向。

（3）加强光照　光照充足是提高绿化期秧苗素质的重要保证，因此在保证绿化的适宜温度条件下，应尽可能使幼苗多见阳光。在温度不太低的情况下，上午尽量早揭棚内薄膜，下午尽可能延迟盖膜。

（4）及时删苗　以防幼苗拥挤和下胚轴伸长过快而形成"高脚苗"。

3. 基本营养生长期

此时期内幼苗主要进行营养生长，相对生长率较高，尤其是根重增加迅速，这一时期的长短，除瓜类外，辣椒、番茄一般需经20~30d。其管理的基本原则是：在经历了破心期的"控"的管理后，又要转入"促"的管理，主要采取如下"促"的措施。

（1）适当提高床温　即将床温较破心期提高2~3℃，并采取变温管理，白天温度偏高（20~23℃），夜间温度稍低（13~16℃）。

（2）加强光合作用　在这一生长期中，幼苗要大量积累养分。因此必须增加光照以加强光合作用。一般在无人工补光的情况下，遇晴朗天气尽可能通风见光，阴雨天也要选中午前后适当通风见光。

（3）在水分管理上，要保证床土表面呈半干半湿状态　这就要求在床土表面尚未露白时必须马上浇水。一般在正常的晴朗天气，每隔2~3d应浇水1次，每次每1m^2浇水量为0.5kg左右。这样能保证床土表面湿中有干、干湿交替，对预防猝倒病与灰霉病能起到较好的作用。

（4）适当追肥　如果床土养分不够，秧苗生长细弱，应结合浇水进行追肥，追肥可选用0.1%的氮磷钾复合肥液或20%~30%的腐熟人粪尿水。

（5）炼苗　为提高秧苗抗性和适应分苗后的环境条件，一般在分苗前2~3天应逐渐通风降温，以便对秧苗进行适应性锻炼。

（二）分苗

分苗又称假植或排苗。它是为了防止幼苗拥挤徒长，扩大苗间距离，增加营养面积，满足秧苗生长发育所需的光照和营养条件，促使秧苗进一步生长发育，使幼苗茎粗壮，节间短，叶色浓绿、根系发达，是培育壮苗的根本措施。

1. 苗床准备

分苗床应早做准备，只能床等苗，不能苗等床。一般应于分苗前半月做好准备，整好地，施足底肥，用塑料薄膜覆盖保持床土干燥。

2. 分苗时期

分苗时期应根据气候状况和秧苗的形态指标来确定。开春后，气候转暖，不出现大的起伏，就可开始分苗；从秧苗的形态指标来看，黄瓜以二子叶一心，茄果类以3~4片真叶为分苗适期。

3. 分苗密度

分苗密度依种类不同而异。据试验，分苗密度与作物的前期产量关系极大，一般苗距加大，前期产量提高明显，能获得较高的产量。因此，在分苗床充足的情况下，适当稀分苗，有利于培育健壮秧苗，具体的分苗密度：黄瓜、番茄10cm×10cm，茄子8cm×8cm，辣椒6.5cm×6.5cm。

4. 分苗方法

分苗应看准天气，选准"冷尾暖头"、晴朗无风的日子，抓紧在中午前后完成。分苗前半天应浇水于苗床，以便掘苗，多带土，少伤根。分苗时最好将大小苗分开栽，便于管理。分苗宜浅，一般以子叶出土面1~2cm为准。分苗后要把根部土壤培紧，并及时浇定根水。除采用苗床分苗外，近年来，营养钵分苗在茄果类、瓜类蔬菜育苗中广泛采用。营养钵育苗可以缩短秧苗定植到大田的缓苗期,定植后马上成活,加快植株的生长发育,是夺取果菜类早熟丰产的重要措施,常见的营养钵有塑料钵、纸钵、草钵等,其上口径9cm,下底直径7cm,高约9cm。无论是苗床分苗还是营养钵分苗,分苗后均必须用塑料小拱棚覆盖防寒。

（三）分苗床的管理

秧苗在分苗床的生长时间较长,一般可分为三个时期进行管理。

1. 缓苗期

分苗后,幼苗根系受到一定程度的损伤,需要4~7d才能恢复,称缓苗期。这段时期在管理上要维持较高床温,力求地温在18~22℃,气温白天25~30℃,夜间20℃。同时要闷棚,基本不通风,以保持较高的空气湿度,减少植株蒸腾,防止幼苗失水过多而严重萎蔫,从而促进伤口的愈合和新根的发生。

2. 旺盛生长期

此期幼苗的生长量大,生长速度快,叶面积增长迅速,营养生长与生殖生长同时进行。在管理上要提供适宜的温度,强的光照,充足的水分和养分,并体现促中有控,促之稳健生长。幼苗恢复生长后,控温指标应比缓苗期略低,一般气温降低4~5℃,地温降低2℃左右。并要多通风见光,提高幼苗的光合效率,还要保证水分和养分的供应。在正常的晴朗天气,2~3d浇水1次,阴雨天气4~5d浇水1次,严防床土"露白"。浇水要结合追肥,可用0.2%的氮磷钾复合肥和30%左右的腐熟人粪尿浇泼。

3. 炼苗期

为提高幼苗对定植后环境的适应能力,缩短定植后的缓苗时间,在定植前的一个星期左右应进行秧苗锻炼。具体措施有：

（1）降低床温　白天气温可降至18~20℃,夜间13~15℃。

（2）控制水分　炼苗期一般不再浇水,促使床土"露白"。

（3）揭膜通风　开始炼苗时,先揭去部分薄膜；随着炼苗时间延长,应逐步揭开,至最后全部揭开薄膜,使之完全适应露地环境。

（4）带药下大田　定植前一天应打一次药，严防带病、带虫下大田。

第四节　嫁接育苗

一、嫁接育苗的意义

蔬菜作物嫁接的主要意义在于增强作物的抗病性，以及对环境的适应能力。如西瓜容易感染枯萎病，而瓠瓜不易；番茄容易感染青枯病，而茄子则不易。在生产上往往利用其抗病性的差异，分别用瓠瓜、茄子作砧木、西瓜、番茄作接穗，将西瓜、番茄幼苗分别嫁接于瓠瓜、茄子幼苗上，从而达到预防西瓜枯萎病和番茄青枯病的目的。

二、嫁接成活的原理

（一）亲和性

即砧木和接穗要有一定的亲缘关系，才能保证嫁接成活。亲缘关系的远近程度至少要求砧木与接穗是同科的植物。

（二）嫁接原理

只有砧木与接穗之间的形成层吻合，才能成功。但蔬菜幼苗组织柔嫩，多为薄壁细胞，均有分生能力，不一定要求切面是形成层，只要求砧木和接穗两者能保持紧密接触，削面细胞分裂生长，使之能迅速愈合。

三、嫁接技术

（一）选择适当大小的砧木与接穗

一般而言，砧木要比接穗大，故要适当提前播种，如西瓜嫁接，用瓠瓜作砧木，应提前一周左右播种；番茄嫁接，用茄子作砧木，因茄子生长慢，宜提前15~20d播种。对于接穗而言，苗龄愈小愈好，愈容易成活；太大的苗子，由于蒸发量大，容易凋萎，影响成活率。

（二）采用适用的嫁接技术

蔬菜嫁接有插接、靠接和劈接三种方法。

生产上多用劈接，其嫁接成活率高达90%以上，嫁接后的幼苗便于售中管理。劈接的程序如下：先向砧木苗床浇水，使床土湿润，便于起苗，少伤根系，然后小心将砧木从苗床起出，接穗随后扯出。去掉砧木的生长点，仅保留二子叶（瓜类）或1~2片真叶（茄子），随后用双面剃须刀在砧木顶端偏一侧下刀，竖切1cm深，切口宽度为茎直径的2/3为宜，不要将整个茎劈开。接穗高度以1.5 cm为宜，用刀片在接穗茎下胚轴1cm处下刀，即在下胚轴两边各斜切一刀，使接穗茎基成楔形，要求切口平整。然后将楔形接穗插入砧木切口内，使其吻合，最后一道工序是用棉线捆缚，使其固定，要求拧活结，便于日后解线。也可用嫁接专用塑料夹夹住接合部位，使接穗固定在砧木上。嫁接后立即定植于苗床，并浇上压苑水。

四、嫁接后的管理

嫁接后由于幼苗根系损伤，接口还未愈合，幼苗的吸收功能与输导功能尚未健全，故要对幼苗采取一些特殊的管理措施，创造有利于幼苗根系恢复，接口愈合的良好环境条件，其管理要注意以下几点。

（一）温度

维持较高的苗床温度，一般以20~25℃为宜，在此温度下幼苗新根发生快，接口容易愈合。采用小拱棚覆盖往往可以达到保温效果。值得注意的是晴天拱棚内温度过高，寒潮来临的夜晚温度偏低，要准备好配套的覆盖材料，如草帘等，晴天可遮阳，寒夜可保温。

（二）湿度与通风

在幼苗吸收与输导功能尚未健全的情况下，要尽量降低蒸腾强度，防止嫁接幼苗失水过度而引起萎蔫，这也许是影响嫁接成活的关键之一。解决办法是保持苗床内较高的土壤与空气湿度，一般采取拱棚覆盖完全可以达到这一目的。值得注意的是湖南早春在拱棚密盖的情况下，往往会出现湿度过大，容易诱发沤根、霉苕等病害，解决方法是经常通风，在气温较高时敞开拱棚两端或不时部分揭开。

（三）光照与遮阳

嫁接幼苗在 3~5d 不接受光照，不会造成大的影响，但在阳光照射下，接穗很容易因蒸腾失水而凋萎，因此必须采取遮阳措施，防止失水过多，一般经 3~4d 保温、保湿、遮阳，接口就可愈合，接口愈合后，逐步增加通风和见光量，锻炼接穗的适应能力。

（四）解线或去夹

嫁接苗接口愈合稳后，要及时解线或去夹，一般 5~6d 后解线为宜。过早，接口愈合未稳，易受伤害；过迟，影响接合部位的长大，多凹陷或变畸形，解线或去夹均应小心翼翼地进行，防止因用力过猛而损坏幼苗。解线后，如外界气温适宜，则可揭去全部覆盖材料，让嫁接苗在露地生长，以适应自然环境，不过揭去覆盖应逐步进行，给幼苗一个适应过程。

（五）抹异芽

砧木的顶芽虽已切除，但其叶部的腋芽经一段时间仍能萌发，从砧木上萌发的腋芽不仅会跟接穗争空间、夺取养分和水分，而且也不是栽培所需要，故称异芽，应抹掉，抹异芽一般集中进行 2~3 次。

（六）肥培管理

当接穗破心时，要加强肥培管理，具体做法是先用小锄或竹竿松动表土层，再追施 20%~30% 的腐熟人粪尿，进行提苗。此项措施在苗期可进行 2~3 次。

第三章 果蔬类蔬菜生产技术

第一节 黄 瓜

一、黄瓜的特性与棚室栽培

（一）形态特征

1. 根

黄瓜根系分布较浅，主要分布于表土下 25cm 内，5cm 内更为密集，但主根可深达 60～100cm，侧根横向伸展主要集中于半径 30cm 范围内。黄瓜根木栓化早，损伤后很难恢复。因此，黄瓜育苗应适时移栽，或采用穴盘无土育苗措施。黄瓜茎上易发生不定根，且生长旺盛，因此起高垄并使土壤疏松，或在定植后培土，都可诱发不定根扩大黄瓜根群，这是黄瓜生产上的一项有效栽培施措。

2. 茎

黄瓜茎为攀缘性蔓生茎，具有顶端优势及分枝能力，茎蔓长度会因栽培品种和栽培模式不同而有差异。

3. 叶

黄瓜叶为五角心脏型，叶及叶柄上均有刺毛，叶片大。叶片是光合器官，使叶片最大限度地接受光照，减少相互遮挡，同时保持适宜夜温，使白天的光合产物及时输送出去，可最大限度地发挥叶片制造养分的功能。

4. 花

黄瓜花生于叶腋，黄色，黄瓜基本属于雌雄同株异花，偶尔也有两性花，生产上也有全部节位着生雌性花的雌性系品种。

5. 果

黄瓜果实为假浆果，果实内部大部分为子房壁和胎座。黄瓜具有单性结实的特性，这是它能在密闭、无传粉条件温室内生产的一个重要条件。黄瓜果实的大小、颜色及形状多样。

6. 种子

黄瓜的种子扁平、长椭圆形、黄白色。一般一个果实含100~300粒种子，千粒重23~42g。种子在采后约有数周休眠期。种子寿命2~5年不等。

（二）生育周期

发芽期：自播种后种子萌动到第一片真叶出现，5~9d。此期应给予较高的温湿度和充足的光照，以防止徒长。

幼苗期：从真叶出现到4~5片真叶的定植期，约30d。这个时期分化大量花芽，为前期产量奠定了基础。

初花期：由4~5片真叶经历第一雌花出现、开放，到第一瓜坐住，约25d。

结果期：自第一果坐住，经过连续不断的开花结果到植株衰老，到拉秧为止，持续时间因栽培模式不同而不同，春提前、秋延后栽培模式持续40~60d，越冬季节栽培模式可持续6~7个月。

（三）对环境条件的要求

1. 温度

地温：黄瓜对地温的要求比较严格，生育期间最适宜温度为25℃，最低15℃。地温是越冬栽培和早春种植黄瓜的重要生长、生存因素。如何提高地温是黄瓜越冬生产的技术关键，也是日光温室黄瓜冬早春生产中普遍存在的问题。

气温：黄瓜喜温，其适宜生长温度为18~30℃，最适宜温度为24℃，黄瓜正常生育所能忍受的最高温度为30℃，温度过高，尤其是夜温过高，产量降低，品质变劣，且植株寿命也会缩短。黄瓜正常生育所能忍受的最低温度为5℃,低于5℃,植株出现低温冷害,表现为生长延迟和生理障碍等。

2. 光照

黄瓜是果菜类蔬菜中耐弱光的一种,温度和CO_2浓度在自然状态下,黄瓜光饱和点为5.5万lx,光补偿点为1 500lx,这是黄瓜适应越冬生产的重要特性。在北方日光温室黄瓜越冬生产是一年中光照最差的季节,一些区域常因出现连续低温阴雪、雾霾天气,造成黄瓜减产。盛瓜期的黄瓜,遇连续4~5个阴天,产量会明显降低。

3. 水分

黄瓜对水分极其敏感,一是要求高的空气湿度,一般空气相对湿度在85%~95%条件下,黄瓜生产正常,但是高的空气湿度又是病害发生的诱因,因此,在黄瓜生产中病害要以预防为主,但不能盲目控制空气湿度;二是要求高的土壤湿度,以土壤含水量为田间最大持水量的70%~80%为宜。

4. 二氧化碳气体(CO_2)

黄瓜生长适宜CO_2浓度为1 000~1 500μL/L,低于500μL/L,黄瓜产量受影响。一天内CO_2浓度变化很大,下午CO_2浓度一般低于500μL/L。在大量施用有机肥的温室内,掀草苫时CO_2浓度可达到1 500μL/L,配合相应的温度及水肥措施,可大幅度提高黄瓜产量。当CO_2不足时,施CO_2肥可显著提高产量。

5. 土壤

黄瓜喜欢中性偏酸的土壤,在土壤pH值5.5~7.2范围内都能正常生长,以pH值6.5为最适宜。黄瓜耐盐碱性差。

二、黄瓜生产主要设施及茬口安排

(一)黄瓜生产主要设施类型

蔬菜生产设施类型多种多样,但不管其结构如何变化,用来进行黄瓜生产的棚室,首先必须在温度上满足黄瓜生长需求。所以,在正常情况下，设施内最低温度不能低于10℃。目前黄瓜生产的设施主要有塑料大棚和日光温室。塑料大棚黄瓜生产主要有早春茬栽培、秋延后栽培；日光温室有冬春茬栽培、秋冬茬栽培和越冬周年一大茬的长季节栽培。

（二）黄瓜生产茬口安排

1. 塑料大棚早春茬栽培

一般在2月上中旬开始播种，苗期45天左右，3月底定植，5月上旬开始收获，直到6月底。

2. 塑料大棚秋延后栽培

塑料大棚秋延后栽培可在6月中下旬育苗，7月中旬定植，8月中下旬到11月采收，但7月、8月正值夏季高温季节，易出现植株徒长，因此播种期可适当后延至7月中旬，苗期20~25天，8月上中旬定植，9~11月采收。

3. 日光温室冬春茬栽培

一般在11月中下旬到12月中下旬播种，1月中下旬到2月中旬定植，3月下旬开始收获一直到6月底。

4. 日光温室秋冬茬栽培

日光温室秋冬茬栽培较塑料大棚晚1个月，一般在8月份育苗，9月份定植，10月份开始收获。

5. 日光温室越冬一大茬长季节栽培

日光温室越冬长季节栽培一般在10月初育苗，10月中下旬嫁接，10月底到11月初定植，12月开始收获，一直到第二年6月结束。

三、黄瓜品种选择及育苗技术

（一）黄瓜品种

随着农业产业结构调整和多种栽培形式的发展，为适应不同地区、不同栽培方式和不同季节生产，育出了许多适宜不同要求、具备不同优良性状的适合消费者食用口味的优良黄瓜品种。生产上有两种类型的黄瓜：一种是水果型黄瓜，以光滑无刺、易清洗、口味甜、品质好而受到人们欢迎。另一种是传统有刺黄瓜，其产量高、符合人们传统的消费习惯，在南北方占有很大市场。目前，在棚室里主要栽培品种如下。

1. 满田系列品种

满田系列为欧美型全雌性无刺黄瓜品种，节性强，每节可坐瓜2~3个，植株生长旺盛，较耐低温、弱光。商品瓜果长15cm左右，果实圆柱形，果色中绿，无瘤，无刺，易清洗，品质好。适宜越冬—大茬周年种植。供种单位：北京满田种子公司。

2. 以色列454

该品种植株生长势强，早熟，产量高，强雌性，果期集中，低温下坐果力极佳，果长14~16cm，暗绿色，表面光滑无刺，抗白粉病。适宜于保护地栽培，适宜越冬—大茬周年种植。供种单位：以色列海泽拉公司。

3. 戴多星

从荷兰引进，一代杂交种，强雌性，以主蔓结瓜为主，瓜码密，瓜长14~16cm，无刺，无瘤，果皮翠绿色，有光泽，皮薄，口感脆嫩，口感好，耐低温、弱光等不良条件，抗病性较强，丰产性好。适宜越冬—大茬周年种植。供种单位：荷兰瑞克斯旺公司。

4. 拉迪特杂交一代品种

该品种生长势中等，叶片小、淡绿色，产量高，强雌性品种，多花性，每节3~4个果。果实长度12~18cm，表面光滑，味道鲜美。抗黄瓜花叶病毒病、黄脉纹病毒病、白粉病和疮痂病。适合早春和秋延迟日光温室和大棚栽培。供种单位：荷兰瑞克斯旺公司。

5. 康德杂交一代品种

该品种产量高，每节结2个果，果实长度16~18cm。表面光滑，微有棱，味道鲜，适合出口。抗白粉病和疮痂病。为适合早春、秋延迟越冬日光温室栽培的微型品种。供种单位：荷兰瑞克斯旺公司。

6. V27

中早熟杂交种。生长势强，主蔓结果为主。早春第一雌花始于主蔓第三至第四节，坐瓜性好。瓜色深绿亮，腰瓜长约35cm，瓜粗3.3cm左右，心腔小，果肉绿色，商品瓜率高。刺瘤密，白刺，瘤小，微棱，微纹，质脆味甜。抗病性较强，持续结果及耐低温弱光能力突出。适宜日光温室越冬长季节栽培，也适合秋冬茬、冬春茬日光温室栽培。供种单位：瑞士先正达种子公司。

7. RZ22~33

果实呈墨绿色，微有棱，长22~25cm；果实味道好。低温条件下连续坐果能力强。抗黄脉纹病毒病和疮痂病。晚秋和早春种植生产期长，开展度大。适合大棚和温室种植。供种单位：荷兰瑞克斯旺公司。

8. 春光2号

一代杂交种。全雌性，瓜长20~22cm，果皮亮绿色，光滑富有光泽，皮薄，口感脆、甜、香，是目前口感较好的品种，耐寒性强，不耐高温。为适合早春、秋延迟越冬日光温室栽培的微型品种。中国农业大学选育。

9. 戴安娜

此品种为一代杂交种。长势旺盛，瓜码密，结瓜数量多。果实墨绿色，微有棱，无刺，无瘤，长14~16cm；果实口感好，抗病性强，适宜在晚秋、冬季和早春季节保护地种植。北京北农西甜瓜育种中心选育。

10. 绿优88传统密刺型

生长势强，植株紧凑，叶片较小，以主蔓结瓜为主，第一雌花3~5节，瓜把短，瓜条匀直，瓜肉淡绿，瓜条长35cm左右，单瓜质量240g左右，无花脑门（黄筋）；抗病性强，特耐低温、弱光，结瓜性能好，不歇秧，商品性极佳，2周年栽培产30 000kg/亩以上，是冬早春和越冬温室栽培的首选品种。供种单位：山东新泰市绿色蔬菜研究所。

11. V4

早熟黄瓜一代杂种。瓜皮深绿色,有光泽,腰瓜长30~35cm,瓜把长小于瓜条长的1/8,商品瓜率高,口感脆甜,品质佳。高抗西葫芦花叶病毒(ZYMV)、西瓜花叶病毒(WMY)、抗角斑病、霜霉病、白粉病,中抗枯萎病、黄瓜花叶病毒(CMV),早春露地栽培每亩产10 000kg以上,适合春、夏、秋露地栽培。供种单位:瑞士先正达种子公司。

12. 博美系列耐低温、弱光专用品种

博美品种生长势中等,叶片小,叶色深绿;主蔓结瓜为主,瓜码密,回头瓜多,瓜条生长速度快;瓜条棒状,瓜把短,深绿色,密刺,刺瘤明显,口感好,瓜长33cm,单瓜质量150g;高抗枯萎病、抗霜霉病、白粉病,耐低温、弱光,亩产量为17 500kg。近期推出的日光温室越冬栽培品种还有博美16~6等品种。适宜冬春季和早春大棚季节种植。供种单位:天津德瑞特种业有限公司。

13. 哈研3号

强雌性密刺型一代杂种。雌花节率50%左右,可不喷激素诱导雌花;节间短,坐果能力强,丰产性好;早熟;平均单瓜质量250g,瓜长33~35cm,瓜把短,刺瘤明显,果皮深绿色有光泽,果肉绿色;高抗霜霉病、抗角斑病和病毒病,耐低温、弱光。适宜长季节栽培,冬早春季温室和早春大棚季节种植。供种单位:哈尔滨市农科院。

14. 哈研808

纯雌性密刺型黄瓜杂交种。全生育期只开雌花,节间短,连续坐瓜能力强,平均单瓜质量220g,瓜长30cm,瓜把短,果肉绿色,抗病性强,适应性广,耐低温弱光。适宜越冬和早春季节保护地种植。供种单位:哈尔滨市农业科学院。

(二)选择品种应注意的问题

品种选择除了要看种子的发芽率和发芽势外,还要根据自己的设施类型、品种特性、管理能力选择适宜的品种,根据当地市场销售渠道和价格优势选择品种。在当地没有种植过的品种,一定要先进行试验示范。不选择没有经过示范试验的品种,以避免不必要的经济损失和减产纠纷。尤其是越冬和早春栽培品种,耐寒性、耐弱光性、低温下的坐瓜率以及抗病性都是影响黄瓜产量和经济效益的重要因素。应该强调的是:任何新品种只有在适应的地区、采用适宜的栽培技术,才能显示出增产、增收的潜力。黄瓜的"高产、优质、高效益"生产,有赖于新品种和新的栽培技术相配套,二者缺一不可。

(三) 育苗技术

目前黄瓜育苗方式多种多样,主要有畦床育苗、营养钵育苗、简易穴盘无土育苗、营养块育苗及工厂化无土育苗等。因简易穴盘无土育苗简单易行、不缓苗、成活率高而在生产中被广泛应用,下面以穴盘无土育苗为主介绍日光温室黄瓜越冬栽培的育苗技术。

1. 穴盘

选择冬春季育苗,由于苗龄较长,可选用50孔或72孔穴盘,夏季育苗,苗龄短,可用72孔穴盘,越冬长季黄瓜育苗第一片真叶展开时即进行嫁接,所以选用72孔穴盘即可。

2. 基质配方

按体积计算草炭:蛭石为2:1,因为苗龄较短,每 $1m^3$ 基质加入氮、磷、钾比例为15:15:15的三元复合肥1.5kg(如果是冬春季节育苗,每 $1m^3$ 基质要加氮、磷、钾比例为15:15:15的复合肥2kg),同时加入100g的68%金雷水分散粒剂和100mL的2.5%适乐时悬浮剂做好土壤药剂杀菌处理,与基质拌匀备用。

3. 播种

播种时间:冬春季节育苗主要为日光温室冬春茬和塑料大棚早春茬栽培供苗,一般育苗期35~45天。也就是说如果定植时间在2月旬至3月下旬,播种期就应从12月底到1月中下旬。夏季育苗苗期短，一般从6月中下旬到7月、8月份可播种育苗，可根据栽培目的确定播种期。越冬茬长季节黄瓜一般10月初育苗，10月底到11月上旬定植。

种子处理：如果所购买的是已经包衣的种子，可以直接播种。如果是没有包衣的种子，则需进行种子处理。处理步骤如下：2.5%适乐时悬浮剂10mL加上2g 68%金雷水分散粒剂，对水100~120mL，可以包衣35kg黄瓜种子，晾干后即可播种。②用2份开水、1份凉水配成约55%温水浸种半小时后，用5%的2.5%适乐时悬浮剂+1%的35%金普龙乳化剂浸泡种子20min，或用500倍的75%达科宁可湿性粉剂处理30min，可有效预防苗期病害发生。最好采用药剂包衣处理种子，这样既省事又安全，效果还好。

播种：播种前先将苗盘浇透水，以水从穴盘下小孔漏出为标准，等水渗下后播种，经过处理的种子可拌入少量细沙，使种子散开，易于播种，播种深度1cm左右，播种后覆盖蛭石，喷600倍金雷药液封闭苗盘，预防苗期猝倒病，并在苗盘上盖地膜保湿。

苗期管理：苗出齐后，将地膜掀去。第一片真叶展开以前，白天气温保持在25~32℃，夜温在16~18℃，从第二片真叶展开起，采用低夜温管理，即清晨温度10~15℃，以促进雌花分化。在定植前1周，进行炼苗，尽量降低白天的温度和湿度。

注意防治苗期虫害，一般待苗出齐后喷2 000倍25%阿克泰水分散粒剂，防治白粉虱、蚜虫。

4. 黄瓜嫁接育苗技术

黄瓜嫁接一般是用南瓜作砧木的嫁接。南瓜不仅对多种土传病害具有很强的抗性，而且南瓜根系有很强的耐寒性，通过嫁接可以有效地预防枯萎病等土传病害的发生，提高黄瓜的耐寒能力（黄瓜根系生长的最低温度是10℃，而南瓜为8℃）和吸水、吸肥能力，南瓜根系入土深、分布范围广，根毛多而长，吸收水分和养分能力明显高于黄瓜；嫁接苗耐干旱、耐瘠薄能力也明显提高，可促使瓜秧发育好，不死秧，延长黄瓜采收期，增加产量和经济效益。

砧木品种选择：目前嫁接黄瓜的砧木主要有云南黑籽南瓜、白籽南瓜和日本黄籽南瓜。黑籽南瓜作砧木，黄瓜抗病性强、生长势强，适宜于越冬栽培。白籽南瓜作砧木，黄瓜耐热、耐干旱，适宜于高温季节使用。近年来，日本黄籽南瓜作砧木嫁接后，黄瓜色泽亮绿、口感好、商品性好，成为目前河北省主要推广的黄瓜砧木品种。我们连续几年的不同砧木嫁接试验表明：黑籽南瓜嫁接的黄瓜产量最高，但日本黄籽南瓜嫁接的黄瓜因瓜条表面无白霜，色泽亮绿，市场价格可提升 0.4~0.8 元/kg。所以从最终效益上看，日本黄籽南瓜砧木表现不俗。

接穗品种选择：参考前面讲到的选择品种应注意的问题，选择适宜当地棚室种植的黄瓜品种，水果型黄瓜或传统有刺黄瓜。

嫁接方法：黄瓜嫁接有插接和靠接两种方法，由于靠接后 8 天内，接穗仍保持自己的根，适应性强，成活率较高，所以目前生产上多用靠接。

嫁接前的准备。

（1）种子处理　黄瓜种子每亩用种量为 150g，先温汤浸种，放入 55℃ 热水中保持 5min，并不停搅拌，0.5h 后用 600 倍的 75% 达科宁药液浸泡 20~30min，清水洗净后待播。水果黄瓜品种也常采用药剂包衣后干籽点播方式。

南瓜种子每亩用种量为 1.5kg 左右。南瓜催芽前，要晒种 1~2d（注意不要放在水泥地板上晒），放入 55~60℃ 热水中烫种 10min，不断搅拌，之后捞出种子再放入 30℃ 水中，浸泡 6~8h，搓掉黏液，取出用手攥干，用纱布包好，放到 32℃ 下催芽。一般 30h 可出芽。注意中间需要用清水清洗一次。黄籽南瓜种子浸种时间可适当减少。

浸种后即可播种，也可浸种后先催芽，种子露白时，再播种。

需要注意的是：靠接方法嫁接的接穗先于砧木 7d 左右播种育苗，而插接法则是砧木先于接穗 10d 左右播种育苗。

（2）苗床准备　首先，要建造一座育苗温室，大小根据育苗数量而定,一般育1亩地的秧苗需要50m²的温室,如在深冬季节嫁接,还需在温室内搭建火炉。

播种苗床:用洗净的河砂或配制的营养土,即取3年未种过蔬菜和棉花的大田土70%,农家腐熟有机肥30%,用筛子过筛,每1m³再拌入50%多菌灵可湿性粉剂400g或70%甲基托布津可湿性粉剂400g,床土厚8cm。沙做苗床,出苗快,起苗容易,但温度变化大,苗子易受损感病。营养土做苗床,苗壮,不易得病,但生长速度稍慢,若土壤黏重,起苗时易伤根。

嫁接苗床:必须采用营养土。苗床土厚12cm,宽1m为宜,太宽了中间分栽苗困难,长度可根据苗多少而定。苗床应设在温室中间,这样光照与温度较好,有利于培育壮苗。移入嫁接苗后,可支棚加盖塑料薄膜以保证湿度,必要时可加盖遮阳网。

播种穴盘:传统、经济的育苗方式是苗床育苗,近年来由于简易穴盘无土育苗操作方便、成活率高,深受欢迎。穴盘准备与前面讲到的育苗技术中穴盘基质准备相同。

营养钵:可将砧木种子直接播于营养钵中,嫁接时带钵嫁接,成活率更高。也可播种在穴盘中,嫁接后将嫁接苗移入营养钵。基质配比按体积计算,草炭:蛭石为1:1,每1m³基质加入氮、磷、钾比例为15:15:15的三元复合肥1.5kg与基质拌匀装钵备用。

播种时间及播种:10月初先播种接穗黄瓜,将黄瓜种子播种于72孔穴盘中,等黄瓜子叶展开,真叶如小米粒大小时,大约7d后,播种南瓜砧木种子,将砧木种子播于72孔穴盘或营养钵中,也可以直接播于苗床上。当南瓜砧木子叶展开,真叶刚刚露芯时,此时黄瓜第一片真叶展开,第二片真叶刚刚露出。这是嫁接的适当时期。

嫁接操作步骤:嫁接采用靠接法,当南瓜砧木子叶展开,真叶刚刚露芯,黄瓜苗一叶一心时,即可嫁接。

①先将南瓜苗从床上起出,尽量少伤根,用竹签子将两片子叶中心的真叶及生长点去除。②在与南瓜子叶伸展方向平行的侧面距

顶端0.5~0.8cm处，由上向下斜度呈30°~40°切一刀，深度为南瓜茎的1/2~2/3。③在黄瓜展开的子叶下1cm与子叶伸展方向垂直的侧面，由下向上斜切一刀，深度也为黄瓜茎的1/2~2/3。④把黄瓜苗舌形切口插入南瓜苗切口中，使两者刀口互相衔接吻合。然后用嫁接夹固定接口。尽快地将苗栽好，扣上小拱棚，保温、保湿。如果砧木种子直接播种于营养钵内，嫁接后将黄瓜根放到营养钵内，用土埋，浇水放入拱棚内即可。嫁接1周后，将黄瓜根切断即断根，断根后3~4d即可定植。

嫁接后的秧苗管理：嫁接后将苗床或营养钵充分浇水，营养钵放入畦内，摆放整齐，用竹片在畦内搭建一个小拱棚，上覆塑膜和遮阳网密闭保湿。如果是营养钵，要在给营养钵浇透水的同时，钵外地面也可充分浇湿，以保证小拱棚内空气湿度不低于95%，3~5d内不放风，温度白天保持在24~28℃，夜间15~20℃，嫁接后7天逐渐揭开小拱棚两侧塑料薄膜通风，开始通风要小，逐渐加大。嫁接后3天早晚散射光照，中午遮阳；第四天至六天早晚正常光照，中午散射光照，以后渐增加光照，第六天至七天后可完全见光。

嫁接成活的幼苗要及时摘除砧木萌发的侧芽，待接口愈合牢固后去掉夹子。整个苗期25~30d。

四、定植

（一）定植前的准备

1. 高温闷棚

高温闷棚是在6~8月歇棚期间，利用夏季充足的太阳能进行灭菌的一种简单易行、节本环保的有效措施。一般分两步进行：第一步，上茬黄瓜收获完毕拉秧后，棚膜不要揭开，将棚膜上的漏洞补好，封闭棚膜10d左右，闷杀棚室内及植株体上的病菌，之后集中销毁。避免病虫再次流入田间，成为新的侵染源。第二步，闷杀土壤中的病菌。首先将粉碎的作物秸秆均匀撒在棚室地表，一般厚度 5cm 左右，与鸡粪、尿素混合后深翻 30~40cm。深翻后作畦，在畦内大量浇水，使畦内保持明水，盖上地膜，然后封闭棚室。进行高温闷棚处理，形成高温厌氧环境，使 20cm 处的地温保持在 50℃以上，插上一个地温表随时观察土壤温度，持续 20~25d。温室经过高温处理后，室内及土壤内的病虫基本被杀灭。但经过高温处理后，土壤中一些有益微生物也受到了破坏，在定植前，结合整地每亩应施入功能性生物有机肥 120kg，可有效地增加土壤有益微生物，同时还有助于分解土壤中的有害盐分，增强作物抵御霜冻及病虫害的能力，提高肥料利用率，使瓜果早熟，延长采收期，提高产品质量。

2. 物理防虫、驱虫措施

在棚室通风口用 20~30 目尼龙网纱密封，防止蚜虫进入。在地面铺银灰色地膜，或将银灰色地膜，或将银灰膜剪成 10~15cm 宽的膜条，挂在棚室放风口处，驱避蚜虫。目前，生产上多采用黄板诱杀，即将黄色粘虫板悬挂于棚室中距地面 1.5~1.8m 的高处，每亩放 20~25 个，对蚜虫和白粉虱可起到较好的诱杀效果。

3. 施肥与整地

（1）施肥方案　栽培模式不同，施肥方案也不同，黄瓜栽培底肥除施用一定量的有机肥外，还要配合一定量的氮、磷、钾化肥。

基肥施用原则：①越冬长季节黄瓜栽培底肥中氮肥的施用量是整个生育期氮肥施用总量的 10%；全生育期磷肥用量全部作底肥施入土壤中，追肥不再施磷肥；而底肥中钾肥的施用量占整个生育期钾肥用量的 10%~20%。②短季节栽培底肥中氮肥施用量是整个生育期总量的 20%~30%，全生育期磷肥全部用作底肥施入，钾肥施用量占整个生育期钾肥用量的 40%。

我们在生产一线和新品种示范中总结了一套简单易掌握的黄瓜栽培施肥方案，用起来简单易操作。

短季节栽培施肥方案：包括日光温室秋冬茬、日光温室早春茬、塑料大棚春提前和塑料大棚秋延后栽培施肥方案。

全生育期化肥用量：全生育期氮素用量40kg，折合尿素（含氮46%）80kg；磷肥（P_2O_5）用量10kg，折合过磷酸钙70kg，钾肥（K_2O）用量40kg，折合硫酸钾80kg。

基肥用量：一般每亩施 $4\sim6m^3$ 有机肥，并根据化肥在基肥中的比例，每亩应施入尿素16kg，过磷酸钙70kg，硫酸钾32kg。

长季节越冬一大茬黄瓜全生育期施肥方案：

全生育期化肥用量：氮素用量 $80\sim100kg$，折合尿素（含氮46%）$160\sim200kg$；磷肥（P_2O_5）用量 $10\sim20kg$，折合过磷酸钙 $70\sim125kg$；钾肥（K_2O）用量 $80\sim100kg$，折合硫酸钾 $160\sim200kg$。

基肥用量：一般每亩施 $10m^3$ 左右优质有机肥，并根据化肥在基肥应占总量的比例，每亩应施入 $16\sim20kg$ 尿素（含氮46%），$70\sim125kg$ 过磷酸钙（含 P_2O_5 16%），$32\sim40kg$ 硫酸钾（含 K_2O 50%）。

水果微型黄瓜施肥方案：如戴多星的施肥，底肥多要求有机肥 $8m^3$ 以上，复合肥 $50\sim80kg$。

（2）整地作垄

整地：先将底肥铺施于地面，然后机翻或人工锹翻2遍，使肥料与土壤充分混匀，之后耧平地面。

作垄：一般选用高垄种植，按等行距 $60\sim70cm$ 起垄或大小行距起垄，大行80cm，小行50cm，垄高15cm。水果微型黄瓜如戴多星类的品种种植要求宽窄行距，宽行沟间行距180cm，窄行为垄宽行距 $70\sim75cm$。

（二）定植

1. 时间

种植模式不同，定植时间也不同。

日光温室冬春茬黄瓜：1月中下旬到2月中下旬定植。

日光温室秋冬茬黄瓜：8月份到9月份定植。

日光温室越冬茬黄瓜：10月底至11月初定植。

塑料大棚早春茬黄瓜：3月底定植。

塑料大棚秋延后黄瓜：在上茬结束及施肥整地完成后，7~8月均可定植，也可根据上市时间向前推1个月定植。

2. 密度

"密植是个宝，全凭掌握好"，"地肥宜稀，地薄宜密"，"水足宜稀，水少宜密"。在垄上按株距25~30cm挖穴栽苗。一般越冬茬每亩栽3 500株左右（指传统的密刺型黄瓜）。水果微型黄瓜密度保持在2 000~2 200株，宽窄行定植。

3. 栽植顺序

挖穴—放苗，再覆地膜—盖土—浇定植水，越冬茬黄瓜苗龄不宜太大，以3~4叶1心为宜，苗高11~13cm。定植后马上浇定植水。灌溉多采用膜下畦灌，有条件的地方可膜下滴灌或涌灌。这样既可节水又可避免棚内湿度过高而引起病害的发生。覆地膜有利于提高地温，防除杂草，同时，减少水分蒸发，降低棚内空气湿度，避免蔓接触地，从而也减少了菌核病、白绢病等土传病害的发生。

4. 栽植深度

俗话说："黄瓜露坨，茄子没脖"。坨面应高于畦面2cm，棚室栽培中常采取将营养钵穿透底部连钵直接定植田间的方式。这样可以有效减少秧苗移栽时茎基腐病、立枯病以及菌核病的危害。

五、田间管理

菜农中有这样的说法："三分种、七分管、十分收成才保险"。

（一）温度、湿度、光照管理

1. 温光管理

定植后到缓苗可控制温度稍高些，以利于缓苗，白天温度控制在28~32℃，夜间20℃；尤其是早春定植后，由于外界温度较低，一般不放风，如果温室内湿度太大，可选择在中午高温适当放风，潮气放出后应及时闭棚。缓苗后（一般7d左右），浇一次缓苗水，要放小风，保持相对湿度在80%，白天温度不超过30℃，温度低于20℃关窗保温，以25~28℃为宜，夜间控制在18℃左右。

光照与温度相关联，一有关，必然有热，光照每天不少于8h。阴天也要揭草帘，接受散射光照。要注意：应避免黄瓜接受连阴天后骤晴强光照，务必做到揭花帘，喷温水，防止因强光、骤然升温造成的生理萎蔫，否则，严重时会造成死秧现象。

越冬茬黄瓜从定植到结果期，处在光照强度较弱的季节，光合产物低，是前期产量不高的主要原因。张挂镀铝聚酯反光幕可起到增温增光的作用，以增强黄瓜的光合作用，增产幅度可达15%~30%。具体做法是：上端固定于一根铁丝上，铁丝固定于温室北墙，将反光幕拉平后并将下端压住即可。

2. 水分管理

水分管理总原则是：苗期要控制浇水，以防止秧苗徒长，达到田间最大持水量的60%左右为宜。结果期水量加大，以达到田间最大持水量的80%为宜，且要保持相对稳定，不能忽旱忽涝或大水漫灌。棚室内土壤水分过大时，除妨碍根系的正常呼吸外，还会增加室内空气湿度，加大病害发生几率。

定植后浇足定植水，7d后浇缓苗水，从缓苗水后到根瓜坐住期间，原则上不浇水，以防止水分过大引起植株徒长，造成落花化瓜。使用滴灌、渗灌的或土壤墒情不好的情况下，可适当增加浇一小水，直到根瓜坐住。

根瓜坐住后开始膨大时开始浇水，水量要充足，以浇透为宜。进入结果期，由于不同种植模式棚室内温度不同，水分管理也有所不同。冬春茬黄瓜结瓜期由于温度适宜，黄瓜生长量大，一般3~5d浇1次水，进入盛瓜期，黄瓜需水量加大，一般2~3d浇1次水；深冬季节黄瓜由于结果初期棚室内温度低，光照较弱，黄瓜用水量相对减少，且浇水不当会降低地温、诱发病害，应适当控制浇水，黄瓜不表现缺水不灌水，但要加强中耕保墒，提高地温，促进根系向深处发展，此时浇水间隔时间延长至10~12d。浇水一定要在晴天上午进行。有条件的地方，应该考虑晒水浇灌，这更有利于黄瓜生长发育。

3. 追肥

依照总的施肥原则，不同模式施肥量也有所不同。

(1) 短季节栽培模式（包括塑料大棚春提前和秋延后、日光温室冬春茬和秋冬茬） 追肥方案：黄瓜根瓜开始膨大时开始追第一次肥，由于刚开始结瓜，第一次可随水追施少量化肥，进入结果期，可10d左右追施1次化肥，盛果期需肥需水量大，则应5~7d追施1次化肥。但总的追肥原则是，将全生育期尿素总量的70%~80%（56~64kg）和硫酸钾总量的60%（64kg）分次随水追施，短季节黄瓜栽培按整个生育期追施10次计算，平均每次追施尿素5~6kg，硫酸钾6~7kg，但结瓜初期施肥量较平均值略少，进入结瓜盛期施肥量要适当加大，每次追肥量根据基肥用量及植株长势情况而定。

(2) 日光温室越冬长季节栽培模式 越冬一大茬黄瓜结瓜期长达5~6个月，需肥总量多，总的追肥原则是将尿素施用总量的90%（150~180kg）和硫酸钾总量的80%~90%（130~180kg）分次随水追施。施肥规律是根瓜坐住后顺水施肥，结瓜初期因温度低，且需肥量少，可施少量化肥，每亩施尿素8kg、硫酸钾8kg，低温时15d左右追1次，春季进入结瓜旺期后，追肥间隔时间缩短，追肥量增大，一般5~7d追施1次，每次每亩施尿素15kg，硫酸钾15kg，整个生育期追肥总量尿素不超过150~180kg，硫酸钾不超过130~180kg，且施肥时间及施肥量应根据植株长势确定。

有的地方在进入盛果期前，还要进行1次"围肥"，即在畦间开沟施肥，以饼肥为主，每亩施150~250kg，加50kg复合肥，再补以一定量的中微量元素，可达到增产提质的效果。

在低温季节，由于保护地内二氧化碳（CO_2）不能及时得到补充，增加二氧化碳浓度就显得尤为重要。增加二氧化碳的方法很多，一是重施有机肥；二是在土壤中结合翻地施入5~10cm厚的作物秸秆并打孔，或外置式堆积秸秆，可以释放一定量的CO_2；三是深施碳酸氢铵，数量为$10g/m^2$，深施5~8cm，每15d 1次。增加

棚室内 CO_2 浓度能促进黄瓜生长发育，提高产量，改善品质，增强黄瓜抗病性。

（二）整枝绑蔓

1. 吊蔓与落蔓

日光温室多用吊绳吊蔓来固定瓜蔓。吊绳吊蔓在甩发棵初期进行，在栽培行的正上方 2m 处固定铁丝，当株高 25cm，即有 4~6 片叶时按株距绑绳，绳子一端固定在铁丝上，另一端绑在植株底部，此端绑口松紧要适宜，要留给植株生长的空间。随植株生长进行人工绕蔓。当植株长到固定铁丝的高度时，要落蔓，不摘心，以延长结瓜期，增加结果数。落蔓时要将底部老叶摘除，按顺时针或逆时针一个方向将蔓盘绕在根部，增加空间和透光，减少消耗，便于管理。越冬茬黄瓜要不断落蔓延长生育期。

2. 摘除侧枝及卷须

越冬茬黄瓜以主蔓结瓜为主，所以一般保留主蔓坐果。要及早摘除侧蔓与卷须，节省养分。根瓜要及时采摘以免赘秧，连阴天时间长时要将中等以上瓜摘掉。

3. 摘老叶

黄瓜长到 20 片叶后，要注意去掉下部老黄病叶。一般果实采到哪里，叶子摘到哪里。

六、采收

一般黄瓜从开花到采收需要 15d 左右，个别品种发育快 8~10d 即可采收。对采收的要求是早摘、勤摘，严防瓜坠秧，尤其根瓜要尽可能及早采收。

七、棚室黄瓜常见病虫害及防治

（一）猝倒病

1. 症状

猝倒病是黄瓜苗期的重要病害。幼苗染病后，在出土表层茎基部呈水浸状软腐倒伏,即猝倒。幼苗初感病时根部呈暗绿色,感病部位逐渐缢缩,病苗折倒坏死。染病后期茎基部变成黄褐色干枯成线状。

2. 救治方法

生物防治:清洁田园,切断越冬病残体组织传病。用异地大田土和腐熟的有机肥配制育苗营养土。严格掌握化肥用量。避免烧苗。合理分苗、密植,控制湿度、浇水是关键。苗床土应注意消毒。

药剂处理土壤配方:取大田土与腐熟的有机肥按6:4混合,并按每$1m^3$苗床土加入100g 68%金雷水分散粒剂和2.5%适乐时悬浮剂100mL拌土一起过筛混合。用这样的土装入营养钵或做苗床土表土铺在育苗畦上,并用600倍的68%金雷水分散粒剂药液封闭覆盖播种后的土壤表面。

种子包衣配方:可选2.5%适乐时悬浮剂10mL+35%金普隆拌种剂2mL,或6.25%亮盾悬浮种衣剂10mL,对水150~200mL包衣3kg种子,可有效地预防苗期猝倒病和立枯病、炭疽病等苗期病害。

药剂淋灌:可选择68%金雷水分散粒剂500~600倍液(折合100g药对3~4桶水),或72%克抗灵、72%霜疫清可湿性粉剂700倍液,或64%杀毒矾可湿性粉剂500倍液,或69%安克湿性粉剂600倍液,或72.2%普力克水剂800倍液等对秧苗进行淋灌或喷淋。

(二)霜霉病

1. 症状

霜霉病也叫"跑马干",是黄瓜生育期均可感染的病害,主要为害叶片,因病斑受叶脉限制,呈多角形浅褐色或黄褐色斑块,为非常容易诊断的病害,叶片初染病时,上生水浸状小斑点,叶缘、叶背面出现水渍状病斑,逐渐扩展,受叶脉限制扩大后呈现大块状黄褐角斑,湿度大时病叶背面长出灰黑色霉层,结成大块病斑后会迅速干枯,霜霉病大发生会对黄瓜生产造成毁灭性损失。

2. 救治方法

选用抗病品种：可选用戴多星、满冠、园春3号、哈研系列等抗霜霉病的品种。

生物防治：清洁田园，切断越冬病残体组织传病，合理密植、高垄栽培、控制湿度是关键。地膜下渗浇小水或滴灌，节水保温，以利降低棚室湿度。清晨尽可能早的放风—放湿气，尽快进行湿度置换。放湿气的时候，人不要走开，见棚内雾气减少，雾气明显外流后，立即关上风口，以利快速提高棚内气温。注意氮、磷、钾肥均衡施用，育苗时苗床土必须消毒和做药剂处理。

药剂救治：预防为主，移栽棚室缓苗后可参考黄瓜—生病害防治大处方，预防可采用70%达科宁可湿性粉剂600倍液（100g药对4桶水），或25%阿米西达悬浮剂1 500倍液，或25%瑞凡悬浮剂1 000倍液，或80%大生可湿性粉剂500倍液，或56%阿米多彩悬浮剂800倍液。发现中心病株后立即全面喷药，并及时清除病叶带出棚外烧毁。救治可选择68%金雷水分散粒剂500~600倍液（折合100g药对3桶水），或加入25%阿米西达悬浮剂1 500倍液，或72%克抗灵可湿性粉剂、72%霜疫清可湿性粉剂600倍液，或64%杀毒矾可湿性粉剂500倍液，或69%安克可湿性粉剂600倍液，或72.2%普力克水剂800倍液等。

（三）灰霉病

1. 症状

灰霉病主要为害幼瓜和叶片。病菌先从叶片边缘侵染，呈小型V字形病斑。病菌从开花后的雌花花瓣侵入，导致花瓣腐烂，果蒂顶端开始发病，果蒂感病向内扩展，致使感病幼瓜呈灰白色，软腐，感病后期无论幼瓜还是叶片均长出大量灰绿色霉层。

2. 救治方法

生态防治：棚室要高畦覆地膜栽培，地膜下渗浇小水。有条件的可以考虑采用滴灌措施，既节水又控湿。加强通风透光，尤其是阴天除要注意保温外，还应严格控制灌水。早春应将上午放风改为清晨短时放湿气,而且要尽可能早,尽快进行湿气置换,降湿提温,有利于黄瓜生长。及时清理病残体,摘除病果、病叶,集中烧毁和深埋。

药剂救治:因黄瓜灰霉病是侵染老化的花器,预防用药一定要在黄瓜开花时开始。首先用2.5%适乐时悬浮剂600倍液或用50%利霉康500倍液,对黄瓜雌花进行蘸花或喷花。黄瓜整个生长期最好采用黄瓜一生病害防治大处方进行整体预防。可选用25%阿米西达悬浮剂1 500倍液,或75%达科宁可湿性粉剂600倍液喷施预防,或50%农利灵干悬浮剂1 000倍液、50%多霉清可湿性粉剂800倍液、50%利霉康可湿性粉剂1 000倍液等喷雾防治。

注:喷施嘧霉胺类杀菌剂,易使黄瓜叶片产生褪绿性黄化药害,请慎用。

(四)炭疽病

1. 症状

炭疽病在黄瓜整个生育期均可侵染。主要侵染叶片、幼瓜、茎蔓。初为圆形或不规则形褪绿水渍状凹陷病斑,病斑逐渐扩大凹陷有轮纹,而后变成褐色,斑点中间呈浅褐色,近圆形轮纹状,有穿孔。

2. 救治方法

生态防治:重病地块轮作倒茬。可以与茄科或豆科蔬菜进行2~3年的轮作。加强棚室管理,通风放湿气。设施栽培建议地膜覆盖或滴灌,以降低湿度减少发病机会。晴天进行农事操作,不在阴天整蔓、采收,以免人为传染病害。

种子包衣防病:参见猝倒病种子包衣防病方法。

药剂浸种:用75%达科宁可湿性粉剂500倍液浸种60min后冲洗干净催芽,有良好的杀菌效果。

苗床土消毒:可减少侵染源,方法参照猝倒病苗床土消毒配方。

药剂防治:建议采用黄瓜一生病害防治大处方进行早期统一整

体预防。因病害有潜伏期，一旦发病防不胜防，建议采取25%阿米西达悬浮剂1 500倍液预防，会有非常好的效果。也可选用75%达科宁可湿性粉剂600倍液，或56%阿米多彩悬浮剂800倍液，或10%世高水分散粒剂1 500倍液，或80%大生可湿性粉剂600倍液，或2%加收米水剂600倍液，或70%甲基托布津可湿性粉剂500倍液等喷雾，7~10d防治1次。

（五）白粉病

黄瓜全生育期均可以感病，主要感染叶片。发病初期主要在叶面长有稀疏白色霉层，逐渐叶面霉层变厚形成浓密的白色圆斑。发病重时感染茎蔓，发病后期叶片发黄坏死。

生态防治：适当增施生物菌肥和磷、钾肥。加强田间管理，降低湿度，增强通风透光。收获后及时清除病残体，并进行土壤消毒。棚室应及时进行硫磺熏蒸灭菌和地表药剂处理。

药剂防治：建议采用黄瓜一生病害防治大处方进行整体预防。采取25%阿米西达悬浮剂1 500倍液预防措施会有较理想的效果。也可选用75%达科宁可湿性粉剂600倍液，或10%世高水分散粒剂2 500~3 000倍液，或32.5%阿米妙收悬浮剂1 500倍液，或80%大生可湿性粉剂600倍液，或43%菌力克悬浮剂3 000倍液，或2%加收米水剂400倍液，或40%福星乳油4 000倍液。后期还可以考虑使用25%爱苗乳油4 000倍液喷施。

（六）细菌性角斑病

1. 症状

黄瓜细菌性角斑病主要为害叶片、叶柄和幼瓜。整个生长时期病菌均可以侵染。苗期感病子叶呈水浸状黄色凹陷斑点。叶片感病初期叶背为浅绿色水渍状斑，渐渐叶面变成浅褐色坏死病斑，病斑受叶脉限制叶正面有时呈小型多角形，这是与霜霉病症状极易混淆的症状。但是细菌性角斑病发病后期病斑逐渐变灰褐色，棚室温湿度大时，叶背面会有白色菌脓溢出，这又是区别于霜霉病的主要特征。干燥后病斑部位脆裂穿孔。

2. 救治方法

选用耐病品种：引用抗寒性强的杂交品种，如中农5号、黑油条、夏青、龙杂黄3号，以及津绿系列等。

农业措施：清除病株和病残体并烧毁，并在病穴撒入石灰消毒。深耕土地，注意放风排湿，采用高垄栽培，严格控制阴天带露水或潮湿条件下进行整枝绑蔓等农事操作。

种子消毒：用55℃温水浸种15min，或用硫酸链霉素200万U浸种2h，洗净后播种。

药剂防治：预防细菌性病害初期可选用47%加瑞农可湿性粉剂800倍液或77%可杀得可湿性粉剂500倍液，或30% DT杀菌剂50倍液，或新植霉素，或链霉素200万U，或27.12%铜高尚悬浮剂800倍液喷施或灌根。用硫酸铜每亩3~4kg撒施浇水处理土壤也可以预防细菌性病害。

（七）枯萎病

1. 症状

黄瓜枯萎病一般在开花结瓜初期发病，感病植株初期先表现为上部或部分叶片、侧蔓中午呈萎蔫状，看似因蒸腾脱水，晚上恢复原状，而后萎蔫部位或叶片不断扩大增多，逐步遍及全株致使整株萎蔫枯死。接近地面的茎蔓纵裂，剖开茎秆可见维管束变褐。湿度大时感病茎秆表面生有灰白色霉状物。

2. 救治方法

选择抗病品种：博美系列、津绿、硕密、长春密刺等均有较好的抗枯萎病特性。

种子处理：①种子包衣消毒：选用2.5%适乐时悬浮种衣剂10mL加35%金普隆乳化种衣剂2mL，或6.25%亮盾悬浮种衣剂10mL，对水150~200mL，可包衣4kg种子；②将种子作干热杀菌处理，即在60℃下处理1d；③用40%福尔马林150倍液浸种15~30min，用清水洗净然后播种。

育苗土消毒：采用营养钵育苗，营养土消毒，苗床或大棚土壤处理，方法参照育苗防病措施。

嫁接防病：见嫁接育苗方法。

加强田间管理：适当增施生物菌肥及磷、钾肥。降低田间湿度，增强通风透光，收获后及时清除病残体，并进行土壤消毒。

高温闷棚：保护地连作栽培的地块，应该考虑采用高温闷棚的方法降低土壤中病菌和线虫的为害。

其操作顺序是：①拉秧；②深埋感病植株或烧毁；③撒施石灰和稻草或秸秆及活化剂；④深翻土壤；⑤大水漫灌；⑥铺上地膜和封闭大棚；持续高温闷棚20～30d，保持土壤温度在50℃以上。注意可以放置土壤测温表，观察土壤温度。揭开地膜晾晒后即可做垄定植。

药剂防治：①灌根用药：定植时用生物菌药处理，萎菌净1 000倍液每株250mL，穴施灌根后定植，初花期再灌一次会有较好的防病效果。也可选用98%恶霉灵可湿性粉剂2 000倍液，或75%达科宁可湿性粉剂800倍液，或2.5%适乐时悬浮剂1 500倍液，或80%大生可湿性粉剂600倍液，或甲基托布津可湿性粉剂500倍液，用50%多菌灵可湿性粉剂400倍液，每株250mL，在生长发育期、开花结果初期、盛瓜期连续灌根，早防早治效果会明显。②药剂涂茎：用50%多菌灵可湿性粉剂200～300倍液或甲基托布津可湿性粉剂300倍液涂茎。

（八）线虫病

1. 症状

线虫病就是菜农俗称"根上长瘤子"的病，主要为害植株根部或须根。根部受害后产生大小不等的瘤状根结，剖根结感病部位会发现很多细小乳白色线虫埋藏其中。感病后地上植株生长衰弱，中午时分有不同程度的萎蔫现象，并逐渐枯黄。

2. 救治方法

生态防治：①无虫土育苗：选大田或没有病虫的土壤与不带病

残体的腐熟有机肥以 6∶4 的比例混均,每立方米营养土再加入 100mL 1.8%阿维菌素,混均后用于育苗。②棚室在高温条件下用氰氨化钙(又称石灰氮)消毒。使用方法是:在前茬蔬菜拔秧前 5~7d 浇 1 遍水,拔秧后立即每亩均匀撒施 60~80kg 氰氨化钙于土壤表层,也可将未完全腐熟的农家肥或农作物碎秸秆均匀地撒在土壤表面,旋耕土壤 10cm 深使其混合均匀,再浇一次水,覆盖地膜,高温闷棚 7~15d,然后揭去地膜,放风 7~10d 后可做垄定植。处理后的土壤栽培前应注意增施磷、钾肥和生物菌肥。

药剂处理土壤:定植前每亩沟施 10% 福气多颗粒剂 2.5~3kg,施后覆土、洒水、封闭盖膜 1 周后松土定植;或每亩用 10% 克线丹颗粒剂 3~4kg 沟施或用 3% 米乐颗粒剂均匀施于定植沟、穴内。

八、棚室黄瓜生理性病害与救治方法

(一)盐渍化障碍

1. 症状

苗期植株生长缓慢、矮化,叶色深绿,叶缘浅褐色枯边,成株期叶片肥大,叶色浓绿,花芽、生长点生长缓慢,叶缘呈灰白色枯边。连茬种植田块,盐渍化重症的叶片枯裂。盐渍土壤中的根系溃烂,输导组织褐变。茎蔓失水干枯,茎表有一层白色盐霜。

2. 救治方法

增施有机肥,测土施肥,尽量不用在土壤中容易形成盐类的化肥,如硫酸铵。结合高温闷棚进行秸秆反应堆土壤改良,深翻土壤,增施腐熟秸秆类松软肥料,加强土壤通透性和吸肥性能,可以考虑使用亚联肥改善连作土壤环境,使用松圭精或阿克吸改善盐渍化土壤的吸水和养分输导系统功能。重症地块可灌水洗盐,泡田淋失盐分,并及时补充因流失造成的钙、镁等微量元素。

(二)低温障碍

1. 症状

(1) 叶片大小　正常,叶肉皱缩,叶色稍有褪绿,呈现掌状花叶症。

（2）叶脉　生长正常，叶脉周围生出点状黄褐色斑点，黄色斑点仅发生在黄瓜的下部叶片，中上部一般没有此类现象发生。

（3）叶片　深绿，叶缘微外卷，叶肉细胞水分充盈呈泡状，有白化褪绿现象，持续时间长时泡斑会连片。

（4）深冬　长时间处于寒冷环境，棚室温度低于生存温度6~8℃或早春季遭遇连阴天，植株停止生长，生长点呈簇状（即瓜打顶）。

（5）严寒时　受到霜冻的黄瓜植株，叶片逐渐褪绿白化直至死亡。

2. 救治方法

①选择耐寒、抗低温、耐弱光的优良品种。如满贯、戴多星、哈研系列、博美系列、津绿密刺系统、津优1号、硕研系统等。②根据生育期确定地温保苗措施，避开寒冷天气移栽定植。③苗期育苗注意保温，可采用加盖草毡，棚中棚加膜进行保温抗寒。④突遇霜寒，应采取临时加温措施，烧煤炉或铺设加温地线、烧土炕等。⑤定植后，提倡全地膜覆盖，或多层保温覆盖，可有效地保温增温。⑥有条件的可安装滴灌设施，既可保温降湿还可有效地降低发病机会。降低棚室湿度，进行膜下渗浇，小水勤浇，切忌大水漫灌，有利于保温排湿。做到合理均衡地施肥浇水，是无公害蔬菜生产的必然趋势。⑦喷施抗寒剂，选用3.4%碧护可湿性粉剂7500倍液[1g药（1袋）对15kg水（1喷雾器）]，或用红糖50g对1桶水加0.3%磷酸2－氢钾喷施。

（三）缺钾症

1. 症状

钾可在植株体内移动，植株缺钾时老叶中的钾就会向生长旺盛的新叶移动，从而导致老叶呈缺钾症。在生长早期，缺钾的叶缘出现轻微的黄化，继而叶缘枯死，随着叶片不断生长，叶向外侧卷曲。

2. 救治方法

施用足够的钾肥，特别在黄瓜生育中、后期，注意不可缺钾；

每株黄瓜对钾的吸收量平均为7g,确定施肥量时要考虑到这一点;施用充足的优质有机肥料;如果钾不足,每亩可一次追施速效钾肥3~5kg。缺钾时也会影响铁移动、吸收。因此补充钾肥的同时,应该及时补铁,二者同时进行。建议用第三代螯合微肥系列救治,如螯合铁、瑞培绿、新禾铁加0.3%1%硫酸钾、氯化钾喷施,或施用生物钾肥及时补充速效钾等。

(四)缺镁症

1. 症状

黄瓜生长发育过程中,下位叶的叶脉间叶肉渐渐失绿变黄,进一步发展,除了叶缘残留一点绿色外叶脉间均黄化。当下位叶机能下降,不能充分向上位叶输送养分时,其上位叶也可发生缺镁症;缺镁症状和缺钾相似,区别在于缺镁是先从叶内侧失绿,缺钾是先从叶缘开始失绿;该症状品种间发生程度和表现有差异。

2. 救治方法

增施有机肥,合理配施氮、磷肥,配方施肥,改良土壤及时调试土壤酸碱度,避免低温。寒冷季节,除了增加温度或保温外,要及时补充镁肥,提高抗寒能力。在栽培前要施足镁肥;注意土壤中钾、钙含量,保持土壤适当的盐基水平,补镁的同时应该加补钾肥、锌肥。多施含镁、钾肥的厩肥。叶片可喷施1%~2%的硫酸镁和螯合镁、螯合锌、瑞培锌、瑞培镁等微肥。

(五)缺硼症

1. 症状

硼参与碳水化合物在植株体内的分配,黄瓜缺硼时生长点坏死,花器发育不完全。叶、茎与果实因缺硼停止生长,叶缘黄化并向纵深发展呈叶缘黄宽带症;果皮组织龟裂、硬化;停止生长的果实典型症状是我们常说的网状木栓化瓜。

2. 救治方法

改良土壤,多施厩肥,增加土壤的保水能力。建议施用具有保水功能的阿克吸,改善土壤水分持续吸收能力。合理灌溉。及时补充硼肥,叶面喷施建议使用螯合硼系统,或速乐硼、瑞培硼、新禾硼。避免因单一使用化学元素硼砂类物质对土壤造成二次碱性伤害。

九、棚室黄瓜虫害与防治

(一) 白粉虱

1. 为害状

成虫或若虫群集嫩叶背面刺吸汁液,使叶片褪绿变黄。由于刺吸汁液造成汁液外溢又诱发落在叶面上的杂菌形成霉斑,严重时霉层覆盖整个叶面。

2. 防治

生物防治:棚室栽培可以放养丽蚜小蜂防治白粉虱。

设置防虫网:为阻止白粉虱飞入为害,大棚可设置防虫网,夏季育苗小拱棚可加盖防虫网。

药剂防治:建议采用懒汉施药法,即穴灌施药(灌窝、灌根),用强内吸虫剂25%阿克泰水分散粒剂,在移栽前2~3d,以1 500~2 500倍的浓度(1桶水加6~8g药)喷淋幼苗,使药液除叶片以外还要渗透到土壤中。平均每1m^{2}苗床用药2g左右(即2g药对1桶水喷淋100棵幼苗)。农民自己的育苗秧畦可用喷雾器直接淋灌。持续有效期可达20~30d,有很好的防治粉虱类和蚜虫类害虫的效果。还能有效预防粉虱和蚜虫传播病毒。

喷雾可选用25%阿克泰水分散粒剂2 000~5 000倍液,15d 1次,或用25%阿克泰水分散粒剂3 000倍液加2.5%功夫水剂1 500倍液混用,或用40%扑虱录可湿性粉剂800~1 000倍液与40%天王星乳油4 000倍液混用,或用10%吡虫啉1 000倍液,或用1.8%虫螨克星乳油2 000倍液喷雾防治。

(二) 蚜虫

1. 为害状

以成虫或若虫群聚在叶片背面或生长点刺吸汁液为害,造成植株生长缓慢、矮小簇状。蚜虫分泌的蜜露还可诱发霉污病，严重时，霉层覆盖叶面。

2. 防治

蚜虫同时还是传毒媒介，预防病毒病应该从防治蚜虫开始。及时清除棚室周围的杂草。经常查看作物上有无蚜虫，随有即防，铺设银灰膜避蚜、蓝、黄板诱蚜，就地取简易板材用黄或蓝漆刷板后涂上机油，吊至棚中，30~50m^{2}挂一块诱蚜板。

药剂防治：可选用25%阿克泰水分散粒剂3 000~4 000倍液，或用1%印楝素水剂800倍液，或用48%乐斯本乳油3 000倍液，或用2.5%功夫水剂1 500倍液，或用10% Pt：E虫啉可湿性粉剂1 000倍液喷施。

（三）潜叶蝇

1. 为害状

潜叶蝇在黄瓜一生中均可为害，为害子叶，以幼虫潜入叶片使之呈现针尖大的小斑点，并在叶片里刮叶肉，留下弯弯曲曲的潜道，严重时叶片布满灰白色线状隧道。

2. 防治

设置防虫网：设置防虫网可从根本上阻止潜叶蝇进入棚室。

黄板诱成虫：每30~50m^{2}放置一块黄板诱杀成虫。

药剂防治：可用25%阿克泰水分散粒剂3 000倍液加2.5%功夫水剂1 500倍液混用喷施，或用48%乐斯本乳油1 000倍液，或用1.8%虫螨克星乳油2 000倍液。用30%度锐水分散粒剂1 500倍液淋灌秧苗治虫。

（四）蓟马

1. 为害状

蓟马为害黄瓜主要在嫩叶、生长点和花萼上。被刺吸叶片的叶脉周围呈白点，造成叶片早衰，功能减退。

2. 防治

清除田间杂草，利用成虫趋避性，设置蓝板诱杀成虫。药剂可选用10%阿克泰水分散粒剂5 000~6 000倍液、70%艾美乐水分散粒2 000倍液、0.36%苦参碱水剂400倍液、10%吡虫啉可湿性粉剂1 000倍液。

第二节 甜 瓜

一、甜瓜的特性与棚室栽培

（一）形态特征

1. 根

甜瓜根系较发达，主根入土深度可达60cm左右，密集根群分布在15~28cm的范围内，因而具有一定的耐旱能力。甜瓜根系生长较快，易于木栓化，故适宜护根育苗（营养钵育苗）和护根栽培。

2. 茎

甜瓜的茎中空，有刺毛，节间较短，侧芽容易萌发，分枝性较强。甜瓜虽主蔓各节都能发生子蔓，但其强健程度、结实早晚各不相同，生产上子蔓、孙蔓选留数量，摘心早晚，因品种、种植方法、密度、整枝方式及留瓜数而定。

3. 叶

甜瓜叶近圆形或肾形，叶柄背面有次毛。叶的寿命及功能受本身营养状况的影响，水肥条件好、日照充足、营养面积合理，则叶的寿命长；反之叶易早衰。

4. 花

花冠黄色，雄花丛生，雌花多为单生，雌雄同株，雌花子房下位。雄花在主蔓上第3~5节开始发生，大多数品种主蔓上雌花发生较晚，而侧蔓1~2节就着生雌花。因此，在栽培学上可以摘心以促进侧蔓的形成和提早结果。开花、授粉受环境条件的影响较大，在条件不适宜的情况下，授粉受精不良，造成落花落果，故生产上多使用生长调节剂以提高坐果率。

5. 果

果实的形状、大小、色泽依品种而异，一般500g左右，大的1000g以上。果实的表面光滑或有沟棱，果肉厚2cm左右，颜色有白、绿、橘黄3类。在各种环境因素中，土壤水分对果实的发育影响最大。所以，果实形成期科学合理的浇水十分重要。

6. 种子

甜瓜种子比黄瓜种子小，千粒重一般15~20g，播种前的温汤浸种、药剂处理等可较好地预防苗期病害。

（二）生育周期

甜瓜植株一生大致分为3个时期：苗期、营养器官生长期和结果期。各时期长短因品种和栽培方式略有差异。厚皮甜瓜果实发育所需时间较薄皮甜瓜长，整个生长期前者需110~120d以上，后者需80~100d。

苗期：种子萌发播种，到5片真叶形成，约35d。

营养器官生长期：5片真叶到第一结实花开放，约20d。

结果期：第一结实花开放到果实成熟，55~65d。此期又可分为开花结果期、果实膨大期、果实成熟期。

①结果期：第一结实花开放到果实开始膨大，约15d。

②果实膨大期：果实开始膨大到停止膨大，约25d。

③果实成熟期：果实停止膨大到果实成熟，15~25d。

（三）对环境条件的要求

1. 温度

喜温，整个发育期25~35℃。

发芽期：厚皮类型25~35℃，薄皮类型25~30℃，15℃以下不发芽。

幼苗生长：20~35℃。

果实发育：30~35℃，13℃以下生长停滞。要求较大的昼夜温差，果实发育期应达到 12~15℃。

2. 光照

喜光，光照弱影响产量和品质。生长期要求 10~12h 的光照时间。日照时数短，生长瘦弱，光合产物减少，坐果困难，果实生长缓慢，含糖量和风味降低。日照时间达 14~15h，侧蔓发生早，茎蔓生长快，开花坐果提前，果实生长迅速，单果重增加，品质优良。所以，保护地秋冬茬栽培的甜瓜不如冬春茬栽培的品质好。

3. 水分

甜瓜不同生育期要求不同的土壤水分。

发芽期：高。

开花坐果期：60%~70%，适中。

果实膨大期：80%~85%。

果实成熟期：55%。

空气湿度：要求较低的空气湿度，适宜空气湿度为 50%~60%。土壤湿度适宜时，可忍受 30%~40% 甚至更低的空气湿度。空气湿度长期在 80% 以上，影响光合作用等代谢活动，易诱发病害。

4. 土壤及矿物质营养

根系发达，吸收能力强，对土壤要求不严格，厚皮甜瓜根系更强大，具有一定的抗旱能力，耐盐碱。土层深厚、有机质含量丰富、肥沃、通气良好的壤土或沙质壤土条件下栽培的甜瓜高产优质。

二、甜瓜品种

（一）品种

目前种植成功的甜瓜品种主要分为两大系列，一是薄皮系列品种，二是厚皮系列品种。目前，生产上常用的品种如下。

1. 永甜 7 号

薄皮甜瓜。该品种正常年份出苗至始收上市需 56d 左右，属早熟品种，子蔓、孙蔓都能结瓜，坐瓜率高，果实梨形，成熟后黄白微绿色，色泽鲜艳，果形优美，商品性极佳，耐贮运，平均单瓜重300~350g，含糖量15%~17%，而且香脆，适口性特好，亩产3 500kg左右，抗枯萎病性状优于其他品种。

2. 水甜 11

薄皮甜瓜。其特点是产量高，平均单瓜质量400~500g，亩产可达4 000kg，色泽美，成熟时为浅黄色，含糖量可达18%，子蔓结瓜能力强，坐瓜容易，产量稳定，耐贮运。抗病能力强，根系发达，老化慢。

3. 永甜 13

薄皮甜瓜，植株生长势强，子蔓、孙蔓均可结瓜，果实长圆形，白皮略带黄晕，白肉，肉厚2cm，不倒瓤，平均单瓜质量400~500g，含糖量18%，适口性好，坐瓜率高，亩产4 500kg，采收期集中，落花后28d上市，耐贮运。

4. 京香 2 号

薄皮甜瓜，该品种生育期65~70d，开花至成熟28d左右，瓜呈梨形，成熟时瓜皮黄白色，有光泽，肉厚1.5~2cm。甜脆适口，香味浓郁，含糖量14%~16%。单瓜质量250~500g，最大750g。亩产3 500~4 000kg。

5. 顶甜 2 号

为薄厚皮杂交品种，抗病性强，果实成熟期30d，平均单瓜质量600g，单株可结瓜4~5个，含糖量18%，果肉绿色，香味浓郁，春季保护地和露地均可种植。

6. 景甜 1 号

生育期70d左右，果实及果肉均为绿色，单瓜质量1 000~2 000g，含糖量15%~18%，抗病性特强，耐贮运，亩产3 000~4 000kg，该品种生长势强，抗性强，可留二茬瓜。生产中还有如红城系列品种、胜红、航天时代、可密特等属于薄皮系列品种，该系列品种，肉质甜脆，香味浓郁，品质佳，市场好，但不抗重茬。

7. 伊丽莎白

厚皮甜瓜，是近一时期生产上主要栽培的品种。

8. 津甜88

为薄、厚皮杂交品种，抗病性强，果实成熟期35d，平均单瓜质量800g，最大可达1 500g。果肉浅绿，肉质脆，含糖量15%，适于春季露地和保护地栽培。

9. 丰雷

近几年新培育的个性化厚皮甜瓜新品种，瓜农常称它为"手雷"。果肉香味四溢，汁多味甜，极耐储运，外观新颖独特，抗枯萎病，适应性强，在国内大部分地区均可种植。果实成熟期35d左右，单瓜质量1 500g左右，含糖量16%，适于春、秋保护地栽培。

还有如棚抗518、娇雪五等品种，在生产一线都有种植，该系列品种食用时肉质无脆感，皮略厚，甜度好，香味不浓，但抗重茬，耐贮运，果实商品性好。

(二) 选择品种应注意的问题

品种选择要三看：一看外观、品质和市场；二看丰产性、适应性和抗逆性；三看对生长环境和管理水平的要求。要根据自己的设施类型、管理能力以及品种的耐寒性、耐弱光性、耐病、抗病等特性，选择适宜的品种，并搞好品种搭配。

根据当地市场销售渠道和价格优势选择品种，根据种植模式、季节及管理水平选择优质、高产、抗性强的品种。应选择在当地经过试验示范的品种，而不选择没有在当地经过示范试验的品种，避免不必要的经济损失和减产纠纷。买种子不同于买农药，若农药的药效不理想，还可以补救，或使用其他农药进行救治，而种子一旦出现问题，则错过了种植季节，这就是农民常说的"有钱买籽，没钱买苗"的道理。更不要听从不负责的种子经销商的诱惑和忽悠。在没有经过当地技术部门大面积示范的前提下，任何许诺、诱使、赊欠种子的行为，都会给瓜农埋下经济损失的隐患，这方面的教训是惨痛的。尤其是早春栽培品种，其品种的耐寒性、耐弱光性、低温下的坐瓜率以及抗病性都是影响甜瓜经济效益的重要因素,这些都是选择品种的关键。

三、甜瓜设施栽培技术

(一)设施类型及播种期的确定

1. 设施类型

种植甜瓜的设施保护地多种多样。瓜农可依各自的技能和当地自然条件选择不同设施类型。总结归纳有以下几种。

(1)越冬日光温室型 温室后墙厚3m以上,边墙厚1.5m,地面下陷0.6m。双层草苫日光温室,或棉苫外加棚膜防雪日光温室。

(2)早春简易温室型 后墙较薄或是砖墙垒制外加草苫保温,用于抵制早春霜寒。

(3)春季大棚型 在华北地区,有的瓜农为提早瓜期,在大棚中再加一层或两层或三层(双层棚膜加小拱棚)内膜,用以保温防寒,促进瓜苗在早春寒冷季节生长。

2. 播种期的确定

根据种植模式及设施类型,在确定定值期的基础上,选定适宜的播种期(表)。一般深冬生产,棚室内气温应该经常保持在12℃以上,在特殊的自然条件下,棚室内短期的最低气温也不要低于10℃。春大棚内,定植后由于外界的气候条件越来越好,故在短时期(在特殊天气环境条件下)棚内最低温度能够保持在8℃以上即可定植。适宜的播种期距定植期40d左右,苗龄3叶1心至4叶1心。嫁接甜瓜播种期应距定植期时间长一些,为50~55d。

表 华北主要设施类型的适宜播种期与定植期

设施类型	日光温室		简易温室			春大棚		
特点	土墙	砖墙	草帘后山墙	土后山墙	无内幕	一层内幕	二层内幕	三层内幕

续表

设施类型	日光温室		简易温室				春大棚	
播种期	10月中旬	12月上旬	12月下旬	12月中旬	2月中旬	2月上旬	1月中旬	1月下旬
定植期	12月上旬	1月中旬	2月上旬	1月下旬	3月下旬	3月中旬	2月下旬	2月中旬

（二）育苗

育苗分常规育苗法和嫁接育苗法。常规育苗法适宜在新建棚室，病害轻，不易死苗；嫁接育苗法适宜重茬栽培生产，能有效地防止枯萎病等重茬病害的发生，其嫁接的砧木一般采用白籽南瓜品种，没有使用过的砧木品种应经试验成功后方可应用。

1. 常规育苗

（1）营养土配制　常用以下3种配方。

①肥沃无菌大田土5份，充分腐熟优质有机肥4份，细炉碴或锯末1份，混合均匀过筛。

②肥沃无菌大田土5份，充分腐熟圈粪2份，腐熟马粪2份，细炉碴1份，混合均匀过筛。

③肥沃无菌大田土6份，充分腐熟有机肥4份，混合均匀过筛。以上营养土中一般不需要加入化肥，如大田土、有机肥质量较差，每立方米可加入粉碎后或用水溶解后的磷酸二铵1kg，均匀喷拌于营养土中，为防止苗期病虫害的发生，每$1m^3$可加入68%金雷可分散粒剂100g、2.5%适乐时悬浮剂100mL随水解后喷拌营养土一起过筛混匀。用这样的土装入营养钵或做苗床土铺在育苗畦上，或将营养土用1 000倍50%辛硫磷加68%金雷可分散粒剂100g、2.5%适乐时悬浮剂100mL喷拌于营养土中，堆闷7d灭菌、灭虫。过筛后装入营养钵或育苗畦中，可有效地防止苗期立枯病、炭疽病和猝倒病等病害及虫害。

（2）育苗畦或育苗钵的准备　育苗时可把营养土直接铺入育苗畦，厚度10cm左右，或直接装入育苗钵中，育苗钵大小以10cm×10cm或8cm×10cm为宜，装土量以虚土装至与钵口齐平为佳，再把营养钵放置育苗畦中。

（3）育苗棚消毒　育苗前7~10d，用防病、防虫药剂熏棚1昼夜，然后放风排尽毒气准备播种。消毒方法有：①每亩用80%敌敌畏0.25kg+2kg硫磺+适量锯末混合分堆点燃熏棚。②用百菌清烟雾剂+灭蚜烟剂等点燃熏棚（请按购买的药剂使用说明施用）。

（4）种子处理

①晒种：播前2~3d，把种子放在阳光充足的地方进行晒种1~2d，并经常翻动种子，可起到杀菌、打破休眠和增强种子活力的作用。注意晒种时不要直接放在水泥地面上或其他高度吸热的物品上，以免烤伤种子。

②凉水浸种：将晾晒好的种子用12~15℃的凉水浸泡1h，使种子慢慢吸水，以防直接用温水浸种炸壳影响芽率。

③药剂浸种：浸泡后的种子，捞出控净水，倒入3~4倍于种子量的药剂溶液里，浸泡4~6h，每1h搅动1次，使种子受药均匀。甜瓜浸种时，由于种子小，种皮又薄，一般不提倡直接用55℃温水浸种，以防炸壳，影响发芽率。常采用常温药液浸种，主要有：75%达科宁可湿性粉剂500倍液或300倍液的福尔马林；或1 000倍液80%硫酸铜颗粒。

（5）催芽　将用药液浸过的种子，搓掉黏液，用清水洗净后，用湿布包好，放在25~32℃条件下催芽，催芽过程中，注意经常用30℃左右的温水过滤种芽。用温水过滤种芽的好处：一是可有效地防止催芽温度较高种芽发酵变质。二是防止浸种时水分吸收不足，影响发芽率。一般每8h温水过滤一次。24h可催齐芽，当幼芽长至2~3mm时，放在10~15℃条件下炼芽，以提高幼芽的适应性。如果催芽不齐可将催出的瓜芽选出来，经常温炼芽后，用湿布包好，放在冰箱的冷藏箱里，待芽出齐后再准备播种，播种前不管是在冰箱里冷藏的，还是后催出来的芽子，都要经过常温炼芽（接近育苗室最低温度）4~5h后再播种。甜瓜芽子经过冰箱冷藏（低温处理）后，不仅能有效地调整齐，使在一次催芽不齐的情况下一次播种出苗整齐，还可以起到提高秧苗抗寒能力的作用。

（6）播种前浇水 在播种前一天浇足水，准备播种，播种时最好表土能够成泥浆状态，播种后使种子能够部分下陷于泥浆中，以保证一播全苗。

（7）播种方法 在浇足育苗水的育苗畦或营养钵里，第二天当水渗净，表土具一定量泥浆，地温上升后播种，每个营养钵内平放1~2粒种子，或育苗畦按株距4cm播种。随播种随在种子上均匀覆盖1cm厚过筛营养土，再用600倍68%金雷水分散粒剂药液喷洒覆土表面以形成药土封闭层、对出苗后的猝倒病起预防作用。然后覆一层地膜保温、保湿，待80%以上种子芽拱土、幼苗出土时揭掉薄膜。

（8）播种时应注意的问题 播种前必须看气象云图，最好在播种后7d内没有持续性恶劣天气，以防地温过低、土壤湿度过高引起烂种、烂芽或出苗缓慢等现象发生。出苗后适时揭掉薄膜，以防揭膜过早影响出苗率。揭膜过晚、高温烧苗和下胚轴过长，导致苗弱。

一般育苗条件好的地方，使用营养钵育苗为多，以防移栽伤根。但若条件较差，营养钵暴露在育苗室的空气中，钵内土温易随空气温度的变化而变化，会影响出苗率。如果没有分播条件，可直接播在育苗畦里，这样土壤保温、保湿效果好，利于播全苗，待瓜苗出齐、子叶展平、见到真叶时，再移栽到营养钵里。

2. 嫁接育苗

嫁接有4点好处：①嫁接可以增强抗病性，南瓜对多种土传病害具有很强的抗性，通过嫁接可以有效地预防枯萎病等土传病害的发生；②可以利用南瓜根系耐寒性的特点，通过嫁接达到提高甜瓜耐寒能力的目的（甜瓜根系生长的最低温度是12℃，而南瓜为

8℃）；③提高吸水吸肥能力，南瓜根系入土深，分布范围广，根毛密而长，吸收水分和养分能力明显高于甜瓜；④嫁接苗耐干旱、耐瘠薄能力也明显提高，促使瓜秧发育好，不死秧，可延长甜瓜采收期，产量和经济效益增加。

（1）嫁接育苗的设备条件　首先要建造一座育苗温室，大小根据育苗数量而定，一般育1亩（667m^2）地的秧苗需要50m^2的温室，如在深冬季节嫁接，还需在温室内搭建火炉。

（2）营养土的配制　取3年未种过蔬菜和棉花的大田土70%，农家腐熟有机肥30%，用筛子过筛，再拌入多菌灵400g/m^3或400g/m^3甲基托布津。

（3）整地施肥　深翻土壤30cm，整平耙细。施入磷酸二铵0.1g/m^2。

（4）砧木的选择　一般选择日本黄籽南瓜和白籽南瓜为砧木进行嫁接。

（5）砧木和接穗的播种

①催芽南瓜种子：催芽前，要与甜瓜种子一样进行晒种1~2d（注意不要放在水泥地板上晒），放入80℃水中浸种20min，不断搅拌，之后捞出种子再放入30℃水中，浸泡6~8h，搓掉黏液，取出并用手攥干，用纱布包好，放到32℃下催芽。一般30h可出芽。注意中间需要用清水清洗一次。甜瓜催芽：与前面催芽相同。

②播种：需说明的是本文提供的是靠嫁接方法。如果用插接法，砧木和接穗的种子播种时间应该错开1周左右，砧木先于接穗播种。甜瓜首先播种，正常情况下13d左右再播南瓜，此时甜瓜生理苗龄第一片真叶大小如拇指盖。

一般选择晴天上午播种，播种前一天浇透水，然后在畦内划成4cm×4cm的田字格，在两线的交叉点上点一粒种子。在播完种的畦面上撒1cm厚的营养土。贴接的南瓜种子播在前一天浇透水的营养钵中，撒上1cm厚的营养土。接穗和砧木播种后，用地膜将畦面盖好，用竹片搭建一个小拱棚，晚上覆盖塑料薄膜保温。

甜瓜靠接时，砧木可以播在畦内，嫁接时拔出即可，嫁接后，把嫁接苗栽于营养钵内。

甜瓜插接时，砧木可以直接播于营养钵内，嫁接时在营养钵内进行。

（6）播种后的管理　播种后地温保持在15℃以上，最低13℃，白天气温保持在30℃，晚上15~20℃，一般3~4d可齐苗。在甜瓜出苗后5d，可适当提高夜间温度，以增长下胚轴，当甜瓜下胚轴长度达到嫁接要求（5~5.5cm），而砧木（南瓜）苗子两片子叶展平长出一小片真叶时开始嫁接。此时，适当降低棚内夜间气温，促使瓜茎增粗。

（7）嫁接育苗工具准备　要准备一个嫁接工作台，并准备刮脸刀片、嫁接夹、营养钵、喷雾器（喷水用）、塑料筐（运输秧苗）、营养土等。

（8）嫁接技术要点

靠接的特点：靠接是甜瓜自身根系不被切断，在嫁接伤口愈合后才进行甜瓜断根，成活率较高，南瓜要去掉生长点。此方法过程比较烦琐，但对初学者容易操作，嫁接后管理方便。

嫁接苗要求：甜瓜嫁接时下胚轴长5~5.5cm，南瓜苗要求两片子叶展平带一小心叶。

靠接技术要领：嫁接时间应选在晴天；嫁接前一天，如营养土发干，要适当浇水，这样可使起苗时少伤根，又有利秧苗吸收水分。

把甜瓜苗和南瓜苗分别从育苗畦中起出，放在操作台上，起苗时根部要尽量多带土。用嫁接刀去掉南瓜真叶（生长点），在南瓜苗距生长点0.5cm处的胚轴上，用刀片由上向下斜削一刀。刀口和种子叶平行与胚轴呈35°，刀口长1cm，深达胚轴直径的一半。取稍高于南瓜的甜瓜苗，在距生长点2cm的胚轴上，用刀由下向上斜削一刀，刀口和种子叶垂直与胚轴呈30°角，刀口长0.8~0.9cm，深达胚轴直径的2/3。

把甜瓜苗舌形切口插入南瓜苗切口中,使二者刀口互相衔接吻合。然后把吻合好的嫁接苗用嫁接夹夹好固定(从甜瓜方向夹),两根分开1cm,栽入一个营养钵中,并及时浇足水。

(9)靠接苗的管理

保护棚的搭建:嫁接后,营养钵放入畦内,摆放整齐,用竹片在畦内搭建一个小拱棚,上覆塑料膜和遮阳网。

保温:甜瓜苗嫁接后前3d棚内温度白天保持在26~28℃,夜间18~20℃;3d后白天25~30℃,夜间15~18℃。地温保持在15℃以上,适当放小风。在第12~13d断根后白天20~30℃,夜间13~15℃。

保湿:用喷雾器喷头朝上,在秧苗上喷水,水量不宜过大,落到叶面上不流即可。视湿度变化每天喷水2~3次,第1~3d,保持棚内空气湿度在95%以上;第4~6d,保持棚内空气湿度在90%以上。

调光:嫁接后1~3d早晚散射光照,中午遮阳;第4~6d早晚正常光照,中午散射光照,以后逐渐增加光照,第6~7d后可完全见光。

砧木赘芽的处理:甜瓜嫁接后,南瓜生长点处还会生出赘芽,应及时用刀片去掉赘芽,以免消耗养分。

靠接苗的断根:靠接苗在嫁接后12~13d可断根。断根应在下午进行操作,在接口下1cm处用小刀切断甜瓜胚轴,并在近地面处要切一刀,彻底将甜瓜根断掉,或切断甜瓜根系后,将根直接拔出带到田外。

喷药、叶面补肥:嫁接后用喷雾器喷头朝上喷洒800倍液68%金雷水分散粒剂,可同时加入1 000倍液的葡萄糖,一是防病,二是补充叶片营养,保证嫁接苗的正常生长。

(10)嫁接育苗应注意的问题

①甜瓜和南瓜育苗错期时间要掌握好,避免一大一小,依据实际情况而定。

②嫁接时,注意接口要吻合,以提高成活率。

③育苗时力求接穗与砧木根茎粗细一致或相近,以提高嫁接质重。

(三)苗期管理

1. 温度管理

(1)苗前温度管理。首先调控好育苗室的放风口,根据育苗室的大小设置3~4个温度表,均匀地分布于育苗室中太阳光不能直射的位置,高度与秧苗持平,放风时首先要摸清育苗室不同位置的温度差别,如两端温度不一致,应先从高温的一端放风,后放低温的一端,同时还要调控好放风口的大小,尽可能地使秧苗在同一环境条件下生长,为培育壮苗打好环境基础。如在深冬期育苗,温度管理要根据育苗室的保温效果灵活掌握,一般以凌晨6时气温最低时间段能够满足秧苗正常生长为标准,调控好白天育苗室的温度。此期的温度管理应该以增温保温为重点。

(2)出苗期温度管理。出苗前后白天温度应保持在28~32℃,夜间温度18~20℃,不能低于13℃。此期的管理重点应是尽可能地满足种子发芽、出土要求的温度条件,防止在低温高湿的条件下,种子出苗时间过长,发生烂种、烂芽及其他病害,做到一播全苗。

(3)出苗后管理。幼苗出齐后,白天温度保持在20~26℃,夜间温度15~18℃,不能低于10℃。此期的管理重点是及时地把温度降下来,防止温度过高导致下胚轴徒长过长形成弱苗。这是培育壮苗的关键一环。第一片真叶长出后,白天温度保持在22~30℃,夜间温度13~20℃。此期的管理重点是尽可能地给秧苗适宜生长的温度环境,防止低温高湿环境的发生,否则会导致苗期猝倒、立枯、炭疽病三大病害的发生。

(4)移栽前炼苗。白天温度保持在18~25℃,夜间温度10~15℃,最低可以到8~10℃,使苗逐渐适应定植棚室的环境,注意炼苗时不要一次性把温度降得过急,要逐渐的慢慢降下来,到定植前降到接近生产棚室的最低温度即可。

2. 肥水管理

苗期一般不需大量施用肥水。一般根据土壤墒情和植株长势，适时、适量进行浇水、施肥，以秧苗见湿见干为好。出苗后，最好在育苗室内准备一个盛水的容器，提前将水预热，在幼苗出现萎蔫现象前，可在午前浇灌提前准备好的与棚温一致的水，每次浇水时都要看气象预报和气象云图，要选在近 2~3d 没有阴雪天气时进行，以防苗期病害的发生。有脱肥现象时，可适时、适量喷施50倍液的美国亚联生物菌肥（2号）或 8 000 倍碧护叶面生长调节剂等，可起到补肥、提高秧苗抗寒性、壮秧等作用。

（四）定植

1. 定植前的准备

（1）环境要求 初建温室、简易温室、大棚均须注意选地。甜瓜是喜光作物，应选择背风、向阳、排水良好、土层深厚、肥沃的砂壤土为宜。应在冬季来临之前建好各种类型的棚室，并进行秋翻整地、施足基肥。结合深翻（30~40cm），亩撒施充分腐熟的有机肥 2 000~4 000kg，三元复合肥 60~100kg，将土壤与肥料耙压、混匀、整平后起垄准备定植。温室及简易温室大行距按 80cm，小行距 60cm，春大棚按垄距 100cm 顺棚向起垄。垄台高 20cm，待扣棚升温后定植。

（2）养分要求 甜瓜为喜钾植物。一般 1 000kg 商品瓜需氮 3kg、磷（P_2O_5）1.5kg、钾（K_2O）5.6kg。而各个生育期对氮、磷、钾的要求也不一样，幼苗期、伸蔓期需氮量最大；开花坐果后需钾量日渐增多，果实膨大期达到最高峰。可根据不同生育时期对氮、磷、钾的不同需要，调节好各元素供应比例，这是甜瓜夺得高产的关键。氮肥可促进茎叶生长和果实肥大，提高产量，但施用量过多易使甜瓜徒长、晚熟、发病；施用磷肥可促进根系发达，植株健壮；施用钾肥可提高品质、增加甜度、提高抗病性。

（3）扣棚 定植前提早扣棚升温。设施甜瓜一般都是反季节生产,要求提早扣棚进行升温,使北方冬季冻结的土壤在定植之前必须化开,并且地温还要达到12℃以上,才能定植。扣棚时间与定植时间一般要相距30d以上。

春棚扣棚后如果要提前定植,常在棚内膜下吊1~3层内幕(膜内含有无滴剂的薄膜),三层内幕之间的距离一般相距14cm左右,能有效地起到保温增温的作用。内吊一层幕的,比不吊幕的能提早定植10~15d;内吊两层幕的,能提早定植20~25d;内吊三层幕的,能提早定植30~40d。甜瓜上市期可提前10~20d以上。棚内吊幕这项工作,扣棚后要马上进行,以提早升温。然后,及时将吊甜瓜秧子的胶丝绳拴在甜瓜定植垄上方的铅丝绳上,准备定植后吊秧用。

(4)消毒 定植前5~7d进行棚室消毒,方法同育苗棚消毒方法(注意消毒后放风排毒)。

(5)开沟、施肥、浇水 在冬前做好的垄台上开15cm深的浅沟,地力差的亩施三元复合肥15~20kg,地力好的可不施肥,为防地下害虫每亩可顺垄沟对水浇施50%辛硫磷1kg,然后合垄再浇足水,待水下渗,定植前进行高垄搭台找平,准备定植。高垄栽培可有效地防止化肥烧苗和增加土壤的热容量,定植后发根、缓苗快。浇水后要注意白天升温和夜间的保温,封严棚门和各层棚膜,想办法创造适宜甜瓜定植、生长的温、湿度环境。

(6)连作、重茬地块的土壤处理 如果是在同一块地上第二年再种甜瓜,由于甜瓜怕重茬和土壤盐渍化的危害,基肥的化肥用量要在原来的基础上,减少一半或1/3,同时每亩施用美国亚联生物菌肥(1号)2瓶+2瓶激活液,对水冲施,在降低化肥用量、节省生产成本的同时,生物菌肥在土壤里还能活化土壤,分解土壤中残留的养分,固定空气中游离的氮,供作物吸收利用,反季节生产还可提高地温1~3℃,起到提高植株抗寒、抗病能力的作用。

2. 定植

(1)定植密度 定植密度要根据设施的类型、生产的季节、地力水平以及品种的特性而定。由于冬季生产植株长势较弱,温室及简易温室可适当密植,一般每亩可定植 2 500~3 000 株。早春大棚定植密度一般为每亩 2 000 株,地力水平差的可提高到 2 300 株。根据品种特性,植株长势旺的适宜稀植,长势弱的可以适当密植。

(2) 定植方法　在做好的垄背上开沟或打孔,采用水稳苗的方法定植,水下渗后封坨。封坨时要注意土坨与垄面持平,不可让土坨露出地面太多。嫁接苗的切口切忌不能离地面太近,更不能埋入土中,否则就失去了嫁接的意义。打孔定植的,可先将地膜覆盖好,再打孔定植。垄背上开沟定植的,可将营养钵底部穿透直接移栽于垄背穴中,这样可以有效防止移栽时茎基腐病的侵染。

(五) 田间管理

在定植好秧苗的基础上,做好定植后每个环节的正确管理,是确保甜瓜稳产、高产,实现甜瓜高效益的技术保障。这就要求调控好甜瓜生长每个环节的温度、光照、水分、养分,以及放风时间、放风口的位置、放风口大小等。甜瓜病虫害防治是田间管理的难点,我们将在后面专门介绍。

1. 温度

(1) 定植到缓苗期间温度　白天气温应保持在 30~35℃,夜间应不低于15℃,利于缓苗,一般不低于 12℃。在特殊天气条件下,短时间内温度也不应低于 8~10℃。如果外界气温过低,可以采取如下保温、增温措施,例如,①棚室的外围围靠一层草苫;②在秧苗的垄台上方搭建临时小拱棚,白天揭掉,晚上盖好保温;③如果棚室内温度过低,就应该考虑临时升温措施了,可以设置暖风炉、空气加热线、远红外线煤气灶、临时升温火炉,或者用燃烧酒精来升温等措施,均有一定的增温效果。但一定要注意电路安全、预防火灾和棚室封守过严缺氧造成一氧化碳中毒等现象的发生。

此期温度的管理重点是:以增温、保温为主。在温度管理上要以凌晨 6 点的温度为基准,摸清楚棚室的增温、保温性能,调控好白天棚室内的温度。如果白天温度在正常管理的情况下,不能满足夜间植株生长发育的温度时，白天温度可以提高到40~45℃。

需要注意的是，白天进行高温管理，只适用于夜间温度不能满足秧苗正常成活和秧苗生育最低温度指标8~10℃，且要求土壤、空气必须具备较高的湿度，这种方法只适用于定植后短时间内的温度管理。如果夜间温度可达到生长要求则不需要白天进行高温调控。

（2）缓苗后到瓜定个前温度　白天气温应保持在25~30℃，夜间不低于12℃，这有利于壮秧、早出子蔓、早坐瓜和膨瓜快。

此期温度的管理重点是：注意夜间不要温度过高，以防止秧苗徒长。对于长势过快、不发子蔓的棚室，应加大昼夜温差的管理，夜里短时间内的最低温度可调控到10℃左右；或用美丰达1袋（5mL）对水1喷雾器（1喷雾器水=15L水）喷洒生长点1~3次，控制秧苗旺长。待子蔓发出，看到瓜胎时，温度再转入正常管理。对于定植后，由于棚室温度低，秧苗长势弱的，要调高白天和夜间的温度，一般要以凌晨6点（最低温时间段）温度为标准，在此温度的基础上提高1~3℃，待植株恢复正常生长后，再将温度转入正常管理。

（3）坐瓜期温度　白天气温应保持在25~35℃，夜间尽量保持在13℃以上，以利甜瓜的糖分积累和早熟。

此期春棚的温度环境越来越好，温度的管理重点：不要为了快速膨果和为了果实快速成熟，进行高温管理。因为温度过高，虽然膨果较快、成熟较早，但容易导致植株根系老化，地上部早衰，影响第二、第三茬瓜的正常生长，甚至造成生理障碍等情况发生。

2. 光照

棚膜选择：日光温室选择透光率好，保温效果好的聚氯乙烯无滴膜；春大棚膜应选择三层压缩、保温、防老化、无滴膜效果好、透光率高的EVA薄膜。内吊的1~3层内幕，也要求选择含有无滴剂和EVA的薄膜。

在生产过程中，注意经常擦净膜上吸附的土尘和其他脏物，保持棚膜面的干净，以提高透光率。在能够保持温室内温度情况下，尽可能早揭盖草苫等保温覆盖设施，以增加光照时间。春大棚，在能够保证棚内温度的情况下，要及时逐层撤掉棚内吊挂的内幕，以保证较强的光照。

3. 肥水

（1）缓苗水。定植后 7d 左右，浇一次缓苗水，这次水一定要浇足，标准一般要求上垄台，以利扎根、发苗和培育壮秧。这次透水，对定植之前浇水不足地块尤为重要，它直接影响根系下扎的深度和根量的多少、坐瓜后植株的长势和早衰程度。这次水，一般不需要带肥。但在遇到低温障碍、根系发育不良时，可适当喷施一些叶面肥。

（2）花前肥水。指甜瓜在开花（早春为了促进坐瓜可以考虑熊蜂授粉或激素处理瓜胎）前，施用的一次肥水。这次肥水的施用，要根据土壤的保水、保肥能力及地力水平、植株的长势而定。如果这次肥水不及时浇灌的话，土壤湿度、养分供应、植株长势都将直接受到影响。这次肥水的施用量一般不宜过大，可采取隔垄浇灌的方法，每亩随水冲施被水溶化后的三元素复合肥料 10~15kg。

（3）膨瓜肥水。这次肥水一般是在坐瓜后，当大多数瓜长至核桃到鸡蛋大小时施用的肥水，叫膨瓜肥水。一般亩施三元素复合肥 25~35kg，对于种过蔬菜、甜瓜的重茬地块，可以直接浇灌美国亚联生物菌肥 I 号 1~2 瓶 + 激活液 1~2 瓶，对适量水均匀冲施在土壤里，或对水后用喷雾器直接喷在土壤上，再随即浇水，能节省化肥 50% 以上的同时，还能够有效地改良土壤微生物群落，解决土壤盐渍化的问题，提高产量和甜瓜品质。第一茬瓜从膨瓜到成熟，和第二、第三茬瓜的肥水管理，要根据土壤墒情、植株长势，参照第一次膨瓜肥水的管理，适量追肥、浇水。

此期的管理重点是：要经常保持一定的土壤湿度，在湿度管理上，既要照顾第一茬瓜的正常成熟和品质，又要兼顾第二、第三茬瓜的膨瓜对肥、水的需求，土壤切忌旱涝不均，以防裂瓜。每次浇水前，都要看气象云图，浇水后 3~5d 没有气象变化时，选在晴天上午浇水，浇水后 1~3d 上午密闭防风口，将棚、室温度提高到比正常管理温度高 3~5℃，这有利于棚、室内的水高度气化，再打开防风口，进行排湿，然后再转入温度的正常管理。此法既能使浇水后下降的地温尽快回升，又能防止棚、室内空气湿度过大而导致病害的发生。

4. 风口

一般深冬和早春生产，放风时间在中午前和中午，要求在打开防风口以后，棚室内的温度能够保持不升不降，温度指标控制在适宜植物生长的范围之内即可。但这个温度指标的掌握，需要自己摸索棚、室温度的变化规律，根据温度的变化规律确定出自己棚、室的具体放风时间，同时注意早春及时排湿防止灰霉病发生。

风口与温度的调控：要根据植株的长势调控放风量的大小及温度高低。植株长势过旺茎节间在 13cm 以上、叶片直径 20cm 左右或更大、生长点长势过快、茎秆表现过嫩、只长秧子不发子蔓，生长过旺的瓜秧，或经过观察有旺长趋势时，就应该调低温度比正常管理温度指标低 1~3℃；反之，就应该将温度指标调高 1~3℃。待植株正常生长后，再按不同生育时期的温度标准管理。

风口管理的注意事项：如果棚室不同位置的温度不一致时，应该先从高温部位放风，后放低温部位。放风时，放风口应该由小到大；关风口时，应该是由大到小。不要一次性开放风口和关放风口，更不要盲从别人，而左右自己的开、关放风口的时间和大小。

5. 枝蔓

吊蔓整枝：定植后 5~7 叶时，用胶丝绳将主蔓吊好，并随着植株的不断生长，随时在吊线上缠绕。吊蔓整枝方法有以下两种。

（1）主蔓单秆吊蔓一次掐顶　指将主蔓一直缠绕到接近吊蔓胶丝绳顶部时，一次性掐顶的方法。此方法适宜于植株不旺长，子蔓发得好，生长正常甜瓜秧的管理。该掐顶法，第一茬瓜比两次掐顶的膨瓜速度略慢，但第二、第三茬瓜坐瓜较早，植株不易发生老化现象。

(2) 主蔓单秆吊蔓两次掐顶　首先在主蔓长至13片叶左右时为控制植株旺长,促其子蔓(侧蔓)早发、早结果、早膨果进行的第一次掐顶,然后再用顶部第一或第二叶叶腋生出的一个子蔓,作为龙头(主蔓),继续在胶丝绳上缠绕,其他子蔓留一片叶掐尖,待新龙头长至接近吊蔓胶丝绳的顶部时进行第二次掐顶。此法的第一次掐顶,最晚必须掌握在发出的子蔓上刚刚见到瓜胎时进行,如果瓜胎过大时再掐顶,由于养分主要供给瓜胎的发育,上部节位的子蔓,就不能萌发,将导致地下部根系老化、植株早衰,直接影响第二、第三茬瓜的生产。

6. 留瓜

一般第四片真叶以下长出的侧蔓全部去掉,从第五至第十片真叶叶腋长出的子蔓(侧蔓)上留瓜,一个侧蔓留一个瓜,幼瓜后面留下一叶片后其他叶片与子蔓生长点一起去掉。留瓜子蔓(侧蔓)的位置,要根据植株根量(长势强弱)来确定坐果节位的高低和坐果数量。如果定植后瓜秧根量少、长势弱,坐果节位需要高一些,待长势旺盛一些后再留子蔓和瓜,或少留瓜。整理子蔓时,长势弱的,坐瓜节位以下的子蔓(侧蔓),可以适当晚去掉或留一子蔓,可防止根的老化。瓜秧掐掉生长点的高度为:一般主蔓长至25~30片真叶接近吊瓜秧胶丝绳的高度时,去掉生长点,以促瓜控秧。一般腰节第11~20节位不留瓜,但生出的侧蔓可留1片叶掐尖。在子蔓(侧蔓)、孙蔓(子蔓上生出的蔓)的管理上,每茬坐瓜后,可将空蔓用剪刀剪掉,以防子蔓太多,瓜秧长势太乱,影响通风透光。如果发生病害,叶片光合作用面积不够,可适当留些子蔓,长出新叶,作为功能叶片,补充光合作用叶片面积的不足。

(1) 瓜茬数与留瓜数量　第一茬瓜可用药剂喷花处理瓜胎5~6个,留瓜3~4个,待第一茬瓜坐住并膨大时,上部节位生出的子蔓,瓜胎容易坐瓜时,可进行人工处理第二茬瓜胎,第二茬处理瓜胎3~5个,留瓜2~3个。第三茬一般在孙蔓上处理瓜胎3~5个,留瓜2~3个。

（2）保瓜措施　设施甜瓜栽培，一般开花坐果期很难满足其对环境条件的要求，坐瓜比较困难，所以对瓜胎必须采取激素（生长调节剂）处理的方法，作为保瓜措施介绍如下。

①花前喷雾法：可采用高效会瓜灵喷瓜胎，此激素为0.1%的吡效隆系列，一般每袋（5mL）对水1kg（参照说明书使用）。当第一个瓜胎开花前一天用小型喷雾器从瓜胎顶部连及瓜胎定向喷雾。注意最好用手掌挡住瓜柄及叶片，以防瓜柄变粗、叶片畸形。喷瓜时，一般一次性处理花前瓜胎2~3个（豆粒大小的瓜胎经处理均能坐住），这样一次性处理多个瓜胎，坐瓜齐，个头均匀一致。为防止重复处理瓜胎而出现裂瓜、苦味瓜、畸形瓜现象，可在药液中加入掺有色素的2.5%适乐时悬浮剂，这样既防止了早期灰霉病的侵染又做喷花标记。此法较简单，易操作。但是，如果瓜胎受药不均时，易导致偏脸瓜的发生。

②浸泡法：也是采用0.1%的吡效隆系列产品，用同样的药液浓度和在同样瓜胎生育期，将瓜胎垂直浸入配好的激素药液里，深度达到瓜胎的2/3即可。如果浸入过深，接近瓜柄，会导致瓜柄变粗，影响商品性。

③喷花处理法：这种方法就是在甜瓜开花后的当天或第二天，用小型喷雾器将药液直接喷向柱头的。喷花的时间要掌握在上午10时以前或下午3时以后。若在高温时间段处理，会因药液浓度过高，引起裂瓜和苦味瓜的形成。常采用的药剂为2,4-D，施用浓度一般为10~20mg/kg（参照说明书使用），为提高坐瓜率，最好根据棚温的高低，做好试验后再大面积应用。

需要注意的是：无论采用哪种激素和哪种处理瓜胎的办法，都要根据药剂的性能、棚室内的温度指标，调整好药液浓度并尽可能地避开高温时间段对瓜胎进行处理，以防因药液浓度过高、而引起裂瓜。蘸花后，如瓜胎上面附着药液过多，应及时用手指弹一下瓜蔓，去掉多余药液，减少裂瓜的发生。药液要随配随用，这样可以准确掌握药液浓度，保证坐瓜效果。

（3）疏瓜　疏瓜时间应选择在大多数瓜胎长至核桃到鸡蛋大小时，进行1~2次疏瓜。根据植株的长势和单株上下瓜胎大小的排列顺序、瓜胎生长正常程度进行，疏掉畸形瓜、裂瓜及个头过大、过小的幼瓜。保留个头大小一致，瓜形周正的幼瓜。一般第一茬瓜留3~4个，第二、第三茬瓜留2~3个。

疏瓜时，要在膨瓜肥水施用后、坐瓜稳定、植株没有徒长现象时进行，这样能够有效地防止疏瓜后植株徒长，而导致化瓜现象的发生，确保第一茬瓜的适宜上市期，并获得高效益。

7. 灾害性天气的管理

在寒流、阴雪天、连阴天等大气情况下应采取以下管理措施。

（1）保温、增温　白天减少进出棚、室的次数，棚门口加长挡风保温棚膜，夜间封严棚室，覆盖好保温覆盖物。如夜间温度可能降至植株生育的临界温度时，可采用临时加温设施，如热风炉、空气加热线、临时火炉等，但使用时一定要注意安全。

（2）注意采光　尽可能地让植株多见散射光，可以考虑增加后墙反光膜。尽可能地揭开保温覆盖物，隔苫揭帘。持续阴天后突遇晴朗天气，切忌全部揭苫，要陆续见光，逐渐揭苫，以防瓜秧突见强光发生萎蔫，这是因为根系功能没有迅速恢复正常。如发生叶片脱水、营养供应不足，可喷施一些叶面肥作为养分的补充。

（3）清扫积雪　下雪时及时清扫积雪，以防压坏棚架和影响光合作用。

（4）喷洒药剂　连阴天来临前，叶面应喷施抗寒剂碧护4 000倍液和防病杀菌药剂25%阿米西达悬浮剂3 000倍液，可以预防大多数真菌病害，或用90%疫霜灵可湿性粉剂600倍液，或用75%达克宁可湿性粉剂600倍液。阴天发生时，防止棚室内空气湿度过大，宜采用烟剂熏蒸法防病，如45%百菌清烟剂，每亩用200g点燃熏蒸一夜。注意烟雾不要过大，否则会造成烟害。

四、甜瓜采收与上市

甜瓜以 9 成熟时采收最好，这时甜瓜色泽好，口感最甜，香味浓郁、商品价值高。瓜的成熟度判断，可查看瓜的颜色是否与种子袋上的颜色相似，相似的，说明已经成熟，即可采收上市。此时采收，一般适宜近距离销售。若远距离销售，要根据外界的气温高低和路途的远近，做好调整，一般 7～8 成熟就可以采收上市。

五、甜瓜病害诊断与救治

（一）猝倒病

1. 症状

猝倒病主要发生在甜瓜苗期。幼苗感病后，在出土表层茎基部呈水浸状软腐倒伏，即猝倒。幼苗初感病时秧苗根部呈暗绿色，感病部位逐渐缢缩，病苗折倒坏死。染病后期茎基部变成黄褐色干枯成线状。

2. 救治方法

选用抗病品种：如伊丽莎白、状元、风雷、龙甜 1 号、白沙蜜、红城系列等较抗病。

生物防治：清洁田园，切断越冬病残体组织传病、用异地大田土和腐熟的有机肥配制育苗营养土。严格掌握化肥用量，避免烧苗。合理分苗、密植、控制湿度、浇水是防病的关键。降低棚室湿度。苗床土注意消毒及药剂处理。

药剂救治：种子药剂包衣。选 2.5% 适乐悬浮剂 10mL + 35% 金普隆 2mL，对水 150～200mL 包衣 4kg 种子，可有效地预防苗猝倒病和其他如立枯病、炭疽病等苗期病害。

苗床土药剂处理。取大田土与腐熟的有机肥按 6∶4 混匀，并按每立方米苗床土加入 100g 68% 金雷水分散粒剂和 2.5% 适乐时悬浮剂 100mL 拌土，一起过筛混匀。用这样的土装入营养钵或做苗床土的表土铺在育苗畦上，并用 600 倍的 68% 金雷水分散粒剂药液封闭覆盖土表面。

药剂淋灌。救治可选择68%金雷水分散粒剂500~600倍液（折合100g药对3桶水），或用72%克抗灵、72%霜疫清可湿性粉剂700倍液，或用64%杀毒矾可湿性粉剂500倍液，或用69%安克可湿性粉剂600倍液，或用72.2%普力克水剂800倍液等对秧苗进行淋灌或喷淋。

（二）霜霉病

1. 症状

霜霉病是甜瓜全生育期均可以感染的病害。主要为害叶片。因病斑受叶脉限制，多呈多角形浅褐色或黄褐色斑块，成为非常容易诊断的病害。叶片初感病时，叶片正面产生水浸状小斑点，叶缘、叶背面出现水浸状病斑。霜霉病大发生会对甜瓜生产造成毁灭性损失，可减产5成以上。

2. 救治方法

选用抗病品种：如状元、伊丽莎白、风雷、胜红、顶甜等品种。

生物防治：清洁田园，切断越冬病残体组织传病，合理密植、高垄栽培、控制湿度是关键。地膜下渗浇小水或滴灌，节水保温，以利降低棚室湿度。清晨尽可能早的放风—放湿气，尽快进行湿度置换。放湿气的时候，人不要走开，眼见棚内雾气减少，雾气明显外流后，立即关上风口，以利快速提高棚内气温。注意氮、磷、钾肥均衡施用，育苗时苗床土必须消毒和做药剂处理。

药剂救治：预防为主，移栽棚室缓苗后可参考采用甜瓜一生病害防治大处方（见第七章），预防可采用75%达科宁可湿性粉剂600倍液（100g药对4桶水）。

（三）灰霉病

1. 症状

灰霉病主要为害幼瓜和叶片。感染灰霉病的甜瓜叶片，病菌先从叶片边缘侵染，呈小型的 V 字形病斑。病菌从开花后的雌花花瓣侵入，使花瓣腐烂，果蒂顶端开始发病，果蒂感病向内扩展，致使感病幼瓜呈灰白色、软腐、凹陷，感病后期长出大量灰绿色霉菌层。

2. 救治方法

生态防治：设施棚室要高畦覆地膜栽培，地膜下渗浇小水。有条件的可以考虑采用滴灌措施，节水控湿。加强通风透光，尤其是阴天除要注意保温外，应严格控制灌水。早春将上午放风改为清晨短时放湿气，清晨尽可能早的放风，尽快进行湿度置换，尽早降湿提温有利于甜瓜生长和防病。及时清理病残体，摘除病果、病叶，集中烧毁或深埋。

药剂救治：因甜瓜灰霉病是花期侵染，预防用药时机一定要在甜瓜开花时开始。可以用 2.5% 适乐时悬浮剂 800 倍液，或用 50% 和瑞水分散粒剂 1 200 倍液对甜瓜雌花进行蘸花或喷花防治。甜瓜整个生长期最好采用甜瓜一生病害防治大处方进行整体预防。药剂可选用 2.5% 阿米西达悬浮剂 1 500 倍液或 75% 达科宁可湿性粉剂 600 倍液喷施预防，或肜 50% 农利灵干悬浮剂 1 000 倍液，或用 50% 多霉清可湿性粉剂 800 倍液，或用 50% 利霉康可湿性粉剂 1 000 倍液等进行喷雾防治。

（四）炭疽病

1. 症状

炭疽病在甜瓜整个生育期均可发生。主要侵染叶片、幼瓜、茎蔓。病斑为圆形或不规则形浅褐色。病斑逐渐扩大凹陷有轮纹。病果上初为褪绿色水浸状凹陷斑点，而后变成褐色，斑点中间淡灰色，成近圆形轮纹斑。

2. 救治方法

生态防治：①重病地块应轮作倒茬。可以与茄科或豆科蔬菜进行 2~3 年的轮作。②种子包衣防病。参见猝倒病防病种子包衣防病方法。③种子进行药剂浸种处理。用 75% 达科宁可湿性粉剂 500 倍液浸种 60min 后冲洗干净催芽。均有良好的杀菌效果。

④苗床土消毒，减少侵染源。参照猝倒病苗床土消毒配方和方法。⑤加强棚室管理，通风放湿气。设施栽培建议地膜覆盖或滴灌，以降低湿度减少发病几率。晴天进行农事操作，不在阴天整蔓、采收，避免人为的农事操作传播病害。药剂救治：建议采用甜瓜一生病害防治大处方进行早期整体预防。因病害有潜伏期，发病后防不胜防。可采取25%阿米西达悬浮剂1 500倍液预防，会有非常好的效果；也可选用75%达科宁可湿性粉剂600倍液、56%醚菌酯百菌清悬浮剂800倍液，或用10%世高水分散粒剂1 500倍液，或用80%大生可湿性粉剂600倍液，或用2%加收米水剂600倍液，或用70%甲基托布津可湿性粉剂5 00倍液等喷雾，7~10d防治1次。

(五) 白粉病

1. 症状

甜瓜全生育期均可感染白粉病，主要感染叶片，发病重时感染枝干、茎蔓。发病初期主要在叶面长有稀疏白色霉层，逐渐叶面霉层变厚形成浓密的白色圆斑。发病后期叶片变黄坏死。

2. 救治方法

①生态防治：适当增施生物菌肥和磷、钾肥；加强田间管理，降低温度，增强通风透光；收获后及时清除病残体，并进行土壤消毒。棚室应及时进行硫磺熏蒸灭菌和对地表的药剂处理。

②药剂救治：建议采用甜瓜一生病害防治大处方进行整体预防。采用25%阿米西达悬浮剂1 500倍液预防会有较理想的效果，也可选用75%达科宁可湿性粉剂600倍液，或用10%世高水分散粒剂2 500~3 000倍液，或用32.5%苯醚甲环唑醚菌悬浮剂1 500倍液，或用80%大生可湿性粉剂600倍液，或用43%菌力克悬浮剂3 000倍液，或用2%加收米水剂400倍液喷雾防治。

(六) 溃疡病

1. 症状

溃疡病是包括北方瓜农常说的"亮叶"病害症状的一种普遍发

生的重要病害。病菌侵染幼苗、茎秆及幼果,结果盛期也可感染。病菌通过植株的输导组织进行传导和扩展,感病初期在叶片表面呈鲜艳水亮状即"亮叶"。幼瓜初期染病呈水浸状烂瓜。茎蔓染病呈油渍状阴湿蔓,有裂蔓现象,潮湿条件下病茎和叶柄会有菌脓溢出。

2. 救治方法

(1) 农业措施 清除病株和病残体并烧毁,病穴撒入石灰消毒。采用高垄栽培,避免带露水或潮湿条件下的整枝打叉等操作,阴天来进行整秧掐蔓操作。种子消毒:可以温水浸种,用55℃温水浸种30min 或70℃干热灭菌48~72h,或用硫酸链霉素200mg/kg浸种2h。

(2) 药剂救治 预防溃疡病,初期可选用47%加瑞农可湿性粉剂800倍液,或用77%可杀得可湿性粉剂500倍液,或用27.12%铜高尚悬浮剂800倍液喷施或灌根,或用细菌灵400倍液、硫酸链霉素3 000倍液、新植霉素5 000倍液喷施。每亩用硫酸铜3~4kg撒施后浇水处理土壤可以预防溃疡病。

(七) 枯萎病

1. 症状

甜瓜枯萎病是土传病害,全生育期均可发病。棚室栽培的甜瓜一般在开花初期和结瓜初期发病,正值春季寒冷季节。感病植株叶片表面呈失水状半边黄化,侧蔓或叶片半边黄化,即半边疯。因是输导组织维管束病变,致使植株生长较一般植株矮、前期簇状卷曲。而后萎蔫部位或染病植株不断扩大逐渐遍及全株萎蔫枯死。

2. 救治方法

选择抗病品种:如棚抗518等均有较好的抗枯萎病性状。

生态防治:①种子包衣消毒:选用2.5%适乐时悬浮种衣剂10mL+35%金普隆乳化种衣剂2mL,对水150~200mL可包衣4kg种子进行种子杀菌防病。②采用营养钵育苗:营养土消毒,苗床或大棚土壤处理。方法参照育苗防病措施。③嫁接防病:见嫁接育苗部分介绍的方法。④加强田间管理：适当增施生物菌肥和磷、钾肥。降低温度，增强通风透光性，收获后及时清除病残体一并进行土壤消毒。⑤高温闷棚：保护地棚室连作栽培的地块，应该考虑用石灰稻草法或石灰氮土壤消毒灭菌、大水温灌和高温闷棚进行土壤消毒，灭菌减害。

药剂救治：用药剂灌根。定植时用生物菌药处理，可选用萎菌净1 000倍液每株250mL穴施灌根后定植，初花期再灌一次会有较好的防病效果；也可选用90%恶霉灵可湿性粉剂2 000倍液，或用75%达科宁可湿性粉剂800倍液，或用2.5%适乐时悬浮剂1 500倍液，或用80%大生可湿性粉剂600倍液，或用甲基托布津可湿性粉剂500倍液，或用50%多菌灵可湿性粉剂500倍液，每株250mL，在生长发育期、开花结果初期、盛瓜期连续灌根，早防早治效果会明显。

六、甜瓜生理性病害诊断与救治

（一）缺氮症

1. 症状

从下位叶到上位叶逐渐变黄，开始叶脉间黄化，叶脉凸出可见，全株矮小，长势弱，茎细，果实多数为小头果。植株生长发育不良。

2. 救治方法

①在出现缺氮症状时，可施用一些速效氮肥，也可叶面喷施氮肥溶液；②施用氮肥时应注意，结瓜株平均每株吸收氮为5g，施肥基准应为12g；③甜瓜吸收氮的高峰期是在授粉后2周，以后迅速下降，施底肥时应注意；④施用完全腐熟的有机肥，提高地力；⑤低湿期施肥在早施的同时应配合施速效肥；⑥生长发育后期注意少施或不施肥，以确保甜瓜的品质。

（二）缺磷症

1. 症状

叶色浓绿、硬化、矮化；叶片小，稍微上挺；严重时，下位叶发生不规则的褪绿斑。

2. 救治方法

①在甜瓜生育途中采取措施比较困难,因此应在定植前计划好磷肥的施用;②施用磷肥应注意,每棵结瓜株磷素的吸收量一般为2g,应该按16g的基准施肥;③土壤全磷含量在300mg/kg土以下时,除了施用磷肥外,还要预先改良土壤;④土壤含磷量在1 500mg/kg土以下时,施用磷肥的效果是显著的;⑤甜瓜苗期特别需要磷肥,营养土中五氧化二磷含量要达到1 000~1 500mg/kg,还应施用足够的优质有机肥。

(三) 缺钾症

1. 症状

钾可在植株体内移动,植株缺钾时老叶中的钾就会移动到生长旺盛的新叶,从而导致老叶缺钾。在生长早期缺钾,叶缘出现轻微的黄化现象,继而叶缘枯死,随着叶片不断生长,叶向外侧卷曲;其症状在品种间的差异显著。缺钙的症状首先出现在上位叶,叶缘完全变黄时多为缺钾,应加以区分。

2. 救治方法

①使用足够的钾肥,特别在生育的中、后期,注意不可缺钾;②每株甜瓜对钾的吸收量平均为7g,确定施肥量要考虑这一点;③施用充足的优质有机肥料;④如果钾不足,每亩可一次追施速效钾肥3~5kg;⑤缺钾时也会影响铁的移动、吸收。因此补充钾肥的同时,应该补铁,二者同时进行,可用0.3%~1%硫酸钾、氯化钾喷施,或施用生物钾肥等,及时补充速效钾。

(四) 缺镁症

1. 症状

在生长发育过程中,下位叶的叶脉间叶肉渐渐失绿变黄,进一步发展,除了叶缘残留点绿色外叶脉间均黄化。当下位叶的机能下降,不能充分向上位叶输送养分时,其稍上位叶也可产生缺镁症。

缺镁症状和缺钾相似，区别在于缺镁是先从叶内侧失绿、缺钾是先从叶缘开始失绿；这种症状在不同品种间发生程度、症状有差异。

2. 救治方法

增施有机肥，合理配施氮、磷肥，配方施肥非常重要，及时调试土壤酸碱度改良土壤，避免低温。如缺镁，在栽培前要施足够镁肥，并注意土壤中钾、钙的含量，保持土壤适当的盐基水平，补镁的同时应该加补钾肥、锌肥。多施含镁、钾肥的厩肥。叶片可喷施1%~2%的硫酸镁和螯合镁、螯合锌等。

（五）缺钙症

1. 症状

钙素在植株体内不易转移，缺钙时新叶黄化、首先是幼叶叶缘失水，继而干枯变褐。果实病斑产生于果面上，初期呈水浸状暗绿色，逐步发展为深绿色或灰白色凹陷，成熟后斑点褐变不腐烂。

2. 救治方法

①增施有机肥，增加腐熟好的腐殖质含量高的松软性肥料，加强土壤的透气性，改变根系的吸收环境。②调节土壤 pH 值至中性，酸性土壤条件下及时补充石灰质肥料。③尽量避免连年多茬种植同一种作物。④应避免过量施用氮肥和含有隐性氮肥的复合冲施肥。⑤适当保持土壤含水量，适当疏瓜，根据植株自身营养条件留选茬口瓜数，防止果实间不必要的钙素竞争。⑥果实膨大期可叶面喷施3.4%康凯（碧护）可湿性粉剂 7 500 倍液，或用 0.1%~1% 的氯化钙，稍加入少量的维生素 B_6 可以防止高温强光下形成的过量草酸，对预防缺钙有较好的效果。

（六）缺硼症

1. 症状

缺硼的新叶停止生长，生长点附近的节间显著地缩短。上位叶向外侧卷曲，叶缘部分变褐色、黄化并向叶纵深枯黄呈叶缘宽带症。果皮组织龟裂、硬化。停止生长的果实典型症状是我们常说的网状木栓化果。

2. 救治方法

改良土壤，多施厩肥，增加封的保水能力，合理灌溉。及时补施硼肥，如冲施持效硼、叶面喷施速乐硼、瑞培硼新禾70℃水中溶解后，再稀释至规定浓度。

（七）发酵瓜

1. 症状

果实初期生长正常，逐渐开始变形，果皮出现浓绿色的水浸状，果面上如出汗，用手压果面，手感柔软，果面长有褐色凹陷病斑，但不腐烂，剖开瓜果肉呈现腐褐变症。成熟期，开始转变糖分时，从瓜内开始出现水浸状，继而发酵，发出臭味，腐烂，这类果实称为心腐果。

2. 救治方法

注意氮、钾肥的合理施用；在果实膨大期，注意不要为了果实快速生长盲目地提高棚室的温度。避免为促早熟果，对土壤进行过于干旱的管理，植株要保持一定的生长势，促使果实膨大以推迟果实成熟，可防止发酵果的发生。

（八）药害瓜

1. 症状

甜瓜有薄皮甜瓜和厚皮甜瓜之分。尤其是薄皮甜瓜，以瓜皮薄，果面光滑，脆嫩多汁等为特点，因此广受人们喜爱，近些年来生产效益非常看好。但是，光滑的瓜面和皮薄的特点决定了其对农药的特殊敏感性，也决定了病害防治用药上使用复配农药品种时应更加谨慎。

①劣质喷雾器跑、冒、滴、漏，或大水滴过量淋灌式喷药对叶片造成灼伤；②多种农药混配在一桶中喷施造成的叶片变厚、变脆，叶缘微卷；③大剂量多种农药混用奶状喷施造成的烧灼；④过量烟熏造成的枯干叶片；⑤喷施在幼瓜上产生的浅褐色斑点；⑥劣

质药剂混用对幼瓜果面造成的暗绿浅黑色大小不一、形状不规则的烧灼斑。劣质代森锰锌或混配药品中含有锰离子等重金属离子，对幼瓜果面造成的灼伤斑块。

2. 救治方法

甜瓜尤其是薄皮甜瓜在蔬菜作物中对农药是最敏感的，生产中有许多瓜农，误认为使用的农药越多，对病害防治效果就越好，或一次性掺入多种农药可以对许多种病害进行一次性防治。其实不然。病害的发生流行随季节的变化有一定的规律性，并不是所有病害或几种病害一起发生，我们多用些药，或药量大些就能把病救治好了。而是需要掌握病害发生的一定规律，针对其特点进行预防与救治。在甜瓜上用药剂量很严格，尤其是薄皮甜瓜，皮薄对药敏感，非常容易受灼伤，苗期用药浓度和药液量就应该严格掌握，机械化喷施用药需要严格计算药量和行进速度与着药量的相关性，并使雾滴均匀。不同的农药在不同的蔬菜作物上的使用剂量是经过科研部门严格试验、示范后才进行推广应用的，我们施用时应严格遵守农药包装袋上推荐使用的安全剂量。选择药品种类时，应尽量选择络合锰锌复配的药品进行病害防治。不要贪图某些药品价格便宜，而使生产的瓜果品质等级下降，从而造成更大的经济损失。

受害秧苗如果没有伤害到生长点，可以加强肥水管理，促进快速生长。小范围的秧苗受害可尝试选用生长调节激素赤霉素，喷施或施用碧护7 500倍液调节或云苔素喷雾（使用时参照药品使用说明书）。生产中应尽量将杀菌剂和除草剂分用两个喷雾器进行操作，避免交叉药害的发生。严重受害的地块，只能拔除毁种。

七、设施栽培甜瓜虫害与防治

（一）粉虱类

1. 为害状

成虫或若虫群集嫩叶背面刺吸汁液，使叶片褪绿变黄，由于刺吸汁液造成汁液外溢又诱发落在叶面上的杂菌形成霉斑，严重时霉层覆盖整个叶面及茎蔓上。霉污即是因白粉虱刺吸汁液诱发叶片霉层病症。

2. 防治

物理防治：设置防虫网，阻止白粉虱飞入为害。

懒汉施药法：即穴灌施药（灌窝、灌根）用强内吸杀虫剂25%阿克泰水分散粒剂，在移栽前2~3d，以1 500~2 500倍液（1桶水加6~8g药）进行喷淋幼苗，使药液除叶片以外还要渗透到土壤中。平均每平方米苗床喷药液2g左右（即2g药对1桶水喷淋100棵幼苗）。持续有效期可达20~30d，有很好的防治粉虱类和蚜虫类的效果。用此方法还可以有效预防粉虱和蚜虫的媒介传毒。

喷淋施药：可选用25%阿克泰水分散粒剂2 000~5 000倍液喷施或淋灌，15d 1次，或用40%扑虱灵可湿性粉剂800~1 000倍液与40%天王星乳油4 000倍液混用，或用10%吡虫啉可湿性粉剂1 000倍液，或用1.8%虫螨克星乳油2 000倍液喷雾防治。

（二）蚜虫

1. 为害状

主要为害叶片、茎秆，致使瓜秩变黄，幼叶畸形卷曲，整体萎缩。

2. 防治

铺设银灰膜避蚜：利用蚜虫对银灰的驱避性，对栽培甜瓜的畦垄铺设银灰膜。

黄板诱蚜：就地取简易板材黄漆刷板涂上机油吊至棚中，30~50m^2挂一块诱蚜板。

天敌生物防治：保护地栽培可以放养丽蚜小蜂防治蚜虫。

药剂防治：可选用25%阿克泰水分散粒剂4 000~6 000倍液，或用1%印楝素水剂800倍液，或用48%乐斯本乳油3 000倍液加2.5%功夫水剂1 500倍液，10%吡虫啉可湿性粉剂1 000倍液喷施。

（三）潜叶蝇

1. 为害状

潜叶蝇在甜瓜一生中均可为害。从子叶到生长各个时期的叶片，以幼虫潜入使叶片呈现针尖大的小斑点，潜入叶片里，刮食叶肉，在叶片上留下弯弯曲曲的潜道，严重时叶片布满灰白色线状隧道。

2. 防治

设置防虫网，从根本上阻止潜叶蝇的进入。

黄板诱成虫：每 30~50 m^2 放置一块黄板诱杀成虫。

药剂防治：25%阿克泰水分散粒剂 3 000 倍液加 2.5%功夫水剂 1 500 倍液混匀喷施，或用 48%乐斯本乳油 1 000 倍液，或用 1.8%虫螨克星乳油 2 000 倍液喷施。

（四）蓟马

1. 为害状

成虫和若虫刺吸瓜果、幼嫩生长点和叶片汁液。若虫刺吸汁液致使新叶生长缓慢，并迅速老化、畸形。叶脆的现象疑似病毒病为害。蓟马为害花器，致使花器过早凋谢。

2. 防治

消灭虫源：铲除棚室周围的杂草，消灭越冬寄主上的虫源。

防虫网保护：保护地育苗，采用营养钵、防虫网保护。蓝板诱虫：利用成虫趋避性，设置蓝板诱杀成虫。

生物防治：可人工饲养草蛉在棚室内放养来杀虫。

药剂防治：可选用 10%阿克泰水分散粒剂 5 000~6 000 倍液、70%艾美乐水分散粒剂 2 000 倍液、0.36%苦参碱水剂 400 倍液、10%砒虫啉粉剂 1 000 倍液，或用 1.8%阿维菌素乳油 3 000 倍液。

第三节 苦 瓜

一、类型

苦瓜依果实形状可分为大顶类型和长身类型；依果实颜色分为深绿、浅绿、白 3 种类型。

二、栽培技术要点

（一）土壤选择与整地

苦瓜喜肥而不耐脊，宜选择排水良好、肥沃的黏壤土或沙壤土田块。忌与瓜类作物连作，整地要深沟高畦，畦宽 1.5~2.0m（包沟）。

（二）播种与育苗

广东地区 1~8 月均可播种，全生长期 80~200d。早春种植宜采用育苗移栽，3 月以后播种以直播种为主。播种前可用 55℃ 左右温水浸种消毒 10~15min，待冷却后继续浸种 8~12h，也可在 30~33℃ 温度下催芽，出芽后播种。育苗用小拱棚防寒保温，当幼苗长出 2~3 片真叶时，选择晴天下午移植。

早熟品种宜单畦双行植，行距 60~70cm，株距 30~40cm，夏秋植适当密植。

中迟熟品种可用棚架栽培，行距 200cm，株距 50~100cm。

（三）田间管理

1. 肥水管理

苦瓜耐肥而不耐瘠，施肥应以有机肥为主，适当配合化肥。整地作畦时施入充足的基肥，一般每亩施腐熟猪粪、鸡粪、毛肥等厩肥 1 500kg，磷肥 20~30kg。早熟苦瓜幼苗期可少追肥，迟熟苦瓜则从子叶展开后就要不断追肥。一般初花时结合培土培肥一次，每亩施花生麸 25~30kg、复合肥 20~30kg，初收后再培肥一次，以后每采收 1~2 次追肥 1 次，每亩用复合肥 20kg。早熟苦瓜生长期较短，施肥量可适当减少。春苦瓜苗期要适当控制水分，开花结果期需水量较大，应注意淋水。夏秋苦瓜要做好降温、防旱工作，畦面可覆盖稻草以保湿降温。

2. 引蔓、整枝

植株开始抽蔓时插竹，可采用平棚式或人字架式，人字架式采取畦与畦之间交叉插竹，并须进行引蔓、绑蔓，使蔓叶均匀分布，避免蔓叶互相缠绕。引蔓宜于晴天下午进行。苦瓜主侧蔓均能结果，应根据品种的结果特性合理摘除或选留侧蔓，一般早熟品种在开花结果前摘除侧蔓，开花结果后不摘除或去弱留强，中迟熟品种在植株 1m 以下摘除侧蔓，以充分发挥主蔓和侧蔓在生长和结果上的不同作用。

三、病虫害防治

病害：主要有枯萎病、霜霉病、白粉病。

枯萎病：表现为地上部发病初期中午萎蔫，早晚正常，几天后全株枯萎不能恢复。剖视茎基部及根部可见维管束组织变褐。

霜霉病：主要为害叶片，发病初期，叶片出现水渍状浅绿色斑点，扩大后呈多角形，由黄绿、黄色，最后呈褐色，病害严重时，致使叶片枯死，直接影响植株生长。高湿是发病的前提，如地势低洼、种植过密、通风透光不良等。

白粉病：一般在高温干燥天气有利于病菌传播，湿度大更适宜发病，在干湿交替变化的条件下为害严重。

药剂防治：53% 金雷多米尔水分散粒剂 600 倍、世高水分散粒剂 1 000 倍液、75% 百菌清 500 倍液或 80% 代森锌 700 倍液，每隔 7~10d 喷 1 次，连喷 3~4 次进行防治。

虫害：主要有瓜实蝇、蚜虫。

瓜实蝇：俗称"针蜂"，成虫产卵于瓜果中，幼虫在瓜肉内蛀食，造成瓜腐烂，甚至落果，严重影响瓜的质量和产量。

蚜虫：成虫、若虫多群集在叶背、嫩茎和嫩梢刺吸汁液。该虫会使梢受害，叶片卷缩，生长点枯死，叶片皱缩、枯黄并提前脱落，还会引起煤烟病，并可传播病毒病。

药剂防治：用 40% 乐果剂乳油 1 000~1 500 倍液、用 80% 敌敌畏乳油 1 000~1 500 倍液、用 20% 蚜克星乳油 1 000 倍液。

第四节 丝 瓜

一、选用适宜品种

5~6月播种的夏植丝瓜，其生长发育时期正值高温酷热，日照时间长的盛夏季节，因此在品种布局上，要选用耐热、耐湿性强、长日照型的品种，这是夺取夏植丝瓜高产优质的首要关键环节，河北省农业科学院蔬菜所选育的雅绿一号是一个很适宜夏植的丝瓜品种。

二、科学的肥水管理措施

夏植丝瓜，由于受高温的影响，且昼夜温差小，营养生长阶段生长势弱，植株生长缓慢；而受长日照的影响，开花、结瓜节位很高，因此在肥水管理上夏植丝瓜在营养生长阶段不施苗期追肥，采取不见花不施肥的原则，以免由于开花结瓜节位高而造成贪生徒长，行间过于荫蔽，通风透光不良，易引起病虫暴发。

三、合理的选、留侧蔓

合理的选、留蔓，是夺取夏植丝瓜高产的关键技术措施之一。要将植株基部60cm左右以下的侧蔓及时全部摘除，而把60cm左右以上的多为结瓜侧蔓保留，这样既有利于通风透光，又保证有充足的结瓜数，为取得高产奠定坚实的基础。

四、综合的病虫防治措施

夏植丝瓜，由于受高温暴雨的影响，病虫源基数大，发生严重，因此采取综合的病虫防治措施，对降低发生程度，提高防治效果，显得尤为重要，关键是科学的健身栽培与化学防治相结合。合理的种植密度是健身栽培的基础，实行1.3m包沟起畦，单行植，株距40~50cm的种植规格,对减轻夏植丝瓜的病虫发生程度及提高防治效果都有显著的作用。

夏植丝瓜的病虫主要有白背粉虱、黄守瓜、美洲斑潜蝇、瓜娟螟、霜疫病等,及时的化学防治,对控制发生、为害程度显得十分迫切。采用的化学药剂可参照其他瓜类的病虫防治处方。

第四章　茄果类蔬菜生产技术

第一节　番　茄

一、番茄的特性与棚室栽培

（一）形态特征

1. 根

番茄根系发达，分布广而深，直播时主根可深扎1m，密集根群主要分布在20~30cm范围内。根系受伤后恢复能力较强，侧根发达，因此定植后缓苗快且成活率高。根茎和茎节易发生不定根，在生产中可利用这一特性采取培土、压蔓等栽培措施来诱发不定根的产生。

2. 茎

番茄茎半直立或匍匐，多数品种属无限生长类型，侧枝滋生力强，枝叶繁茂。在生产中可通过不断整枝、打杈、摘心等一系列措施达到植株营养生长与生殖生长的协调发展。

3. 叶

番茄叶为羽状复叶，茎叶被以茸毛及泌腺，能分泌特殊气味。

4. 花

番茄的花为聚伞花序或总状花序，自花授粉，条件适宜时，成花成果率较高。条件不适时，可通过熊蜂授粉、化学调控等措施达到防止落花落果的目的。

5. 果

番茄的果实是我们的收获目标，果实在大小、颜色和形状上因品种不同而多种多样。目前国外引进品种以红果为主,而国内品种的果实多以适口性较好的粉果居多,大果型品种单果重一般150~200g,樱桃番茄果实有红、黄、粉、绿等多种颜色,单果10g左右。

6. 种子

番茄种子千粒重2.7~3.3g。种子发芽年限为4年,但使用年限为2~3年。种皮上长有茸毛。目前市场销售的种子多有包衣,可起到一定的消毒作用。

(二)生育周期

番茄从播种到采收结束,可分为4个不同的生长发育时期,即发芽期、幼苗期、开花期和结果期。

发芽期:从种子发芽到第一片真叶露心,10~14d。

幼苗期:从第一片真叶露心到第一穗花序现大蕾,45~50d。

开花期:从现大蕾到第一果形成,15~30d。

结果期:从第一穗果坐住到采收结束。不同种植模式,结果期长短差异很大,春提前和秋延后栽培80~100d,而越冬长季节栽培6~8个月。

(三)对环境条件的要求

1. 温度

番茄在不同的生长发育期,对温度的要求各不相同。番茄各生长发育期对温度的要求如表4-1所示。

2. 光照

番茄是喜光作物,光照有利于花芽分化,促进结果,提高产量和品质。在冬季生产中常常由于光照不足,加上种植过密不透风,造成植株徒长、落花落果,且各种叶病发生和蔓延。所以,在棚室栽培中,必须在品种筛选、合理密植、植株调整等方面采取相应措施,创造较好的光照条件,以保证高产优质。

表4-1　番茄各生育期对温度的要求

生长发育期	气温	地温	备注
发芽期	28~30℃,最低温度12℃	根系生长适温20~25℃,小于5℃吸收受阻,30℃以上发育缓慢	低于15℃导致落花落果,低于10℃生长缓慢,5℃停止生长,高于30℃影响养分积累
幼苗期	昼20~25℃,夜10~15℃		
开花期	昼20~30℃,夜15~20℃,最低15℃		
果实发育和着色期	昼24~27℃,夜12~15℃		

3. 水分

番茄较喜干爽的空气环境,相对湿度以45%~55%为宜。空气湿度过大,不仅影响正常授粉,造成落花落果,而且易引起灰霉病等多种病害的发生。

番茄不同生育期需水情况不同。幼苗期应适当控水,防止徒长。结果期应加大浇水量,以满足果实生长发育需要,但要保持相对稳定,忌忽干忽湿,否则易造成裂果和脐腐病的发生。

4. 气肥

增加空气中的二氧化碳(CO_2)浓度有利于番茄的光合作用,使植株生长旺盛、产量增加,这通常叫施气肥。在棚室番茄生产中我们常常通过增施有机肥,或结合高温闷棚在土壤中增加腐熟的作物秸秆的方法来增加棚室内 CO_2 的浓度,效果很好,且可起到杀菌抑菌的作用。

二、茬口安排与品种选择

（一）茬口安排

由于主要设施类型（日光温室、塑料大棚）的日益发展,番茄周年生产早已成为现实。棚室番茄种植模式主要分为：冬春茬曝光温室、早春茬塑料大棚栽培；秋延后日光温室、塑料大棚栽培；越冬茬日光温室周年栽培；大棚越夏栽培。

1. 冬春茬棚室栽培

依棚室结构不同，播种日期也不同，土墙结构的 11 月上旬播种，1 月下旬至 2 月上中旬定植，3 月中下旬至 6 月收获；砖墙结构的 12 月中下旬播种，2 月中下旬定植，4 月中旬至 6 月底采收。

塑料大棚早春茬栽培，1 月上中旬播种，3 月中下旬定植，5 月底至 7 月采收。

2. 秋延后日光温室、塑料大棚栽培

塑料大棚 6 月中下旬播种育苗，苗 25d 左右，7 月中旬定植，9 月底至 11 月采收；日光温室较塑料大棚晚 20~25d 育苗，于 7 月上中旬播种，8 月上中旬定植，10 月开始采收。

3. 越冬茬日光温室栽培

一般 9~10 月育苗，11 月定植，1 月开始采收，6 月结束；目前有些地方播种期提前到 7 月，8 月定植，10 月开始采收，直到第二年 6 月。

4. 塑料大棚越夏栽培

主要适用于冷凉地区，如内蒙古自治区、冀北和东北等无霜期较短的地区。3 月中下旬育苗，5 月定植，7 月初开始采收，一直延续到 10 月。

（二）品种选择

目前，随着国外品种的不断引入及国内育种竞争的加剧，品种更新换代加速，所以，可供选用的品种也在不断地更新。我们主张依据不同茬口、不同消费习惯、不同销售市场，选择不同的栽培品种。出口市场需要果皮较厚、耐贮运的硬果型品种，如倍赢、特宝、百灵、百利、卡依罗、满田 2185 等。而国内当地市场，如在北京、天津，市场金棚 1 号等粉果品种更受欢迎。不同品种各具特点，下面介绍一些常用品种及其特点。

1. 倍赢

硬果型，大红色，生长势强，萼片开张，果形偏扁，坐果率高，单果质量约200g，抗病性强，抗叶霉病、枯萎病、黄萎病、番茄花叶病毒病，耐线虫。适合冀、鲁、和北方早春茬口栽培。育种单位：瑞士先正达种业。

2. 特宝

硬果型，大红色。无限生长型杂交一代品种。生长势强，节间中等，耐热能力强，早熟，果实扁圆，色泽鲜艳，硬度高，耐储运，适合越夏栽培。单果质量160~200g。抗病性好，抗番茄花叶病毒病、黄萎病、枯萎病和叶斑病；耐茎腐病。育种单位：瑞士先正达种业。

3. 百利

杂交种，无限生长型品种，早熟，生长势旺盛，坐果率高，丰产性好。耐热性强，在高温、高湿下也能正常坐果，适合于秋延后、早春日光温室和大棚越夏栽培。果实大红色，微扁圆形，中型果，单果质量200g左右，色泽鲜艳，口味佳，正常栽培条件下无裂纹，无青皮现象。质地硬，耐运输，耐储藏，适合于出口和外运。抗烟草花叶病毒病、茎腐病、黄萎病和枯萎病。供种单位：荷兰瑞克斯旺种业。

4. 百灵

无限生长型品种，早熟，长势旺盛。耐热性强，在高温、高湿下也能正常坐果。适合于早春、秋延后日光温室和大棚越夏栽培。果实大红色，微扁圆形，中大型果，单果质量200~230g。色泽鲜艳、口味佳，质地硬，耐运输，适合出口和外运。抗烟草花叶病毒病、叶霉病、黄萎病、枯萎病和线虫病。

5. 齐达利

硬果型，大红色，坐果率高，果色美观，萼片平展，节间短，抗病性强，抗烟草花叶病毒、番茄花叶病毒、枯萎病、黄萎病。单果质量约220g。育种单位：瑞士先正达种业。

6. 瑞菲

硬果型，大红色。生长势强，耐热能力强，坐果率高，果形偏扁。单果质量约 200g。抗病性强，抗枯萎病、番茄花叶病毒病、条斑病毒病。适于北方秋延后栽培和高海拔地区越夏栽培。育种单位：瑞士先正达种业。

7. 保罗塔

颜色优美，萼片开张，果形美观。坐果率高，单果质量约 200g，抗病性强，高抗叶霉病、黄萎病、枯萎病、线虫病。适于冀、鲁、宁等北方区域秋延后和越冬茬栽培。育种单位：瑞士先正达种业。

8. 旗丹

早熟品种，果形美观，大红果，长势强，6 排果后自封顶，坐果率高，坐果整齐，单果质量约 180g。抗病性强，抗黄萎病、枯萎病、叶斑病、线虫病和番茄花叶病毒病。适于上海的早春茬口，抢早上市。育种单位：瑞士先正达种业。

9. 新红琪

自封顶大红果，果形高圆，中熟品种，生长势强，坐果率高，单果质量约 250g。抗病性强，抗黄萎病、枯萎病、叶斑病和番茄花叶病毒病。适于早春、秋延后和陆地栽培。育种单位：瑞士先正达种业。

10. 玛瓦

无限生长型品种，中熟，丰产性好。周年栽培每亩产 20 000kg 以上。果实扁圆形、大红色，口味好，中大型果，单果质量 200~230g，果实硬，耐运输，耐储藏。抗烟草花叶病毒病、黄萎病和枯萎病。无青皮，无裂纹，生长繁茂。耐寒，适于越冬栽培，或早春季节温室、大棚栽培。育种单位：荷兰瑞克斯旺种业。

11. 卡依罗

黄红色，硬果型，耐储运，耐低温，抗病性强，单果质量 160~

200g。属于中晚熟品种,适于越冬或早春棚室栽培。育种单位:西班牙西方种子公司。

12. 满田2185

硬果型,果实红色,耐热性强,抗病,不易裂果。中熟品种,单果质量120~160g。育种单位:满田公司。

13. 满田2180

硬果型,果实红色,不易裂。耐热,中早熟。坐果整齐,单果质量120~150g。育种单位:满田公司。

14. 金棚1号

早熟。果实大型、多汁、粉色、较耐低温、耐热。单果质量约200g,长势茂盛,坐果好。适于冬春或早春季棚室种植。黄河以北区域种植多。供种单位:西安金棚种苗种子公司。

15. 粉红美味

早熟品种,果实粉色,汁多,口感好。耐热性强。平均单果质量170g。适于早春棚室、秋延后栽培。供种单位:满田公司。

16. 佳粉系列

耐低温、耐弱光。粉红色果实。果实汁多,口感好。适于冬春棚室栽培。种植区域广泛。

17. 格雷

杂交种,无限生长型品种,早熟,生长势旺盛。耐热性强,在高温、高湿下也能正常坐果。适合早春、早秋日光温室和大棚越夏栽培。果实大红色,微扁圆形,中大型果,单果质量200~220g。色泽鲜亮,质地硬,耐运输,适合出口和外运。抗烟草花叶病毒病、叶霉病、斑萎病毒病、黄萎病和枯萎病。供种单位:荷兰瑞克斯旺种业。

我们对番茄主栽品种特性做了栽培比较,不同品种产量及生长特性比较如表4-2所示。

表4-2 不同番茄品种产量及生产特性比较

品种	熟性	特性	果色	果实情况	平均单果质量（g）	每亩总产量（kg）	供种单位
百灵	中早	抗病、耐热	红	果硬、不易裂	139.02	7 686.5	荷兰
百利	中早	抗病、耐热	红	果硬、不易裂	122.22	6 966.8	荷兰
卡依罗	中晚	抗病、耐低温、耐弱光	红	果硬、不易裂	153.85	7 162.6	西班牙
满田2185	早熟	抗病、耐热	红	果硬、不易裂	120	7 403.7	满田公司
满田2180	早熟	抗病、耐热	红	果硬、不易裂	120	7 204.4	满田公司
浙杂206	中早	耐热	红	不易裂果	115	6 613.5	浙江农大
金棚1号	早熟	较耐热	粉	汁多，>35℃时易裂	200	6 271.4	西安金棚公司
粉红美味	早熟	耐热	粉	汁多，>35℃时易裂	170	5 714.9	满田公司
R-148	中晚	耐热	粉	>35℃时易裂	150	5 607.2	以色列海泽拉
佳粉15	中晚	耐低温、耐弱光	粉	>35℃时易裂	150	6 000.8	北京市蔬菜中心

不同番茄品种产量及生产特性不同，红果品种比较耐运输，且产量较粉果品种高。粉果品种汁多，适口性好，但易裂，产量不及红果品种。

按不同种植模式进行选择，越冬茬一般用玛瓦、卡依罗、金棚1号、倍赢、浙杂206及佳粉系列品种，越夏品种选用耐热、抗裂的满田2185、百利、百灵等品种，春茬栽培一般选较早熟的满田2185、满田2180、百利、金棚1号等。

（三）选择品种应注意的问题

选择番茄品种时应充分考虑到当地市场销售渠道和定单合同要求。要根据不同种植模式进行选择，越冬茬或温室一般用玛瓦、卡依罗、金棚1号、倍赢、浙杂206及佳粉系列品种，越夏品种选用耐热、抗裂的满田2185、满田2180、百利、金棚，地膜栽培可以选保冠粉佳人、毛粉系列等。同时，应注意是否已经在当地进行了示范试验，以避免在没有进行当地适应性示范试验而盲目购进新品种而造成经济损失。

三、育苗技术

育苗主要有简易穴盘育苗和苗床及营养钵育苗、营养块育苗及现代化工厂化育苗等多种育苗形式。目前生产上应用较多且简便易行、成活率高的是穴盘无土育苗技术，此技术特别在蔬菜示范园区和蔬菜主产区广泛应用，效果良好。

苗期在整个番茄生产中占有举足轻重的地位，秧苗的优劣直接影响着定植后植株的长势乃至最终的产量。早春栽培从时间上说苗期占整个生长期的$1/3 \sim 1/2$，且正处于一年中温度较低的季节，技术要求较高。夏季育苗，由于高温、病虫害等的影响，也增加了培育优质壮苗的难度。所以育苗技术非常关键。

（一）营养土配制

取肥沃无菌大田土5份、充分腐熟优质有机肥4份、细炉渣或锯末1份，混合均匀过筛备用。

以上营养土中一般不需要加入化肥，如大田土、有机肥质量较差，每 $1m^3$ 可加入细菌生物肥3kg，或粉碎后的或用水溶解后的磷酸二铵1kg，均匀喷拌于营养土中。为防止苗期病害的发生，每 $1m^3$ 可加入68%金雷可分散粒剂100g，和2.5%适乐时悬浮剂100mL水解后喷拌营养土一起过筛混匀。用这样的药土装入营养钵或做苗床土铺在育苗畦上，可有效地防止苗期立枯病、炭疽病和猝倒病等病害。

（二）育苗方式

常见的育苗方式有：营养钵育苗、育苗畦育苗、营养块育苗、穴盘无土育苗，可根据具体情况加以选择。

1. 营养钵育苗

将营养土装入育苗钵中，育苗钵大小以10cm×10cm或8cm×10cm为宜，装土量以虚土装至与钵口齐平为佳，播种后施药土覆盖。也可以先把种子撒播在小面积的土盘中，待出土生长至1~2片真叶时再二次移载入营养钵中。

2. 育苗畦育苗

把营养土直接铺入苗畦中，厚度为10cm左右。把种子撒播在小面的土盘或土盆中，待出土生长至1~2片真叶时，二次移栽至棚室中的育苗畦。生产中也有育苗阳畦与营养钵结合育苗方式的，集中把营养钵放置在育苗畦中，棚中棚保温效果更好。

3. 营养块育苗

引用已经配置好的营养草炭土压制成块的定型营养块，直接播种至土块穴中覆土，按常规管理方法即可。

育苗前7~10d，用防病、防虫药剂对准育苗的棚室进行熏棚1昼夜，然后放风排毒气准备播种。消毒方法有：每亩用80%敌敌畏0.25kg+2kg硫磺+适量锯末混合分堆点燃熏棚，或用百菌清烟雾剂+灭蚜烟剂点燃熏棚（请按购买药剂说明书施用）。

4. 穴盘无土育苗

(1) 穴盘选择。冬春季育苗：育 5~6 片叶苗，苗龄 60d 左右，一般选用 72 孔苗盘。

夏季育苗：由于气温高，苗期短（20~30d），一般选 128 孔或 72 孔苗盘。

(2) 基质配制。基质配比为，按体积计算，草炭：蛭石为 2：1，或草炭：蛭石：废菇料为 1：1：1。冬春季配制基质时，每 1m³ 加入 15：15：15 的氮、磷、钾三元复合肥 2kg，料与基质混拌均匀后备用。夏季配制基质时，每 1m³ 加入 15：15：15 的氮、磷、钾三元复合肥 1~1.5kg。

(三) 播种

1. 品种选择

依据不同茬口、不同消费习惯、不同销售市场，选择不同的栽培品种。如番茄出口市场需要果皮较厚、耐贮运的硬果型品种，可选择百灵、百利、卡依罗、满田 2185、倍赢等。而我们国内当地市场粉果品种较受欢迎，如金棚 1 号、佳粉 15、粉红美味等粉果品种。

2. 播种时间

冬春季穴盘育苗主要为早春保护地生产供苗，定植期从 2 月中旬开始（日光温室），直到 3 月下旬结束（塑料大棚），故播种期从 12 月上中旬到 1 月中旬，视用户需要而定。夏季育苗苗期短（20~30d），视大棚、温室不同定植期，一般从 6 月中下旬到 7 月上中旬均可陆续播种育苗。

3. 种子处理

播种前检测发芽率，选择发芽率大于 90% 以上的籽粒饱满、发芽整齐一致的种子。已包衣种子可直接播种，未包衣的种子播前首先用温汤浸种法（55℃）浸泡 30min，然后用 1% 硫酸铜浸泡 5min 后用清水冲洗干净，这两步可将种子表面及种内的病菌杀死。特别提醒在夏季育苗时应再用 10% 磷酸三钠处理 15~20min，然后用清水冲洗干净以杀灭种子表面的病毒，风干后再播种。

4. 播种

播种前用清水将基质喷透,以水从穴盘底孔滴出为宜,使基质最大持水量达到200%。待水渗下后播种,播种深度大于1cm,播种后覆盖蛭石,喷洒72.2%普力克水剂800倍液或68%金雷水分散粒剂600倍液封闭苗盘,预防苗期病害。冬季育苗,苗盘上加盖一层地膜,可保温保湿。夏季可不盖膜,但要及时喷水。

(四)苗期管理

出苗后,将地膜掀去。白天气温保持在25℃左右,夜温16~18℃为宜。在保持基质水分的同时,注意降低空气相对湿度。当温室夜温偏低(低于10℃)时,可采用地热线加温或其他临时加温措施。3叶1心后,结合喷水进行1~2次叶面喷肥或喷施抗寒生长调节剂碧护7 500倍液,尤其是观察到叶子发黄时,可用叶面肥如瑞培绿1 000倍液喷施,可结合喷水用0.3%尿素和0.2%的磷酸二氢钾进行叶面喷肥。在定植前7d左右,白天尽量降低温、湿度,使秧苗接受与定植后相似环境的锻炼。

苗期注意防治病害,一般待苗出齐后喷68%金雷水分散粒剂1 000~1 500倍液或75%达克宁可湿性粉剂1 000倍液进行防治。冬季苗期喷3~4次,夏季苗期喷1~2次。夏季育苗棚应用"两网一膜"技术,用10%阿克泰水分散粒剂1 500倍药液淋灌,防治白粉虱、蚜虫,阻断病毒病的传播途径。

(五)番茄嫁接技术

番茄作为设施栽培的主要蔬菜,栽培面积仍在逐年扩大。由于人们的栽培习惯和对高效益的追求,导致轮作措施难以实施,根结线虫病、枯萎病、青枯病等土传病害越来越严重,严重制约了保护地番茄生产。利用抗性砧木嫁接栽培是解决这一问题的有效方法;番茄嫁接栽培不仅可以防病治病,还由于砧木比原接穗根系发达,吸水、吸肥能力强,可以显著提高产量。在番茄生产中采用优良砧木嫁接也是实现优质高产的有效措施之一。

番茄嫁接方法有多种，劈接、靠接和插接是 3 种常用的嫁接方法，现在生产上大多是采用劈接法进行嫁接。

1. 砧木和番茄品种的选择

砧木一般选择高抗根结线虫病和青枯病的野生选育种，现在国内进行番茄嫁接尚处于实验阶段，一般常用方法就是从不同的地区购买多个砧木进行实验性栽培来确定。日本选育出一批优良抗病砧木，如抗青枯病砧木 15~89、BF 兴津 101 等。最近选育出一批优良抗病砧木，如抗青枯病砧木，有影武者、力口苎斗垦 3 号、超级良缘、博士 K 等，这些砧木品种对青枯病、黄萎病和根结线虫等主要土传病害具有抗性，同时又具有适宜长季生产的优点。北方地区番茄嫁接应选择抗枯萎病、线虫病和青枯病的砧木品种。

2. 嫁接方法

生产上多采用劈接的方法。一般砧木种子要提前 7~10d 播种于育苗盘或苗床中，在 1 叶 1 心时将砧木幼苗假植到营养钵中。当砧木长到 8~10cm 高，茎粗 0.5~0.8cm 可嫁接，将砧木在第二片叶处连叶片平切掉，去掉上部，再由茎中间劈开，向下纵切 1~1.5cm；然后将接穗苗拔起，保留上面 2~3 片真叶，用刀片切掉下部，把上部切开并削成楔形，楔形的大小与砧木切口相当，随即将接穗插入砧木中，对齐后用夹子固定，在无条件的情况下，接穗可采用番茄母本的植株腋芽，这样既能节约种子成本，又能提高嫁接成活率，还能使番茄提早结果上市。

3. 嫁接苗管理

嫁接后要及时将苗床充分浇水，盖上小拱棚密闭保湿，3~5d 内不得放风，保持 95% 以上的空气湿度，温度白天 20~26℃、夜间 16~20℃。防止温度过高和过低。在温度过高、阳光强烈的时候要加盖遮阳网。在低温时期要用地热线等办法增高温度，防止植物受到冻害。

嫁接后 4~5d 要全部遮光，以后每天逐渐增加见光时间。随着嫁接口逐渐愈合，撤掉遮阳网，并揭开两侧塑料薄膜通风，开始通风要小,逐渐加大,通风期间棚内要保持较高的空气湿度,地面要经常浇水,完全成活后转入正常管理。成活后要及时摘除砧木萌发的侧芽,待接口愈合牢固后去掉夹子。

4. 定植时的注意事项

定植时注意嫁接苗刀口位置要高于栽培畦土表面一定距离,以防接穗根受到二次污染致病。

四、施肥与整地

(一)基肥施用方案

在番茄生产中栽培模式不同、目标产量不同,基肥及追肥量也各不相同。基肥(底肥)除施用一定量的有机肥外,还要配合一定量的氮、磷、钾化肥。原则上短季节栽培底肥中氮肥的施用量是整个生育期氮肥施用总量的20%;全生育期磷肥用量全部作底肥施入土壤中,追肥不再施磷肥;而底肥中钾肥的施用量占整个生育期钾肥用量的40%。长季节栽培施用总量增加,底肥占全生育期施肥产量的比例有所降低。

以下施肥方案的确定是以番茄目标产量来制定的,用起来简单并易掌握。

1. 亩产 5 000~7 500kg 番茄的基肥施用方案

(1)适用栽培模式 ①冬早春栽培的日光温室和秋延后初冬栽培的日光温室,从定植到收获结束 5~6 个月;②早春栽培的塑料大棚和秋延后栽培的塑料大棚,从定植到收获结束 4~5 个月;③越夏栽培的塑料大棚,主要分布在冷凉地区和无霜期短的高海拔地区,从定植到收获结束 5~6 个月。

(2)全生育期化肥用量 全生育期氮肥用量 70~100kg 尿素(含 N 46%),磷肥用量 100~125kg 过磷酸钙(含 P_2O_5 16%),钾肥用量 70~90kg 硫酸钾(含 K_2O 50%)。如施用其他肥料,可根据有效成分进行换算。

2. 亩产 10 000~15 000kg 番茄的基肥施用方案

（1）适用栽培模式　越冬长季节一年一茬栽培的日光温室，占地 10 个月以上。

（2）全生育期化肥用量　全生育期氮肥用量 150~200kg 尿素（含 N 46%），磷肥用量 150~200g 过磷酸钙（含 P_2O_5 16%），钾肥用量 90~160kg 硫酸钾（含 K_2O 50%）。

（3）基肥用量　在施 6~8m^3 有机肥的基础上，应施尿素 15~20kg、过磷酸钙 150~200kg、硫酸钾 20~25kg。

此方案属常规施肥技术，如果同一棚室中连续多年种植同一种蔬菜，应结合测土结果适当调整肥量，做到合理施肥，延长棚室的使用年限。

（二）整地作垄

整地时先将底肥中的有机肥铺施于地面，然后机翻或人工锹翻 2 遍，使肥料与土壤充分混匀，之后耧平地面。作垄后开沟将底肥中的化肥施入沟中，与土壤充分搅匀后耧平。

一般选用高垄种植，垄高 20cm，宽 40cm。高垄中间单行定植，行距 100cm，株距 33~40cm。定植前 7~10d 将垄作好等待定植。

五、定植

（一）定植时间

依据不同种植模式而定：①日光温室冬春茬，1 月底至 2 月底定植；②日光温室秋冬茬，7 月底至 8 月初定植；③塑料大棚早春栽培，在 3 月中下旬定植；④大棚延秋栽培，在 7 月上中旬定植；⑤日光温室越冬栽培，8~11 月均有定植；⑥大棚越夏栽培，一般在 5 月定植。

（二）定植密度

种植模式不同，定植密度略有不同。一般长季节栽培定植密度为每亩 1 800~2 000 株；中短季节栽培，密度为每亩 2 000~

3 000 株不等，一般硬果型红果品种，密度为每亩 2 000 株左右，而粉果品种可适当密植，但每亩不可超过 3 000 株。

（三）定植

过去生产上常常采用带蕾定植，生理苗龄一般是 7~8 片叶；目前都采用 5~6 片叶的小龄苗定植，一是缓苗快，二是穴盘育苗营养面积所限。

在垄上按 33~40cm 的株距挖穴，穴深 10~12cm，定植过深，缓苗慢。如是日光温室栽培，掌握前密后稀的原则，即温室前部因光照条件好，可适当密栽，株距 30cm；后部光照条件差，适当稀栽，株距 35~40cm。定植后马上浇定植水，水量要充足，将栽培垄全部润透。灌溉多采用膜下畦灌。有条件的地方可膜下滴灌或滴灌，既可节水，又可避免棚内湿度过高而引起病害的发生。

六、田间管理

（一）温度管理

定植到缓苗期间，温度可控制得高一些，以利于迅速缓苗。白天可达 32~35℃。尤其是早春或深秋定植时，由于外界温度较低，温室一般不通风，室内湿度过大时，尤其低温弱光天气时，应选择中午时间适当放风，待潮气放出后及时封闭棚膜。

缓苗后（一般定植后 7~10d），白天温度应控制在 20~25℃，夜间 15~18℃。夏季定植的，由于 7~8 月温度高，将温度降到生长适温有一定难度，就尽量放大风口，控制浇水，以免由于高温高湿而引起植株疯长。

随着植株的生长，进入开花结果期，这时应保持白天温度 20~30℃，夜间 15℃左右。低于 15℃易引起落花落果，高于 30℃则会影响养分的积累。条件不适宜时，应增加一些辅助栽培措施，如化学调控技术或两网一膜技术，即采用塑料薄膜、防虫网、遮阳网搭起一个全封闭的棚室，为蔬菜起到遮光、降温、避雨、防虫的作用。

（二）水分管理

定植时浇足定植水，滴灌每亩用水 35m³ 左右，畦灌比滴灌多 1/3~1/2。7~10d 后浇 1 次缓苗水。之后，原则上不再浇水，直到第一穗果核桃大小时再开始浇水。此期如果水分多，易引起植株徒长，从而影响以后的开花结果。主要栽培措施是中耕，以促使根系向土壤深层发展。特殊情况时，如土壤、植株表现干旱，尤其是采取滴灌措施时，前期水分不是很大，这时可补浇一小水。另外，因品种特性各异，有些品种不需要控苗，可根据需要补水。

当第三花序开花时，正是第一果穗膨大期（核桃大小），这时开始浇水，水要充足，一般滴灌每亩 25~30m³，畦灌（明水）40~50m³。水量以渗透土层 15~20cm 为宜。充足的水分对茎叶的生长和果实的发育均有很好的促进作用。

进入结果期，不同种植模式由于温度的原因，水分管理有所区别。①冬春茬栽培的番茄，此时室内外温度适宜，一般 10~12d 浇 1 次水，以保证果实发育所需。进入盛果期，需水量逐渐加大，一般 5~7d 浇 1 次水。②越冬栽培，进入结果期后室内外温度逐渐降低，外界光照时间短且弱，植株生长和果实发育均较缓慢，此时必须适当控制浇水。最冷的 12 月中下旬到第二年的 1 月，基本不浇水，待来年 2 月中旬后，随着天气转暖，开始浇水，一般 10~15d 浇 1 次。③换头栽培的此时还应考虑"浇果不浇花"的原则，掌握好水量，以防止落花落果。

无论是哪种模式的种植，番茄栽培水分管理总原则是：苗期要控制浇水，防止秧苗徒长，以达到田间最大持水量的 60% 左右为宜。结果期水量加大，以达到田间最大持水量的 80% 为宜，且要保持相对稳定。棚室内土壤水分过大时，除妨碍根系的正常呼吸外，还会增加室内空气湿度，加大病害发生几率。忽干忽湿会导致裂果和脐腐病的发生。

（三）追肥

1. 亩产 5 000~7 500kg 番茄（中短季栽培模式）追肥方案

番茄第一穗果坐果后，追第一次肥，依然是遵照施肥原则，将尿素施用总量的 80%（56~80kg）和硫酸钾施用总量的 60%（42~45kg）分 3~4 次随水追施。以共追肥 4 次算，第一次每亩追施尿素 14~20kg，硫酸钾 10~13kg 左右；第二穗果开始膨大时（距一次追肥 10~15d）追二次肥，每亩追施尿素 14~20kg，硫酸钾 10~13kg；第三穗果开始膨大时追第三次肥，每亩追施尿素 14~20kg，硫酸钾 10~13kg；在第四穗果开始膨大第五穗果坐果后，进行第四次追肥，尿素 14~20kg，硫酸钾 10~13kg。

2. 亩产 10 000~15 000kg 番茄（长季节栽培模式）追肥方案

番茄第一穗果坐果后，追第一次肥，将底肥中尿素和硫酸钾施肥量减去，定植后尿素的施用量（130~180kg）和硫酸钾施用量（65~135kg）在整个生育期分 8~9 次随水追施。每次施尿素 16kg 左右，硫酸钾 10kg。秋季施 2~3 次，于第一穗果膨大时开始追第一次肥；第二穗果开始膨大时，追第二次肥；第三或第四穗果膨大时，追第三次肥。以后，视植株长势而定。这种模式的栽培（8月中旬定植）到 10 月中下旬已留有 4~5 穗花序，此时摘心换头。到 12 月底前这几穗果一般可逐渐成熟上市，这种栽培方式的一个重要目的是供给元旦、春节市场，故尽可能延后采收时间，直到节日前。而 12 月中旬后到翌年 2 月，是温室的低温期，与浇水同步，此期应严格控制追肥，以中耕为主。2 月中旬后，天气转暖，室内外温度上升迅速，配合浇水，开始追肥，到采收结束，一般施肥 5~6 次，每次施肥量同前，以满足植株迅速生长所需。掌握在换头后第一穗果膨大时开始追肥。以后追肥管理同冬春茬栽培。

无论是基肥，还是追肥，此方案仅属常规施肥技术，应根据不同棚室的具体情况，进行适当的调整。有条件的地方，我们主张测土施肥，做到施肥合理。在高产的同时，节约成本和土地资源。目前在生产上一味追求高产，超量施肥现象十分严重，过量施用化肥加速了土壤盐渍化，致使微量元素吸收困难，经常造成缺素症，或番茄不完全转色，同时，对土地资源的可持续利用构成了很大的威胁。所以合理施肥是蔬菜生产中必须遵守的原则。

（四）植株调整（整枝打杈）

1. 整枝

目前生产上大多数栽培品种属无限生长类型，多采用单干整枝法，即每株只留1个主干，把所有侧枝都陆续摘除掰掉，这种整枝方法单株结果数虽然不多，但果个增大，营养生长与生殖生长易保持平衡，早期产量和总产量均较高，只要我们注意合理密植，坐果率较高且上下层果实大小均匀一致。

2. 换头

日光温室长季节栽培时，每一植株都需获得10穗以上的果实。保持主茎的不断伸长虽可获得我们需要的花序量，但根部供给最上部的水分、养分明显减少，致使果个小、产量低；另外，10月中下旬后，随着外界温度的逐渐降低，落花落果现象开始加重，且即使是已坐住的果实，成熟速度也缓慢。为解决这些问题，利用换头的方法，打掉主干的生长点，使养分集中供给逐渐膨大的果实。在2月后，随着温度的升高和侧枝的发展，前期的果实也已陆续采收完毕，栽培重点又转移到侧枝的生长上来。通过这种方法，春节前后均能获得较好的收成。

换头的部位各不相同，目前使用较多的是：10月中下旬（此时，8月定植的已有4~5穗花序）开始掐尖。具体的方法是：主干4~5穗花序后，在其上留两叶摘心，诱发侧枝的萌发。这时养分集中到果实的发育与成熟上。待温度升高后，以诱发出的侧枝为主干，重复基本的栽培管理。注意：诱发出的侧枝部位各异，应选择较粗壮的侧枝，一般在植株上部，也有选择茎基部萌发的侧枝的。

3. 打杈

除主干和换头后的主侧枝外，其余的侧枝和赘芽都要掰除去掉，在打杈时，由于植株侧枝的生长将刺激地下根群的伸展，过早地摘除侧枝，就会抑制地下根群的生长。所以，正确的做法是，在侧枝长到 5~6cm 时打杈。另外，夏季定植的番茄，由于温度高，很容易徒长，如果此时打杈过早，更加重了徒长的程度，会直接影响以后的开花结果。

4. 摘心（掐尖）

摘心即打顶，打顶时机由栽培方式、栽培时节以及品种生长类型所决定。早春栽培和秋延后栽培一般留 5~6 穗花序后摘心。在最后一穗花序充分开花坐果后，留取花穗以上 3~4 片叶子，其余摘心打顶。冷凉地区一年长季节或棚室周年生长栽培模式一般留 8~10 穗以上，采取换头方法栽培的要经过 2 次或多次摘心，每次换心后，要在最上部花序上保留 2~3 片叶，掌握在拉秧前 40~50d 进行最后一次摘心，以保证最后一穗花序能正常发育成商品果。

5. 去叶

对于生长正常的叶子，原则上是不摘除的。但由于各种原因，植株整体上透光不足，直接影响生殖生长，造成落花落果时，要及时且有控制地摘除一些叶片。另外，对于植株下部的病、老、黄叶要及时摘除，以减少病虫害的传播和蔓延，增加透光率。对已收获的下部果实周围的枝叶要及时全部去掉。

6. 吊蔓及落蔓

番茄属蔓生草本植物，幼苗时尚可直立，但随着枝叶、花果的增多增大，茎不能承担其自重而呈匍匐状态。所以，必须插架绑蔓或吊蔓，使其直立生长，增加透光，提高产量和品质，且利于田间操作。

目前番茄棚室生产中多采用吊蔓的栽培方式，一般在定植缓苗后着手开始吊蔓。吊蔓时，宜在各行上部拉上铁丝，尼龙线吊在铁丝上。注意铁丝和尼龙线要足够结实，以防盛果期突然断裂造成损失。

长季节栽培的番茄，随着前期果实的不断成熟上市，要将底部的枝叶全部打掉，并随之及时落蔓，将底部茎有序地盘绕在根部，以增加空间，增加透光，减少消耗，便于管理，为第二年的生长创造良好的环境。

7. 疏花疏果

为了高产和使果实生长整齐一致，需要采用疏花疏果措施。

品种不同，选留的果数不同，且第一穗果要比以后各穗果少留1~2个。大果型品种一般第一穗果留3~4个。以上各穗留4~5个；中果型品种第一穗果留4~5个；小型果品种可留5个。疏果时，首先将病果、畸形果去掉。

（五）保花保果

番茄虽属自花授粉作物，但遇到不利的环境条件时，如阴雨、低温、高温等环境，子房不能正常授粉、受精、形成种子，子房内生长素类物质浓度不够高，导致子房不膨大，产生落花。在棚室番茄生产中，为保证产量，多采用5种方法进行保花保果。

1. 熊蜂授粉

在番茄全年生产中，棚室温度低于15℃或高于30℃时易引起落花落果，使用熊蜂授粉技术在一定程度上解决了这一问题。熊蜂授粉的优点是果实整齐一致，无畸形果，品质优，人们不受激素的困扰，省工省力，容易掌握。一般500~667m^2的棚室，一棚放一群蜂，给予一定的水分和营养，将蜂箱置于棚室中部距地面1m左右的地方即可。蜂群寿命不等，一般40~50d，短季节如春季或秋季栽培一箱蜂可用到授粉结束。利用熊蜂授粉，坐果率可达95%以上。

2. 振动授粉

利用番茄自花授粉的特点，在晴好天气的上午对已经开放的花朵进行人工手弹花柄，振动促进花粉散出落到柱头上进行授粉，特别是越夏栽培和春季栽培后期的5~6月，棚室温度高于30℃时，采用振动授粉是促进授粉的最好方法。如果此时一味全用激素蘸花，会造成大量畸形果产生。先进的科技园区有手持振动器进行操作的。这样授粉生长的果实内会有种子，可与激素蘸花处理的番茄相区别。

3. 药剂喷花法

药剂保花保果的方法主要是使用外源激素，也就是我们常用的 2, 4 - D、防落素、番茄灵等喷施番茄花达到保花保果目的。将配好的药剂装在一个小的喷壶里，用喷嘴对准基本开放的花序喷施，另一只手要同时挡住番茄的枝叶和生长点，以免药液喷到枝叶上，引起药害。此法可用于花序开放整齐，至少在花序上有 3~4 朵花开放时进行效果好。为保证在炎热酷暑期的坐果率，最好在喷花前先浇水，然后在每穗花开 2~3 朵时喷施番茄灵保花药剂，保持柱头湿润，提高坐果率。

在生产中采用这种方法的居多，但要注意喷壶的压力，雾滴要均匀一致，花萼、柱头着药均匀。这种方法省力省时。

4. 药剂涂抹法

涂抹法农民也称"点花"。即在上午用毛笔蘸药液涂抹在番茄的花柄或花柱上，此法可以对花序开放不整齐的花蕾分别进行毛笔蘸药点涂，棚室温度较低生长势较弱时涂抹效果好一些，但费工。有时毛笔点涂的药剂量和浓度不易掌握，容易产生畸形果。

5. 药剂浸蘸法

浸蘸法生产上也称"涮花"。方法是把已经开放的花序或至少开放 3~4 朵花的花序放入配好药液的碗中，浸没花柄后立即移出，并将花序在碗的边缘滴清多余的药涂。注意配药浓度应稍低些，请按药剂使用说明书严格掌握。

常用保花保果的药品及使用浓度：果霉宁 2 号，1mL 药液对水 1L；丰产素 2 号，20mg 原液对水 1L；2, 4 - D，10~20mg 对水 1L；番茄灵，20~30mg 原液对水 1L；防落素，20~30mg 原液对水 1L。

药剂辅助保花保果技术，虽可保证产量，但也带来诸多问题。比如浓度使用不当，造成畸形果，直接影响品质，价格降低；另外植物激素的使用对人体是否有害一直是人们争论的问题。

注意事项：

①浓度与标记：无论用哪种激素，也无论用哪种方法，一定要

按照产品说明书的要求严格控制浓度。浓度小,影响效果;浓度过大,易造成畸形果,直接影响品质和效益。药液中加入红色或墨汁作标记,避免重复蘸、涂或喷花。在生产中常用含有红色颜料的适乐时种子包衣剂配置在蘸花药剂中,其红色既可起到标记作用,杀菌剂的药性又可预防番茄灰霉病的发生,收到一石二鸟的效果。

②避开高温时间:避免中午高温时操作,一般选在上午10时前和下午3时后操作。

防止药液碰到茎叶或生长点:如果药液溅到茎叶或生长点,将导致茎叶皱缩、僵硬,影响光合作用,严重时,生长受阻,产量下降。如果药液溅到茎叶或生长点上,应及时喷施3.5%碧护可湿性粉剂5 000倍液进行解除。

(六)催熟

为了提早上市,可用乙烯利对进入自熟期的果实进行催熟处理,使用浓度为1 000mg/kg。方法如下。

1. 棵上催熟

将1mL乙烯利药液对水1L倒入小喷雾器中,向待催熟的果上直接喷药液,4~5d后果实可大量变红。

2. 采后催熟

把自熟期的果采下后,将2mL乙烯利药液对水1L,把待浸果放入配制好的乙烯利溶液中浸1~2min,取出后装在容器中,25℃下催熟,4~6d后全部着色。

3. 整株处理

一般在秋延后棚室的最后一批果实成熟之前,用2~4mL乙烯利药液对水1L喷洒植株,可提早4~6d采收。

(七)抵制徒长

在番茄夏季生产中,育苗期正值高温多雨季节,高温高湿使得幼苗很容易徒长,如何控制徒长是夏季番茄育苗的关键所在。

生产上防止蔬菜徒长的化学调控手段主要是采用植物生长抵制剂或延缓剂。在番茄幼苗 3~4 片真叶期，用矮壮素 0.5g 对水 1L 或维生素 B_2 1~4g 对水 1L 或多效唑 0.015~0.025g 对水 1L 进行叶面喷施，可防止幼苗徒长，起到壮苗的作用。近几年，为了更有效地控制徒长，也有的农民将处理期提前到幼苗一叶一心期，但要更多地注意把握好处理浓度。

七、番茄主要病害诊断与救治

（一）猝倒病

1. 症状

猝倒病主要发生在番茄幼期。幼苗感病后茎基部呈水浸状软腐倒伏，即猝倒，番茄苗初感病时呈暗绿色，感病部位逐渐缢缩，病苗成片折倒死亡，染病后期茎基部变成黄褐色干枯。

2. 救治方法

（1）栽培技术　清园，切断越冬菌源残体组织，穴盘育苗尽量采用使用过的蛭石，或灭菌消毒的营养土，或用大田土和腐熟的有机肥配制的育苗营养土。严格限制化肥用量，避免烧苗，可采用配制好的营养块育苗，合理分苗，密植，控制湿度浇水是关键。

（2）药剂救治　种子药剂包衣：选 2.5% 适乐时悬浮剂 10mL + 35% 金普隆悬浮剂 2mL，对水 150~200mL 包衣 4kg 种子，可有效地预防苗期猝倒病和其他苗期病害。

苗床土药剂处理：取大田土与腐熟的有机肥按 6:4 混均，并按每 50kg 苗床土加入 68% 金雷水分散粒剂 20g 和 2.5% 适乐时悬浮剂 10mL 拌土一起过筛混匀，用这样的土装入营养钵或做苗床土的表土铺在育苗畦上。也可以考虑在种子包衣播种覆土后用稀释 600 倍液的 68% 金雷水分散粒剂药液进行土壤封闭。

药剂淋灌：救治可选择 68% 金雷水分散粒剂 500~600 倍液（折每 100g 药对 3~4 桶水），或用 72% 克抗灵、72% 霜疫清可湿性粉剂 7 倍液，或用 64% 杀毒矾可湿性粉剂 500 倍液，或用 69% 安克可湿性粉剂 6 倍液，或用 72.2% 普力克水剂 800 倍液等对秧苗进行淋灌或喷淋。

（二）茎基腐病

1. 症状

茎基腐病是秧苗移栽田间后在缓苗到生长期的病害。发病是在地上部接触土表的部位。茎秆基部缢缩变暗黑腐烂。拔出病株根系良好，只是接触地表部分病变，秧苗因茎秆基部输导组织感病而出现营养供应不足并逐渐萎茎折断后死亡，保护地棚室、越夏种植方式的番茄均有发生。此病主要与栽培方式、施用肥料的腐熟情况、浇水的时间及水量有关。定植后的生长发育期感病除茎基部变褐黑色、坏死外，病部以上叶片变黄褐色并逐渐枯死，叶片多残留在枝干上不脱落。

2. 救治方法

（1）生态防治

①高垄栽培：浇水时勤浇小水。高温季节采用高垄栽培，用井水浇灌时水在沟中流淌一段距离，以提高温度，不会造成秧苗茎秆基部的温度剧烈变化。以免幼苗受冷水刺激而降低抗病性，也不再受浸泡感病。

②把好浇水关：越夏种植的番茄，定植当天要早浇水、淹地。一般定植时间多在 7 月下旬或 8 月初。此时正值北方的高温盛夏季节，棚室的温度可高达 60℃ 左右，低温也在 50℃ 左右，抽上来的井水温度一般在 15℃ 左右，中午浇水会使定植的秧苗受到冷刺激，给本已因移栽待缓的幼嫩秧苗加上冷刺激，病菌就会乘虚而入。因此，越夏栽培的浇水可尽量提早在清晨以减少温差。早春栽培的应尽可能晒水提温浇苗。

③基肥深施入土：将腐熟好的有机肥与秸秆等一起深施入土并耙好，不要让有机肥，尤其是没有腐熟好的圈肥暴露在土壤表层，否则会因高温而产生有害气体对秧苗造成危害和污染。

清除病残体、及时排水。

(2) 药剂防治

①营养土消毒：配方可参考猝倒病救治方法

②移栽前淋灌或浸盘：除在育苗时配好消毒苗床土防治茎基腐病及苗期病害外，在移栽前应对定植苗进行预防施药。对苗盘育苗的番茄用配好的68%金雷水分散粒剂600倍液进行浸盘根预防，即将配好的药液放置在一个大盆或开放的方形容器里，将苗盘放置盆中浸泡，以药液浸透为适宜，即充分吸取药液后可立即移栽。

定植后发生病害应及时救治，保苗救秧。可选用68%金雷水分散粒剂600倍液，或用72%克抗灵可湿性粉剂800倍液，或用25%瑞凡悬浮剂1 000倍液，或用72.2%普力克水剂600倍液，或用66.8%霉多克可湿性粉剂等喷雾或淋灌。

(三) 灰霉病

1. 症状

番茄灰霉病是棚室冬春季节栽培番茄的重要病害之一，为害花、幼果和叶片。病菌先从叶片边缘侵染，感染灰霉病的叶片呈V形病斑，病菌从花期侵染，残留在柱头，继而向青果、果面、果柄扩展，致使感病青果呈灰色，软腐，长出大量灰绿色霉菌层。近年来，从国外引进的硬果型番茄感染灰霉病的特点是病菌从果皮直接侵染，形成外缘白色、中间绿色、直径3~8mm的俗称"鬼脸斑"的病果，这是国内品种中不常见的一种灰霉病症状。

2. 救治方法

(1) 生态防治　保护地棚室要高畦覆地膜栽培，地膜下渗浇小水。有条件的可以考虑采用滴灌，节水控湿。加强通风透光，尤其是阴雨天要注意保温外，还应严格控制灌水。早春将上午放风改为清晨短时间放湿气，方法是：尽可能大地拉开棚膜风口，人不要走开，待棚里湿气排清，空气透明度提高后，迅速合上风口从而加快提温，有利于番茄生长。及时清理病残体、摘除病果、病叶和病枝，集中烧毁或深埋。注意不要在阴雨天气进行整枝打杈。合理密植、高垄栽培、控制湿度是关键。氮、磷、钾肥均衡施用，育苗时注意消毒苗床土。

（2）药剂救治　因番茄灰霉病是花期侵染，番茄蘸花时的药剂预防作用就非常重要。其配药方法是：将配好的蘸花药液如番茄灵、果霉宁或2,4-D每1 500~2 000mL药液中加入10mL 2.5%适乐时悬浮剂或2~3g 50%和瑞水分散粒剂，或用1%的50%利霉康可湿性粉剂或农利灵等进行蘸花或涂抹，使花器均匀着药。可单一用保果宁2号、丰收2号保花药，每袋药对水1.5kg充分搅拌后直接喷花或浸花。果买膨大期要进行重点喷雾防治，可采用50%和瑞水分散粒剂1 000倍液对着幼果进行重点喷雾。其他时期最好采用番茄一生病害防治大处方进行整体预防。单独进行灰霉病防治时可选用25%阿米西达悬浮1 500倍液或75%达科宁可湿性粉剂600倍液，或用50%利霉康可湿性粉剂1 000倍液，或用50%和瑞水分散粒剂1 200倍液喷施预防，或用50%多霉清可湿性粉800倍液或50%倍液，或用50%扑海因可湿性粉剂500倍液或50%等喷雾。

（四）早疫病

1. 症状

早疫病主要侵染叶、茎、果实。典型症状是形成具有同心轮纹的不规则的病斑。一般叶片受害严重，初期像针尖似的小黑点，不断扩展成轮状斑。边缘多具浅绿色或黄色晕环，轮纹表面稍有凹陷，感病部位生有刺状不平坦物，潮湿时病斑处长出霉状物。茎秆感病多在分叉处，果实感病多在花萼附近，初期为椭圆形或不规则褐色凹陷病斑，后期感病部位较硬，也生有黑色霉层。

2. 救治方法

（1）选用抗病品种　选种倍赢、瑞菲、齐达利、保罗塔、新红琪、卡依罗、格雷、特宝、红琪、百灵、百利等较抗（耐）病品种。

（2）生态防治　把握好移栽定植后的棚室温、湿度，注意通风，不能长时间的闷棚。

（3）药剂防治　预防可以考虑采用整体防治大处方。可以选用

75%达科宁可湿性粉剂600倍液,或用25%阿米西达悬浮剂1 500倍液,或用80%大生可湿性粉剂500倍液,或用80%山德生可湿性粉剂500倍液,或用32.5%阿米妙收悬浮剂1 500倍液,或用56%阿米多彩悬浮剂1 200倍液,或用70%甲基托布津可湿性粉剂600倍液,或用50%百泰可湿性粉剂600倍。治疗药剂可用10%世高水分散粒剂1 500倍液,或50%扑海因可湿性粉剂1 000倍液,喷雾、喷淋或涂抹茎蔓病部,尤其是果柄部位感病植株以涂抹病部效果更好。

(五)晚疫病

1. 症状

晚疫病是一种低温高湿流行性病害,早春和晚秋保护地容易大发生和流行,大发生时会造成严重减产或绝收。此病在番茄整个生育期中均有为害。侵染幼苗、叶、茎和果实。以叶和果实受害最重。一般大棚前端开始发病,先侵染叶片和幼果,逐渐向茎秆、叶柄蔓延致使其变黑褐色,重症秆株的病叶枯干垂挂在叶柄上,植株易萎、折断,感病果实坚硬,凹凸不平,初期呈油浸状暗绿色,后变成暗褐色至棕褐色,一般情况下感病果实不变软和腐烂,湿度大时叶正背面病健交界处及病果上均可以看到白色霉状物。

2. 救治方法

(1)选择抗病品种 选种倍赢、瑞菲、齐达利、保罗塔、新红琪、百灵、百利、莱福60等。

(2)生态防治 清园,切断越冬菌源病残体组织,合理密植,高栽培,控制湿度是关键。地膜下渗浇小水或滴灌,以降低棚室湿度。清晨尽可能早地放风—放湿气,尽快进行湿度置换,以利快速提高棚室气温。氮、磷、钾肥均衡施用,育苗时注意消毒苗床土。

(3)药剂救治 预防是防治晚疫病的关键技术,在该病易发生的季节里最好在未发病时喷药预防。药剂可选用70%达科宁可湿性粉剂600倍液[折合100g(1袋)药对4桶水]或25%阿米西达悬浮剂1 500倍液,或用25%瑞凡悬浮剂1 200倍液,或用70%大生可湿性粉剂500液［折合100g（1袋）药对3桶水］。发现中心病株后，应立即喷药，并及时把病枝、病叶、病果摘除并带出田间或棚外烧毁。药剂救治可选用25%阿米西达悬浮剂1 500倍液，控制流行速度。或25%瑞凡悬浮剂1 000倍液，或68%金雷可分散粒剂600倍液［折合100g（1袋）药对3桶水］，或64%杀毒矾可湿性粉剂600倍液，或70%克抗灵可湿性粉剂600倍液，或69%安克锰锌可湿性粉剂600倍液，或72.2%普力克水剂800倍液，或66.8%霉多克可湿性粉剂、66.7%银法利水剂800倍液等喷雾。

（六）叶霉病

1. 症状

叶霉病在引进的硬果型番茄品种中发生较重，主要侵染叶片。叶片受害先从下部叶片开始发病，逐步向上部叶片扩展。叶片正面先出现不规则浅黄色褪绿斑，叶背面病斑处初为白霉层，继而变成灰褐色或黑褐色绒状霉层，高温高湿条件下，叶片正面长出黑霉，随着病情的发展叶片反拧卷曲，植株呈卷叶干枯状。

2. 救治方法

（1）选用抗病品种　使用抗病品种是最经济有效的救治办法。品种中有许多抗叶霉病的。一般抗寒性强的品种在抗叶霉病方面相对较弱。可选用特宝、倍赢、美国大红、抗病佳粉、沈粉3号等。

（2）生态防治　加强对温、湿度的控制，将温度控制在28℃以下，湿度在75%以下。适当通风，增强光照，合理密植，及时整枝打杈，对已经开始转色的下部穗位的番茄果实应及时去掉老叶，增加通风透气。配方施肥，尽量增施生物菌肥，以提高土壤通透性和根系吸肥活力。

（3）药剂防治　预防可参考使用整体预防病害大处方，可选用10%世高水分散粒剂1 500倍液，或25%阿米西达1 500倍液，或50%利霉康可湿性粉剂600倍液，或70%品润干悬浮剂600倍液，或80%大生可湿性粉剂600倍液，或32.5%阿米妙收悬浮剂1 200倍液，或50%扑海因可湿性粉剂1 000倍液，或80%山德生可湿性粉剂500倍液，或2%加收米水剂200倍液，或40%福星可湿性粉剂4 000~6 000倍液等喷雾。

（七）灰叶斑病

1. 症状

灰叶斑病在国内传统的栽培品种中不是主要病害，随着我国引进国外硬型番茄品种的普及，灰叶斑病已经成为重要病害之一。

灰叶斑病菜农也称芝麻斑病，主要为害叶片，严重时也为害叶柄。发病初期叶面布满浅褐色小圆点，病斑呈不规则水浸状，病斑中部为灰褐至黄褐色，病斑边缘为浅褐色晕圈，病斑凹陷直径2~5mm，后期病斑易穿孔。

2. 救治方法

（1）生态防治　合理密植，引进品种一般要比常规品种密度小，产量却高一些，应适当增施生物菌肥和磷、钾、硼肥。加强田间管理，降低湿度，增强通风透光。收获后及时清除病残全株，并进行土壤消毒。

（2）药剂防治　建议采用番茄整体病害防治大处方进行预防，灰叶斑病突发性强，建议采取25%阿米西达悬浮剂1 500倍液，或56%阿米多彩悬浮剂1 200倍液，或32.5%阿米妙收悬浮剂1 200倍液预防，会有非常好的效果。也可选用75%达科宁可湿性粉剂600倍液，或10%世高水分散粒剂1 500倍液，或80%大生可湿性粉剂600倍液，或70%品润干悬浮剂600倍液，或6%乐比耕可湿性粉剂1 500倍液等喷雾。

（八）溃疡病

1. 症状

番茄溃疡病是细菌性病害。病菌侵染幼苗、茎秆及幼果，番茄结果盛期也可感染溃疡病。病菌通过植株的输导组织韧皮部和髓部进行传导和扩展，在主茎上形成灰白色至灰褐色病斑。剖开茎秆可见茎内褐变。向上下两边扩展。感病后期茎秆基部变粗茎上有疱斑，秆内中空，病斑下陷或裂开。潮湿条件下病茎和叶柄会有溢出的菌脓，重症时全株枯死。植株上部呈萎青枯状，叶片边缘褪绿萎蔫或干枯。果实染病可见果面隆起的白色圆斑，每一个圆斑中央有一个微小的浅褐色木栓化突起，成为"鸟眼斑"，几个鸟眼斑连在果面形成病区，鸟眼斑是诊断番茄溃疡病的典型症状。不同的季节和栽培条件溃疡病的发生不尽相同。早春移栽及整体打杈和高湿环境会造成枝茎和叶片感病。夏播多雨季节，有喷灌的大棚和温室，果实易感病。近年来在引进品种中溃疡病发生较重。

2. 救治方法

农业措施：清除病株和病残体并烧毁，病穴撒入石灰消毒。采用高垄栽培，严禁带露水或潮湿条件下整枝打杈等农事操作。

种子消毒：可以温水浸种，55℃温水浸种30min或70℃干热灭菌72h，或每1kg种子用硫酸链霉素200mg浸种2h。

药剂防治：预防溃疡病可选用47%加瑞农可湿性粉剂800倍液，或用77%可杀得可湿性粉剂500倍液，或用27.12%铜高尚悬浮剂800倍液喷施或灌溉。每亩用硫酸铜3~4kg撒施后浇水处理土壤可以预防溃疡病，使用25%细菌灵水溶性片剂喷雾或涂抹枝干和伤口，效果也不错。

（九）病毒病

近年来在保护地种植中病毒的发生已经得到初步控制。这与设施栽培、生态防治有很大的关系，尤其是设施栽培中防虫网的设置，对预防病毒病的传毒媒介作用非常重要。但是在秋延后栽培中，夏季育苗防治传毒媒介仍然是防治病毒病的重中之重。

1. 症状

病毒病的感病症状有：花叶、条斑、丛枝（黄顶）、蕨叶、癌肿（巨芽）、卷叶等多种类型，生产中最常见的主要有花叶型、丛枝黄顶型。花叶型病毒病的典型症状是叶片上出现黄绿相间或深浅斑驳、叶脉透明、叶子皱缩现象，植株略矮些，蕨叶型病毒症状是植株不同程度的出现矮化现象，叶片由上而下的出现全部或部分的线状，底部叶片呈向上卷叶状。条斑型病毒病症状是在叶、茎、果实上发生不同形状的条斑、斑点、云纹皱缩褐色坏死斑，有些感病植株的症状是复合发生，一株多症的现象很普遍。

2. 救治方法

（1）生态防治　菜田彻底产除田间杂草和周围越冬存活的蔬菜老根，尽量远离十字花科制种田。增施有机肥，培育大年苗、粗壮苗，加强中耕，及时灭蚜，增强植株本身的抗病毒能力是关键。

秋延后种植，除要适当晚播避开蚜虫迁飞时节外，最好在育苗时加护防虫网，越夏栽培的棚室采用两网一膜（防虫网、遮阳网、棚膜）来降低棚温和蚜虫、白粉虱、蓟马的为害，加防虫网是最有效阻断传毒媒介的措施。番茄越夏栽培正值夏季高温多雨季节，温室排湿降温的效果直接影响到产量的高低。越夏棚室增加防虫网，要充分考虑防虫网的密度带来的散温困难，加网时一定要加宽防虫网的高度，加大距地面的放风口。即在日光温室天窗之处用90cm宽的网纱密封，温室前屋面距地面用1~2m宽的网纱封闭。越夏期间的塑料棚膜不撤，为防止暴晒和高温，在棚膜上面覆盖遮光率70%的遮阳网。塑料大棚棚顶薄膜不撤，且覆盖遮阳网，两侧用2m宽的网纱封闭。这种措施既能降温降湿，又能有效阻止昆虫进入，大大降低用药量，符合无公害蔬菜生产的要求，利用蚜虫的驱避性，可采用银灰膜避蚜，黄条板涂抹机油诱蚜。

（2）药剂防治　灌根，用强内吸药剂25%阿克泰可分散粒剂一次性防治，持效期可长达25~30d。方法是在移栽前2~3d，用阿克泰1 500~2 500倍液（或1喷雾器水加6~8g药）喷淋幼苗，使药液除喷叶片以外还要渗透到土壤中。平均1m^{2}苗床喷药液2kg左右，或用2g药对1桶水喷淋100株幼苗，有很好的治虫预防病毒的作用。

（十）线虫病

1. 症状

线虫病被菜农俗称为"根上长土豆"的病，主要为害植株根部或须根。根部受害后产生大小不等的瘤状根结,剖开根结感病部位会有很多细小的乳白色线虫埋藏其中,地上植株会因发病致使生长衰弱,中午时分有不程度的萎蔫现象,并逐渐枯黄。

2. 救治方法

(1) 生态防治

①无虫土育苗:选大田土或没有病虫的土壤与不带病残体的腐熟有机肥按6∶4比例混均,每立方营养土加入100mL 1.8%阿维菌素混匀用于育苗。

②秸秆生物反应堆技术:在连续种植番茄的棚室,土传病害逐年严重,造成减产。如青枯、枯萎、茎基腐及根结线虫等病害日益加重。利用秸秆生物反应堆及高温闷棚技术不仅能有效防治这些土传病害,还能改善土壤结构、增高地温、增加棚内CO_2浓度。

秸秆生物反应堆建设技术如下:按照日光温室的种植习惯,南北向挖沟,沟宽80cm,沟深45~50cm,长度与温室的种植行相同,挖沟时间在每年的7~8月,正处于夏季高温季节。沟挖好后,沟内填麦秸至沟深的1/2处时,踩压找平。以种植面积1亩计,每亩施秸秆速腐菌种2kg,随之加第二层麦秸,再撒4~5kg菌种,然后覆土3~4cm,沟内灌水以充分湿透秸秆为宜,然后以30cm×40cm距离打孔,孔径为3cm,发菌7~8d,再进行第二次覆土,覆土厚度控制在30cm左右,结合第二次覆土每亩可施入腐熟圈肥7 000~8 000kg,鸡粪2~3m^3,在作小高垄之前施入尿素30kg,磷酸二铵40kg,硫酸钾10kg,小高垄作好后再一次打孔。秸秆速腐菌属好气性微生物,只有在有氧条件下,菌种才能活动旺盛发挥功效。因此,在建设秸秆反应堆的过程中,打孔是非常关键的措施。

③高温闷棚:水淹土壤灭菌。番茄拉秧后的夏季,土壤深翻40~50cm且每亩沟施生石灰200kg,可随即加入松化物质秸秆500kg,挖沟浇水漫灌后覆盖棚膜高温闷棚,或铺地膜盖严压实。15d后可深翻地再次大水漫灌闷棚持续20~30d,可有效降低线虫病的为害。处理后的土壤培前应注意增施磷、钾肥和生物菌肥。

（2）药剂防治　药剂防治采取处理土壤的方式，定植前每亩沟施10%福气多颗粒剂2.5~3kg，施后覆土、洒水封闭盖膜1周后松土定植；或每亩用10%克线灵颗粒剂3~4kg，沟施；或用3%米乐颗粒剂均匀施于植沟穴内。

八、番茄生理性病害诊断与救治

（一）缺钾症

1. 症状

钾可在植株体内移动，植株缺钾时老叶的钾就会移动至生长旺盛的新叶，因此首先老叶呈现缺钾症状。在生长早期，叶缘出现轻微的黄化现象，继而叶缘枯死，随着叶片不断生长，叶向外侧卷曲，这种症状品种间的差异显著，与缺钙的区别是，缺钙的症状首先出现在上位叶。果实会因钾缺乏和分布不均影响糖分储备和细胞的渗透区，呈现绿肩果状。

2. 救治方法

施用足够的钾肥，特别是生育的中、后期，注意不可缺钾；每株番茄对钾的吸收量平均为7g，确定施肥量要考虑这一点；施用充足的优质有机肥料；如果钾不足，每亩可在追施钾肥的同时，应该补铁，二者同时进行。可用0.3%~1%硫酸钾、氯化钾喷施，或施用生物钾肥及时补充速效钾。

（二）缺镁症

番茄在生长发育过程中，下位叶的叶脉间叶肉渐渐失绿，除了叶缘残留点绿色外叶脉间均黄化，当下位叶机能下降，不能充分向上位叶输送养分时，其稍上位叶也可发症；缺镁症状和缺钾相似，区别在于缺镁是先从叶内侧失绿，缺钾先从叶缘开始失绿；该症状品种间发生程度、表现有差异。增肥，合理配施氮、磷肥，配方施肥非常重要；及时调试土壤改良土壤；避免低温。如土壤缺镁，在栽培前要施用足够的镁肥并注意土壤中钾、钙含量，保持土壤适当的盐基水平，补镁的该加补钾肥、锌肥。多施含镁、钾肥的厩肥。叶片可喷施1%~2%的硫酸镁和螯合镁、螯合锌等。

（三）缺钙症

钙素在植株体内不易转移，缺钙时新叶黄化，首先是幼叶叶缘失水，继而干枯变褐。果实病斑产生于果面上，初期呈水浸状暗绿色，逐步发展为深绿色或灰白色凹陷。成熟后斑点褐变不腐烂。

增施有机肥，增加腐熟好的腐殖质含量高的松软性肥料，加强土壤的透气性，改变根系的吸收环境。调节土壤的pH值至中性，对酸性土壤及时补充石灰质肥料。尽量避免连年多茬种植同一种作物。应避免过量施用氮肥和含有隐性氮肥的复合肥。适当保持土壤含水量，可以考虑使用一些具有保水功能的松土精或阿克吸保水剂。

果实膨大期可叶面喷施3.4%碧护可湿性粉剂7 500倍液，1g药（1袋）加15kg水（1喷雾器即1桶水），或用0.1%~1%的氯化钙或瑞培钙等，稍加入少量的维生素B。可以防止高温强光下形成的过量草。

（四）缺硼症

缺硼的新叶停止生长，生长点附近的节间显著地缩短，上位叶向外侧卷曲，叶缘部分变褐色，叶缘黄化并向叶缘纵深橘黄呈叶缘宽带症，果皮组织龟裂、硬化。停止生长的果实典型症状是常说的网状木栓化果。

改良土壤，多施厩肥。合理灌溉，增加土壤的保水能力。在底肥中施足硼肥，如持效硼。花期叶面喷施速乐硼、新禾硼、瑞培硼或0.1%~0.2%的硼砂或硼酸液。注意配置时，将硼砂先置于60~70℃水中溶解后，再稀释至规定浓度。

（五）肥害

追施化肥（碳铵肥料）时如果不注意棚室温度，就会造成植株氨气中毒，出现叶缘变色、干边、烧叶现象。一次性施肥过量会造成大面积疑似晚疫病症的叶片干枯现象。

在生产中人们对叶面肥的认知不是很充分，经常认为多施点没坏处，其实不然。有些不法厂商在叶面肥、冲施肥中加入对作物起速效作用的激素类物质，剂量一多就会产生叶面肥害，有时是激素药害。叶片僵化，变脆，扭曲畸形，茎秆变粗，抑制了生长，造成微肥中毒。

严格准确掌握叶面肥喷施剂量，做到合理施肥，配方施肥。夏季或高温季节追施化肥时，应尽量避开中午时间；傍晚施肥应及时浇水通风。有条件的棚室提倡滴灌施肥浇水技术，可有效避免高温烧叶和肥水不均状况。

（六）药害

生产中常常发生飘移性药害现象。番茄蘸花时，喷花的药液雾滴飘落在嫩茎嫩叶上，就会产生疑似病毒病的蕨叶、幼嫩叶片纵向扭曲畸形。

（七）蚜虫

以成虫或若虫群集在叶背面或嫩茎、生长点周围，刺吸汁液，造成卷叶，植株嫩尖生长畸形，果实发育不良。

①天敌生物防治：保护地栽培可以放养丽蚜小蜂防治蚜虫。

②铺设银灰膜避蚜：利用蚜虫对银灰色的驱避性，在畦垄上铺设银灰色薄膜避蚜。

③黄板诱蚜：就地取简易板材用黄漆刷板再涂上机油吊至棚中，$30\sim50m^2$挂一块诱蚜黄板。

④药剂防治：可选用25%阿克泰水分散粒剂4 000~6 000倍液，或用1%印楝素水剂800倍液，或用48%乐斯本乳油3 000倍液，2.5%功夫水剂1 500倍液，10%吡虫啉可湿性粉剂1 000倍液喷施。

（八）潜叶蝇

潜叶蝇主要为害番茄叶片，以幼虫潜入叶片里，刮食叶肉，在叶片上留下弯弯曲曲的潜道，严重时叶片布满灰白色线状隧道。

设置防虫网：从根本上阻止潜叶蝇进入棚室。

黄板诱成虫：每 30~50m² 放置一块黄板诱杀成虫。

药剂防治：25%阿克泰水分散粒剂 3 000 倍液加 2.5%功夫水剂 1 500 倍液混用喷施，或用 48%乐斯本乳油 1 000 倍液，或用 1.8%虫螨克星乳油 2 000 倍液喷施。

第二节 茄 子

一、茄子的特性与棚室栽培

（一）形态特征

1. 根

茄子的根系发达，属于纵向型直根系。主根垂直伸长，深度可达 1.3~1.7m。侧根分布不及番茄根系。主要根群分布在 30cm 的土层中。茄子根系木质化较早，生成不定根的程度相对弱一些，侧生根生成短，分布在 5~10cm 的土层中。茄子根不像番茄根系再生能力较强，损伤后较难恢复。因此，育苗时不强调多次移栽来刺激旺盛生长的幼根系，应考虑采用营养钵育苗或穴盘无土育苗的方法。茄子根系需氧量大，田间积水、大水漫灌、土壤板结均会致使根系窒息，不利于根系生长，造成植株萎蔫死亡。因此，起高垄栽培和疏松土壤，是棚室茄子高产种植的重要措施。

2. 茎

茄子茎幼苗期为草质，成苗后逐渐木质化，随着成株挂果，粗壮的木质化枝茎成为丰产结茄的支架。

茄子分枝方式为双叉假轴分枝。主茎生长到一定节位时顶芽分化成花芽，形成结果的单花或簇花，下面的两个腋芽萌发抽生为侧枝。以后每个侧枝再现 2~3 个叶后，顶芽又分化花芽，花芽下面再一次分枝，于是就构成了连续的双假轴二叉分枝。根据分叉、结果顺序从下到上依次成为人们常说的门茄、对茄、四门斗、八面风、满天星之说。茄子的枝干短截后，隐芽萌发会进一步结果，这为茄子植株更新结果提供了可能。

3. 叶

茄子叶子为单叶、互生、柄长、叶形与品种特性有关。叶片边缘有波浪状的缺刻，叶面粗糙有茸毛，叶脉和叶柄有刺毛。叶片颜色与品种果色有关，紫色茄叶脉为绿色。

4. 花

茄子花为两性花。一般为单生，也有簇生。自花授粉。开花时，花粉从花药顶孔开裂散出。依据雌蕊柱头长短分为长柱花、中柱花、短柱花。花柱高出雄蕊为长柱花，柱头与雄蕊平齐为中柱花，长柱花和中柱花花大色深为健全花，可以正常授粉结果；花柱低于雄蕊或退化为短柱花，花小色淡、花梗细多为不健全花，一般不能正常结果。未经受精而结果实多为僵果，俗称石茄子，单性结实的茄子除外。

花器的大小多与生长势有关。植株生长健壮，叶大肉厚，叶色浓绿带紫，其花也肥大、花梗粗、花柱长。生长不良的植株，茎叶细小，花器也瘦小，花色淡、花柱短。土壤干旱或营养不良均会影响花器的发育，棚室栽培中应及时采取措施促使植株健壮，保证正常的生长发育。

5. 果实

茄子果实属于浆果。开花以后果实的细胞分裂已经结束，开花后主要靠海绵组织细胞的膨大而长成果肉。海绵组织细胞的紧密程度决定着果肉的质地。一般圆茄果肉比较致密，细胞排列紧密、间隙小；长茄果肉比较松散。

果实的形状有圆形、椭圆形、卵圆形、扁圆形和长形。果实颜色有紫红色、紫黑色、绿色、白色等。

6. 种子

茄子的种子扁圆形或卵圆形、黄白色。种皮有蜡质层，坚硬，不易透水透气。千粒重 4~7g，每克种子 150~250 粒。种子的寿命为 3~5 年不等。

(二) 生育周期

茄子一生大致分 3 个时期，即发芽期、幼苗期和开花结果期。

发芽期：从种子吸水萌动到第一片真叶出现，约 20d。此期应给予较高的温、湿度，出苗后应光照充足，以防止徒长。

幼苗期：从第一片真叶出现到现蕾是幼苗期，为 50~60d。在幼苗期营养生长和生殖器官分化同时进行。幼苗 4 叶期以前主要是营养生长，3~4 叶期开始花芽分化。一个花房多数情况下只分化一朵花。在适宜的温度范围内，温度稍低，花芽分化时间略微迟缓一些，但分化出的长花柱居多。苗期昼温25℃左右，夜温保持15~20℃较为适宜。棚室昼夜温度长期低于 15~10℃将严重影响花芽分化。

开花结果期：茄子的结果习性是相当有规律的，这与茄子分叉有关，每分一次叉就结一层果实。按果实出现的先后顺序我们习惯上称为门茄、对茄、四门斗、八面风、满天星。开花数字呈几何倍数增长。前三层的分叉和果实分布比较准确，后面由于各分枝的营养不均衡，会有不太规律的果实分布。果实从开花到瞪眼、到成熟需 18~25d，到种子成熟还需要 30~40d。

(三) 对环境条件的要求

1. 温度

茄子喜温，对温度的要求比较高（比番茄还要高一些）。茄子耐热性强，生育期间最适宜温度发芽期为 30℃，低于 25℃发芽缓慢。采用变温交替催芽处理效果会好一些。

气温：茄子生长发育适宜生长温度为 20~30℃，气温低于20℃，授粉和果实发育将受到影响；低于 15℃，生长缓慢，易落花。茄子停止生长的温度是 13℃。低于 10℃时茄子的新陈代谢就会紊乱。在 0℃时茄子会受冻害，持续时间长了，会因此死亡。相反温度高于35℃时，花器容易老化，短花柱比率增加，畸形果多或落花落果现象严重。根据茄子的适宜生长对温度条件的要求，棚室栽培冬早期育苗，保温、加温环节是非常重要和必需的。

2. 光照

茄子属于喜光作物，对光照要求不是很严格，但是日照时间越长，生长发育就越旺盛，花芽分化早，植株生长发育健壮。弱光条件下或光照时间短的环境里，会严重降低茄子花芽分化的质量，短花柱增多，落花率增加，果实着色不好，尤其是紫色品种受影响更大。创造良好的光照环境与合理密植是茄子高产、优质的基本条件。棚室栽培茄子对塑料薄膜有一定要求，需使用紫光膜即醋酸乙烯转光膜或聚乙烯白色无滴膜，以保证茄子着色均匀，商品性好。

3. 水分

茄子对水分的需求量大，土壤含水量以70%~80%为宜。茄子不同的生长发育时期需水量有所不同，门茄时相对需水量较少，随着门茄的迅速增大，需水量逐渐增多，直到对茄收获后需水量是最大的。满足茄子的需水量，对保证果实表面细腻和品质有着极大作用。但是茄子又怕过度潮湿和积水，要随时防止土壤板结，改善土壤通透环境，空气相对湿度应控制在70%~80%。

4. 土壤

茄子喜欢中性土壤，但在微酸性到微碱性的土壤上都能正常生长。茄子对肥量需求较高，这是由茄子的生长期长、产量高的特性决定的。在肥料的需求上，中后期需求量比前期多1/3。茄子整个生育期都需要氮肥，氮不足生长势弱，分枝少，落花多，果实生长慢，果色不佳。多施磷肥可促进提早结果，充足的钾肥又可增加产量，在茄子生长中，吸收氮、磷、钾的比例约为3∶1∶4。因此底肥不足时，尽快用追肥补充，以保证茄子正常生长的养分需求。

二、茬口安排与品种选择

（一）茬口安排

茄子茬口有很多，已形成了日光温室、大棚种植、中小棚种植、地膜覆盖和露地种植等多种形式共同发展的生产格局，不同地区茬口安排不同。

(二) 品种

1. 茄杂2号

中早熟，生长势强，叶片绿色，叶脉浅紫色。始花着生于第8~9节，果实圆形，紫黑红色。光泽度好，果肉浅绿白，肉质细腻，味甜，单果质量800~1 000g，最大2 000g，果实内种子少，大而不老，品质好。膨果速度快，从开花到采收15~16d，连续坐果能力强。抗逆性较强，较抗黄萎病，耐绵疫病，适应性广。一般每亩产7 000~10 000kg，最高达15 000kg。适合于春季大棚、双覆盖及露地栽培。供种单位：河北省农林科学院经济作物研究所。

2. 茄杂1号

早熟，丰产，抗寒能力强。果实紫色，高圆形，单果质量600~800g。单株结果数多，膨果速度快。每亩产6 000kg以上，适合春早熟栽培。供种单位：河北省农林科学院经济作物研究所。

3. 黑茄王

耐热，抗病。株型紧凑，果实圆形，紫黑油亮，无绿顶，商品性好。籽少。单果质量800g，每亩产5 000kg，适合露地、越夏栽培。供种单位：河北省农林科学院经济作物研究所。

4. 茄杂6号

早中熟，门茄节位8节左右，生长势较强，株型紧凑，叶片窄小、上冲；果实扁圆形，果皮紫黑色、油亮，果面光滑，果顶、果把小，无绿顶，果肉浅绿色，肉质细密，味甜；单果质量900g左右，商品性佳，每亩产量6 500kg左右。适合春、秋大棚及露地栽培。供种单位：河北省农林科学院经济作物研究所。

5. 茄杂7号

中晚熟，植株生长势强，株型紧凑，叶片上冲，门茄节位10~11节。果实长筒形，略带尖，果实长28~30cm，果粗8~10cm，果面光滑，果色紫黑，光泽度好，果肉浅绿白，单果质量630~

700g,商品性好。一般每亩产5 500~6 000kg,抗黄萎病能力强,适合秋棚栽培。供种单位:河北省农林科学院经济作物研究所。

6. 茄杂12

早熟,株型较小,门茄节位6节。果实扁圆形,紫黑色,有光泽,果肉浅绿白,肉质致密,商品性好,平均单果质量713.9g。每亩产6 000kg左右。耐低温弱光、易坐果、着色好、产量高,适合越冬温室春大棚栽培。供种单位:河北省农林科学院经济作物研究所。

7. 茄杂13

早中熟,植株生长势强,株型高大,门茄节位7~8节。果实圆形,紫黑色,果肉浅绿白色,肉质细腻,果面光滑,光泽度好,单果质量800~1 150g。果实膨大速度快,连续采收期长,抗逆性强,丰产性好,每亩产7 000kg左右。适宜早春保护地和露地种植。供种单位:河北省农林科学院经济作物研究所。

8. 农大601

中早熟圆茄,果皮黑亮,着色均匀,果肉紧实、细嫩、籽少,商品性状优良,丰产性好,抗病性强,性状整齐一致;坐果早,膨果快且连续集中。适合于早春,秋延后棚室栽培。供种单位:河北农业大学园艺学院。

9. 快星1号

杂种一代早熟圆茄,果紫红色发亮,果肉细嫩,平均单果质量500g以上,生育期较短,株高70cm,较直立,透光性好,始花节位7~8节,膨果快,结果能力强,植株抗枯萎病和黄萎病,耐寒,平均每亩产5 000kg以上。适于早春保护地及露地栽培。供种单位:河北农业大学园艺学院。

10. 紫月

果形长棒槌形,杂种一代,中熟长茄。株高90~100cm,株展75cm,果长35cm,果粗3~5cm,结果性好,光泽,单果质量200g,抗病优质。每亩产4 000~5 000kg。适于早春保护地、露地及越夏栽培。供种单位：河北农业大学园艺学院。

11. 墨星1号

杂种一代早熟圆茄，果圆形略扁，紫黑油亮。此茄生育期短，株型较紧凑，生长前期叶面有刺，始花节位6～7节，低温坐果能力强，结果性好，少籽，果肉细嫩，不易老，耐贮运，平均单果质量500g以上，抗枯黄萎病，耐寒，平均每亩产5 000kg左右。适于早春保墒及露地栽培。供种单位：河北农业大学园艺学院。

12. 布利塔

果实棒槌形，紫黑色，绿把，绿萼片，质地光亮油滑，相对密度大，味道好，耐运输。单果质量450～500g。无限生长型品种，叶片中等大小，耐低温，耐弱光，早熟，每片叶一个花，坐果多，产量高，长季节栽培每亩产10 000kg以上。供种单位：荷兰瑞克斯旺种业。

13. 尼罗

果实长形，紫黑色，绿把，绿萼片，质地光亮油滑，相对密度大，味道好，耐运输。单果质量350～400g。无限生长型品种，叶片中等大小，耐低温，耐弱光，早熟，每片叶一个花，坐果多，产量高，长季节栽培每亩产10 000kg以上。供种单位：荷兰瑞克斯旺种业。

14. 安德烈

果实灯泡形，紫黑色，绿把，绿萼片，质地光亮油滑，相对密度大，味道好，耐运输。单果质量350～400g。无限生长型品种，叶片中等大小，耐低温，耐弱光，早熟，每片叶一个花，坐果多。产量高，长季节栽培亩产15 000kg以上。供种单位：荷兰瑞克期旺种业。

15. 朗高

果实长形，紫黑色，绿把，绿萼片，质地光亮油滑。无限生长型品种，叶片中等大小，耐低温，耐弱光，早熟，单果质量400～450g，产量高，长季节栽培亩产10 000kg以上。供种单位：荷兰瑞克期旺种业。

16. 紫光圆茄

生长势强,叶片绿色,叶脉浅紫色。始花着生于第 9~10 节,果实圆形,紫黑红色,紫萼片,光泽度好,果肉浅绿白。单果质量 800~1 000g。适于越夏栽培或立秋露地栽培。供种单位:邯郸农业技术高等专科学校园艺系。

17. 超九叶圆茄

中晚熟。果实圆形稍扁,外皮深黑紫色,耐贮运,有光泽;果肉较致密,细嫩,浅绿白,稍有甜味,品质佳。单果质量 1 000g,一般每亩产 4 000~5 000kg。

18. 引茄 1 号

长形茄,株型较直立紧凑,开展度 40cm×45cm,结果层密,坐果率高,果长 30~38cm,果粗 2.4~2.6cm,持续采收期长,生长势旺,抗病性强,根系发达,耐涝性强。商品性好。果形长直,不易打弯,果皮紫红色,光泽好,外观光滑漂亮,皮薄、肉质洁白细嫩,口感好,品质佳,一般每亩产 3 500~3 800kg。供种单位:浙江省农业科学院。

栽培要点:适宜冬春保护地、春季露地等模式栽培。

(三)购买茄种应注意的问题

1. 根据棚的类型、种植模式选择适宜的品种

越冬茬一般选用耐低温、耐弱光的品种,如茄杂 12、布利塔、尼罗等,早春季选用茄杂 12、茄杂 6 号、茄杂 2 号、茄杂 13、农大 601、墨星 1 号等品种,越夏露地栽培选用耐热品种,如茄杂 6 号、黑茄王、墨星 1 号、紫光圆茄等均可。

2. 根据管理水平选择优质、高产、抗性强的品种

不选择没有在当地经过示范试验的品种,避免不必要的经济损失和减产纠纷。买种子不同于买农药,若农药的药效不理想,还可以补救,种子一旦出再问题,则会错过种植季节,这就是农民常说的"有钱买籽,没钱没苗"的道理。更不要听信不负责任的种子经

销商的诱惑和忽悠。在没有经过当地技术部门大面积示范的前提下，任何许诺或赊欠种子的行为，都会给菜农埋下经济损失的隐患，这方面的教训是惨痛的。尤其是越冬、早春栽培品种，品种的耐寒、耐弱光、耐低温的能力以及抗黄萎病性能都是影响茄子经济效益的重要因素，这些都是选择品种的关健。

3. 根据当地市场销售渠道和价格优势选择品种

各地消费者在长期的生活中养成了不同的消费习贯，有的喜食长茄，有的喜食圆茄。因此，在选择茄种时应根据当地市场销售渠道和价格优势选择不同的品种。

三、育苗技术

（一）育苗方式

苗期在整个茄子生产中占有举足轻重的地位，秧苗的优劣直接影响着定植后植株的长势乃至最终的产量。早春栽培从时间上说苗期占整个生长期的 $1/3 \sim 1/2$，且正处于一年中温度较低的季节，技术要求较高。夏季育苗，由于高温、病虫害等影响，也增加了培育优质壮苗的难度。所以育苗技术非常关键。

不同地区、不同茬口、不同的棚室种植模式，由于育苗时间所遇到的温度条件不一样，或由于当地的经济条件和生产习惯不同采取的育苗方法不同，但是，创造一个透宜的茄子幼苗生长的环境，培壮苗是最终目标。育苗方式主要有以下几种。

1. 营养土育苗

在棚室里建立一个阳畦式温床，把营养土直接铺入育苗畦中，厚度 10cm 左右，把种子撒播在小面积的土盘或土盆中，待幼苗出土生长至 $1 \sim 2$ 片真叶时，再移栽至棚室中的育苗畦。

2. 营养钵育苗

将营养土装入育苗钵中，育苗钵大小以 $10cm \times 10cm$ 或 $8cm \times 10cm$ 为宜，装土量以虚土装至与钵口齐平为佳，播种后施花土覆盖，也可以先把种子撒播在小面积的土盘中，待出土生长至 $1 \sim 2$

片真叶时再移栽营养钵中。生产中也有育苗阳畦与营养钵结合育苗的方式，集中营养钵放置育苗畦中。棚中棚保温效果更好。

3. 穴盘无土育苗

目前生产上应用较多且简便易行、成活率高的是穴盘无土育苗技术，此技术已经在蔬菜主产区种植基地许多小规模专业合作社形式下的育苗农户以及蔬菜示范园区广泛应用，效果良好。根据育苗季节不同选择不同的苗盘，冬春季育苗：育 5~6 片叶苗，苗龄 60~80d，一般选用 50 孔或 72 孔苗盘，夏季育苗：由于气温高，苗期短，一般选 72 孔苗盘。育苗基质为草炭、蛭石、废菇料、有机肥等。

4. 营养块育苗

引用已经配置好的营养草炭土压制成块的定型营养块，直接播种至土块穴中覆土，按常规管理法即可。

5. 现化化工厂化育苗

采用草炭：蛭石：鸡粪：牛粪为 1∶2∶1∶1 或 1∶1∶0.5∶0.5，再加入少量缓释肥料，鸡粪牛粪需腐熟过筛。采取现代化的温控管理。

（二）育苗土的配制

1. 营养土配制

茄子育苗营养土要求疏松、肥沃、保水力强，一般按园田土 6 份、腐熟圈粪 3 份、腐熟马粪 1 份的比例配制。若土质黏重，可按园田土 4 份、圈粪 3 份、牛马粪 3 份的比例配制。另外，每 $1m^3$ 营养土加过磷酸钙（或磷酸二铵）和硫酸钾各 0.5kg，均匀喷拌于营养土中，为防止苗期病虫害的发生，每 $1m^3$ 可加入 68% 金雷可分散粒剂 100g 和 2.5% 适乐时悬浮剂 100mL 随水溶解后喷拌营养土一起过筛，用这样的药土装入营养钵或做苗床土铺在育苗畦上，可有效地防止苗期立枯病、炭疽病和猝倒病等病害。

2. 穴盘基质配制

按体积计算基质配比，用草炭：蛭石：鸡粪：牛粪为 11∶1∶

0.5∶0.5，或草炭∶蛭石为2∶1，或草炭∶蛭石∶废菇料为：1∶1∶1，每1m³加入1∶1∶1的氮、磷、钾三元复合肥1~2kg，冬春季育苗用肥多，夏季育苗用肥少些。料与基质混拌均匀后备用。

（三）播种育苗

1. 育苗时间

根据当地气候条件和定植适期确定播种期。一般常规苗龄80~100d，北方冬春棚室如果保温设施好，茄苗生长速度快。茄子的适龄壮苗标准是：茎粗壮，株高18~20cm，叶厚色深，早熟品种6~7片叶，中晚熟品种8~9片叶，根系洁白发达，70%以上现蕾；日历苗龄90~100d，若采用加热温床或电热温床地温高，秧苗发育快，素质好，苗龄可适当缩短为80~85d。

（1）春季棚室、双覆盖栽培 晋、冀、鲁、豫、辽、京、津区域一般12月上旬至翌年1月上旬播种，3月上旬至4月上旬定植。定植适期的关键是棚内气温不低于10℃，10cm地温稳定在13℃以上1周的时间，从定植适期再往前推算一个苗龄的时间即为播种适期。

冬早春育苗，遇到降温时，建议使用生长调节剂3.4%碧护可湿性粉剂7 500倍液喷施，可提高茄苗的抗寒性。

（2）日光温室秋冬栽培 茄子育苗时间为7月中、下旬至8月上旬，日历苗龄为35~40d，8月下旬至9月上旬定植。培育适龄壮苗是这茬栽培成功的关键。高温、多雨、强光、虫害、干旱及沤根等，都是诱发病害发生及蔓延的重要因素。应选择通风条件好、地势高燥的地方作苗床，有利于排水、防徒长，在苗床上插起不小于80cm高的竹拱架，上面搭旧塑料布、遮阳网或竹帘，以防强光、避高温、遮雨和防露水。夏季育苗用营养钵最好，每亩需育苗面积为40~50m²，间苗后可直接栽到大田。有条件的地方，在苗床周围用尼龙网纱围起来，防止害虫迁入。

苗子出土后要耕松土，防苗徒长和防病。防徒长可喷矮壮素。2叶后喷施25%阿米西达悬浮剂2 000倍液10d1次，预防苗期病害,假如没有加盖防虫网、放置黄板诱蚜措施,还要考虑离治蚜虫、蛐蛐和螨类等药剂。

(3)越冬—大茬栽培 育苗一般在8月下旬至9月上旬、中旬。对于深冬茬茄子,为增强耐寒能力,提高茄子对黄萎病、青枯病、根线虫病和根腐病的抗性,一般采用嫁接栽培,育苗时间提前至7月中旬到8月中旬。此时多数地区的温室尚未建立起来,在气温较高的黄淮地区,可在露地做畦育苗,待分苗时,再转入温室中。露地育苗也要搭起拱架,上覆棚膜防雨,重点是加强夜间的保温。高纬度或高寒地区,须在温室或阳畦育苗,保温防寒尤为重要,如采用嫁接育苗,保温工作就显得更为重要。砧木可采用托鲁马姆。刺茄(CRP)或赤茄,以托鲁马姆嫁接的防黄萎病效果最好,生长势增强明显,生产上应用最多,砧木托鲁马姆每亩用种10~15g,接穗品种每亩用种30~40g。

2. 种子处理

播种前检测种子发芽率,选择发芽率大于85%以上的籽粒饱满、发芽整齐一致的种子。已包衣的种子可直接播种,未包衣的种子播种前首先用1%的高锰酸钾溶液浸种30min,捞出淘洗干净,再用温汤浸种法,即55℃水浸种并不断搅拌,用水量为种子的5倍,浸泡15min,再用常温水浸泡20~24h,然后搓去种皮上的黏液,洗净后摊开晾一晾再按老路子装入纱布袋,放在28~30℃恒温箱中催芽,催芽过程中不必每天用清水淘洗,保持纱布湿润即可,注意翻倒装有催芽种子的布袋使其受热无效,需3~5d出芽,若每天16h 30℃,8h 20℃变温催芽,能明显提高出芽的整齐度,且芽壮,茄子种子浸种后也可不催芽直接播种。

夏季育苗,除上述处理外,还要用10%磷酸三钠处理15~20min,然后用清水冲洗干净以杀灭种子表面的病毒,风干后播种。

嫁接使用的砧木种子发芽和出苗较慢,尤其是托鲁马姆种子体眠性强,提倡用催芽剂或赤霉素处理,将砧木种子置于55~60℃温水中,搅拌至水温30℃,然后浸泡2h,取出种子风干后置于 0.1%~0.2% 赤霉素（九二〇）溶液中浸泡 24h，处理时放在 20~30℃温度下，然后用清水洗净、变温催芽。砧木种子应比接穗种子早播 15~20d，一般砧木种子出苗后再播接穗种子，待砧木苗长到 5~7 片真叶、接穗（茄子苗）5~6 片真叶时，进行嫁接。

3. 播种及苗期管理

（1）播种　播前用清水将基质或营养钵喷透，以水从穴盘孔滴出为宜，使基质达到最大持水量。待水渗下后播种，播种深度大于 1cm，播后覆盖蛭石，喷洒 68% 金雷水分散粒剂 600 倍液或 72.2% 普力克水剂 800 倍液封闭苗盘，预防苗期猝倒病。冬季育苗，苗盘上加盖一层地膜水保温，夏季可不盖膜，但要及时喷水。

培育自根苗，最好用育苗钵或穴盘育苗，以保护根系。需要分苗的，可在露地做平畦育苗，待分苗时，再转入温室中。出苗期间温度以白天 25~30℃、夜间 18~20℃为宜，出苗至真叶展开期，夜温降至 16℃左右、土温 18℃以上为宜。为防止"戴帽"出土，拱土时可覆一次湿润的细土。

（2）间苗和分苗　为保持适当的营养面积，齐苗后应及时间苗，保持苗距 2~3cm。间拔小苗、弱苗，防止秧苗过密造成高脚苗和弱苗，这段时间一般不浇水。当幼苗长到 2~3 片真叶时分苗，以免影响花芽分化。分苗前一天喷透水，起苗直要尽量少伤根，分苗密度以苗距 10cm 为宜。苗距过小，不仅影响花芽分化，造成短柱花增多。缓苗后，可叶面喷洒尿素、磷酸二氢钾、糖、醋各 0.3g 的混合液肥。

把苗子移栽到营养钵内或秧畦中，分苗步骤是：挖沟，顺沟浇水，按 10cm 苗距摆放茄苗，覆土。

（3）苗期管理　茄子是喜温作物，苗床温度管理掌握"两高两低一锻炼"的原则。播种后的出苗阶段和分苗的缓苗阶段，适当提高管理温度，以白天 28~30℃、夜间 25~20℃、地温 19~25℃为宜。齐苗后缓苗后，为保证幼苗正常健壮生长和花芽分化及发育，以白天上午 25~28℃不超过 30℃、下午 20~25℃、前半夜

18~20℃、后半夜15~17℃为宜。阴天适当降低昼夜管理温度。定植前7~10d进行低温炼苗。整个苗期地温掌握在18~22℃，不低于16℃。苗床温度主要通过放风量和揭盖草苫的早晚来调节。还要注意结合温度管理放风排湿防病。

为改善床面光照情况，一注意选用无滴膜，经常清扫膜面，尽量早揭晚盖草苫，增加光照时间，阴天也要坚持揭苫见散射光。遇连阴天，可用人工补光，但一般要达到2 000lx以上才能见效。

4. 嫁接育苗

越冬温室栽培：7月下旬将催好芽的砧木种子直接播在营养钵中，覆1cm的细土。砧木开始出苗（约25d）时，在沙盘播接穗种子出苗后，适当间苗。嫁接一般采用劈接法。当砧木、接穗5~7片真叶时为嫁接适期，越冬温室栽培的时间为9月中、下旬。嫁接前一天上午，用80万IU青霉素、链霉素各一支对水15kg喷洒幼苗，或喷800~1 000倍的75%百菌清可湿性粉剂（达科宁）消灭感染源，并拔除病苗。砧木苗子嫁接前应适当控水，以防嫁接时胚轴脆嫩劈裂。从砧木基部向上数，留2片真叶，用刀片横断茎部，然后由切口处沿茎中心线向下劈一个深0.7~0.8cm的切口，再选粗度与砧木相近的接穗苗，从顶部向下数，留1~2片叶子，把茎削成两个斜面长0.7~0.8cm的楔形，将其插入砧木的切口中，要注意对齐接穗和砧木的表皮，用嫁接夹夹好，摆放到小拱棚里。

嫁接后的管理：嫁接后把苗钵摆在苗床上并浇透水，盖上小拱棚，保温保湿，适当遮阳，前5d温度白天保持24~26℃、夜间保持18~20℃，棚内相对湿度90%以上，5d后逐渐降低湿度，保持空气相对湿度80%，逐渐通风，苗子要适当见光，8d后空气相对湿度达到70%，10d后去掉小拱棚、拿掉嫁接夹，转入正常管理。砧木的生长势极强，嫁接接口下面经常萌发出枝条，应及时抹去，以免消耗营养。

嫁接苗定植时注意事项：定植时注意嫁接苗刀口位置要高于栽培畦土表面3cm以上，以防接穗根受到二次污染致病。

四、整地与施肥

1. 棚室消毒

定植前15d，每亩用硫磺粉1.5~2.5kg或敌敌畏250mL，与锯末混匀后点燃，密闭24h熏蒸消毒。还可密闭温室20d左右进行高温闷棚。越冬周年生产的棚室连作栽培的地块，应该考虑采用高温闷棚方法进行土壤消毒灭菌，这样可有效降低土壤中病菌和线虫的为害。其操作顺序是：7~8月份拉秧，深埋感病植株或烧毁，撒施石灰和稻草或秸秆及活化剂，一同施入腐熟鸡粪、农家肥、磷酸二铵，深翻土壤，大水漫灌，铺上地膜和封闭大棚，持续高温闷棚20~30d，保持土壤测温表，观察土壤温度。揭开地膜晾晒后即可做垄定植。这个方法可有效杀死土壤中的病菌与虫卵。

处理后的土壤栽培前应注意增施磷、钾肥和生物菌肥。

2. 施肥方案与作畦模式

（1）越冬茬长期栽培　一定要多施基肥。一般每亩施腐熟草圈粪10 000kg，并进行深翻，腐熟鸡粪2~3m^2，磷酸二铵30~50kg，硫酸钾30~50kg，用于沟施肥。整平地后，按宽行90cm、窄行70cm做南北向的定植沟，沟宽40~50cm，沟深30cm，将精肥施入沟内深翻，与土充分混匀，在沟内浇水。水渗后可操作时，起高20cm、宽60cm栽培垄，宽行留30cm走道，窄行留10cm浇水沟，即膜下暗灌沟。上述工作要在定植前7~10天完成。

（2）冬早春栽培　每亩施腐熟草圈粪5 000kg，优质腐熟鸡粪3m^2，磷酸二铵50kg，硫酸钾化肥最好沟施。采取高畦覆地膜、大小行种植，大行距80~90cm，小行距50~60cm，株距40~50cm，也可采用膜下暗灌形式。

（3）秋茬栽培　每亩施优质农家肥5 000kg，磷酸二铵50kg，硫酸钾30kg作基肥，深翻混匀，大小行栽培。

（4）春茬大棚种植　每亩结合整地施入腐熟细碎有机肥5 000kg。茄子属深根性作物。撒粪后深翻30cm。可做成高畦，宽80~

90cm，畦高 12~15cm，畦间距 60~70cm，每畦种 2 行，结合作畦，沟施优质腐熟鸡粪 2~3m²、磷酸二铵 30~50kg、硫酸钾 25kg 或过磷酸钙 50kg、饼肥 150~200kg。为提高地温，做畦后应覆盖地膜。也可按大小行作成栽植沟，不覆地膜，日后渐渐培土成高垄，防止挂果后植株倒伏。

五、定植及设定密度

1. 越冬—大茬栽培

定植时间为 10 月份，最晚不得超过 11 月上旬，选择晴天上午无风时定植。采用双行错位法定植，选择生长旺盛、整齐一致的苗子，按 40~50cm 株距栽苗，密度每亩 1 600~2 200 株，依品种而定。花蕾朝南，栽苗后浇透水，随水穴施硫酸铜 2kg 拌碳酸氢铵 8kg，预防黄萎病。嫁接育苗的苗子，定植时接口要高出地面至少 3cm 防止接穗接触土壤，产生自生根，进而感染黄萎病，失去嫁接的意义。土壤干湿适度时，进行中耕，增加土壤的通透性，提高土温，促使根系发育，俗话说"根深才能叶茂"。连锄两遍后，覆地膜，从地膜上划个小孔，把苗子掏出即可，目的是增温保湿。

2. 冬早春栽培

采取高畦覆地膜、大小行种植，大行距 80~90cm，小行距 50~60cm，株距 40~50cm。也可采用膜下暗灌形式。

选晴天上午定植，按一定的株距在膜上打孔，穴内浇水，尔后坐水栽入苗坨，再填土整平，也就是人们熟知的"水稳苗"。栽苗深度以覆土后土坨在地下 1cm 左右为宜。栽苗坨 3d 后地温稍有回升，再浇定植水。为了创造更有利于秧苗早发的环境，定植后要盖小拱棚。

3. 秋冬茬棚室栽培

定植时，大部分地区温室的棚膜尚未扣上，有一段或长或短的露地生长时间。每亩栽 1 800~2 500 株。定植前一天给苗床浇大水，起苗时尽量少伤根，确保一次全苗。选阴天或晴天的傍晚突击定植，要随栽随顺沟浇大水，以防苗子打蔫。

浇完定植水后抓紧中耕。4~5天后再浇1次缓苗水，然后掌握由深到浅、由近到远，反复耕2~3次，要锄透，并注意向垄上培土，雨后及时松土。

4. 春茬大棚栽培

定植密度依品种和整枝留果数而定，一般密度以每亩1 600~2 500 株为宜。茄杂2号生长势强，果大，密度可适当放稀，一般每亩1 500~1 600株为宜，高密度栽培不能超过1 800株。

一般棚内10cm地温稳定在13℃以上即可定植。如果大中棚内有保温措施，如地膜小拱棚、中棚加盖草苫等，可适当提前1~2周定植。定植采用开沟或挖穴暗水稳苗方法。避免畦面浇大水降低地温，延迟缓苗。栽植宜深些，以畦面高出土坨1cm左右为宜。

5. 秋延后大棚栽培

当苗子3~5片真叶，苗龄30~40天时，即可定植，一般在7月底至8月上中旬。结合整地施肥进行作畦。栽植密度因品种而异，一般每亩栽1 800~2 500株，如茄杂6号每株接3个茄子打顶，每亩需2 000~2 200株。为防止苗子日晒萎蔫，定植时应选阴天或晴天的下午，定植水要浇足浇透。对徒长的幼苗，不要栽植过深，可采取卧栽的方法，以促成不定根的形成。

六、田间管理

(一) 温度管理

1. 越冬棚室茄子

茄子属典型的喜温作物，生长适温是22~30℃，低于17℃生长缓慢，较长时间处于7~8℃会发生冷害，35~40℃高温对茎叶生长花器发育都不利。定植到缓苗期间温度宜高些，白天28~30℃夜间不低于15℃，地温20℃左右。缓苗后温度要降下来。为了促进光合作用、有利于光合产物的运转和抵制呼吸消耗，正常情况下，一天之中可按四段进行温度管理：果实始收前，晴天上午25~30℃，下午 28~20℃，前半夜 20~13℃，后半夜 13~10℃。果实采收期，上午 26~32℃，下午 30~24℃，前半夜 24~28℃，后半夜 18~15℃。阴天时白天不超过 20℃，夜间是 13~10℃。

在不加温的日光温室里，冬季很难实现上述温度指标。这段时间光照时间短，光照强度弱，管理的温度必须从低掌握，切不可因天气好而盲目放高温。遇有连阴天时，首先要利用各种可行的增温保温设施，尽量不使最低的温度低于 8℃，争取地温在 17℃ 以上。必须时需临时补温的，也只能使温度不下降到最低界限温度以下为度，没有必要使温度很高。否则只有高温，没有相应强度的光照，反而会过度消耗植株体内的养分，对安全度过低温寡照时期不利。严冬过后，春季到来，日照时间越来越长，日照强度也越来越大，天气转暖，气候条件越来越适合茄子生长。这时要逐渐提高管理温度，进而进入按上述指标的正常温度去管理。

定植时，如果天气好、光照强，定植后 1~2 天中午放草苫遮阳。缓苗后嫁接苗生长快，一定要采取中耕措施蹲苗，防止徒长造成的落花、落果。以后随着温度降低，防寒保温为栽培管理的重点，尤其在夜晚，应注意增加温室设施的保温性能，如辽宁海城地区越冬温室配置棉质苫被，山墙外面培玉米秸秆等，后坡覆盖草苫，温室内近门外用塑料薄围盐类缓冲带，门口封严，必要时在棚面近底脚处再加盖纸被或稻草苫围护，防止棚内近底脚处形成低温带。12 月上旬开始进入开花坐果期，此期管理重点是强化温室保温，温度通过盖草苫、放风调节。使用放风筒放风，可减少棚内温度变化的幅度。一般在棚内离后尾脊不远处，从东到西每隔 3m 左右留一个放风筒，支起多少放风筒和放风时间长短，依棚内温度而定。

12 月下旬至翌年 1 月下旬是一年中最冷的季节，茄秧和果实都生长缓慢，这段时期又叫缓慢生长期，栽培管理的好坏是越冬栽成功的关键，较寒冷地区更是如此。缓慢生长期的管理目标是茄秧能安全越冬，果实有一定生长量。主要管理措施是保温防寒。如果室内最低气温降至10℃以下就临时加温，寒潮侵袭期间夜间短时间加温是必需的。

一般情况下白天不放风，上午揭苫时间以揭开之后温度暂时下降1℃左右，20min后又能升温为准，在此前提下尽早揭苫子，使室内早受光并升温。阴天只要不降雪也要揭苫子，充分利用阴天的散射光，室内温度也能上升一些。不揭苫子就照不到散射光，室内得不到热量补充，又持续散热，室内温度就越来越低，无光又低温的环境对茄子生长很不利，因此，最忌阴天不揭苫子，降雪过后应立即除雪，揭开苫子受光升温。如果是雪后初晴，揭苫子时棚膜上应留一部分苫子，也是菜农常说的揭花苫，遮1~2h花荫，防止骤然强光、升温使茄秧生理性脱水萎蔫，掌握气温晴天高，阴天低。下午室内气温降至20℃左右就盖纸被和草苫子等，动作要快，争取在较短的时间内盖完，把较多的热量闷在温室里但又不能盖得过早，要保证光照时间，一般每天至少要有6h以上光照时数，短期5h光照也勉强可以。

2月中旬以后，随日照时数增加，适当早揭苫，晚盖苫，增加植株见光时间。

2. 秋冬棚室茄子

浇完定植水后抓紧中耕。4~5d后再浇1次缓苗水，然后掌握由深到浅、由近到远，反复中耕2~3次，要锄透搂匀，并注意向垄上培土，雨后及时松土。

缓苗后，喷0.4%~0.5%矮壮素或助壮素（2mL 1支的加水10kg），促使壮秧早结果。

门茄开花前后各喷一次2 500倍的亚硫酸氢钠（光呼吸抵制剂），门茄开花时用50mg/kg水溶性防落素（即20L水对1mL防落素）加20mg/kg赤霉素（即50升水中对1mg赤霉素）喷花1次。注意喷杀螨剂防治红蜘蛛、茶黄螨等害虫。

当日平均气温达到16~18℃时，抓紧时间扣膜（紫色或白色膜）。扣膜初期不要完全封严，要通大风。以后随天气转冷逐渐减少通风，使茄子渐渐适应温室环境，直到封严，扣膜后的管理包括：喷雾或烟剂熏蒸，进一步除治虫害，务求不留残虫，继续用防落素处理花，用双干整枝，在肥水管理中，温室内气温原则上不低于15℃，温度不能保证时，要及时加盖草苫、纸被，在前坡底部和后坡覆草，必须时需临时补温。要定期清洁棚膜，适时揭盖草苫，尽量创造有利于茄子开花结果的光温条件。适时通风排湿，白天温度不超过30℃。定期用药，搞好防病工作。

3. 棚室冬春茄子

缓苗期的管理：要创造高温湿条件，有利于提高地温，促进发根。定植后5~7d要密封温室和小拱棚，不通风。心叶开始变绿、生长即已缓苗，此时可通风降温，并在行间中耕，中耕要由深到浅、由近到远，避免伤根，反复进行。

缓苗后到采收前的管理：此期正值早春，气温低，管理上以提高温度为主。夜间一般不要低于15℃，白天也不要超过35℃。不能只顾保温而忽视了通风排湿，高温高湿易引起植株徒长，对结果不利。前期适当控制浇水，到门茄"瞪眼"时开始追肥浇水，一般每亩施复合肥15~20kg。开花前后2d用防落素蘸花1次，冬春茬茄子一般采取双干整枝，用绳吊枝，及时清理下部老、黄叶片，以改善株行间通透条件，减少养分消耗，加速结果，促使早熟。

结果期的管理：门茄生长时期，掌握白天25~30℃，前半夜16~17℃，后半夜13~10℃，当平均地温20℃，25~30d后可采收。

日最低气温稳定通过15℃，可将棚膜撤下来洗净收藏。

4. 春茬大棚茄子

定植后5~7天内不通风，提高棚温。白天保持30~33℃，不超过33℃，夜间保持在15℃以上，尽量不低于13℃，以利开花坐果和果实发育。放风时应掌握先顺风放风，由小到大的原则，不断变换放风口，使棚内植株生长一致。5月份以后，当外界气温稳定在15℃以上时，要尽量放风，防止高温障碍，掌握白天不超过30~33℃，夜间不高于18~20℃。5月中下旬，外界气温显著升高，可撤膜呈露地栽培，有利于果实着色。大棚也可不撤膜，但薄膜要四周高卷形成天棚。多层覆盖定植的，在温度条件可以保证的情况下，要及时撤去小拱棚、草苫等防寒物，以利争取光照。

5. 秋延后大棚茄子

为了让植株适应大棚环境，近几年来，秋延后茄子一般都带棚膜定植，定植时大棚两侧的膜卷起来。植后因气温高、为了缓苗降温，要浇缓苗水。缓苗后进行蹲苗，要少浇水多松土、培土。因此时温度高，若土壤水分过大，极易引起徒长。少浇水，及时松土，可控制徒长。

带棚膜定植的大棚，9月中旬以前，要将大棚两侧的膜撩起，无雨时开通风口通风，以降温、散温。高温天气的中午可用遮阳网遮阳降温。9月中旬以后，随着外界气温的下降，要逐渐把大棚的两侧膜放下，白天开口通风，夜间盖严。10月上旬以后，当夜间温度降至15℃以下时，可在棚内加盖小拱棚，再冷时，在小拱棚与大棚之间盖一层薄膜，即三层覆盖，可适当延长采收期。

（二）光照管理

茄子对光照强度的要求不太高，光补偿点也相对较低。但在日光温室里，特别是严冬时节，光照条件很难满足茄子正常生长的需要。在这种情况下，茎叶徒长、花器异常、果实畸形或着色不良等现象屡见不鲜。因此，在光照调节上，首先是选用透光性能好的温室，使用透光性能好的紫光膜（醋酸乙烯转光膜）、聚乙烯白色无滴膜，并在后墙张挂反光幕来增强光照。其次是要在温度条件允许的情况下，尽量早揭晚盖草苫，特别要注意对散射光的利用，即使最寒冷的时节，阴天时也要适当揭苫见光。同时，及时擦洗、清洁膜和张挂的反光幕，冬天每半月擦洗1次，此外，株行距的确定必须与这种弱光条件相适应，不能盲目缩小行距增加密度。

（三）肥水管理

1. 越冬茬茄子

定植水浇过后5~7d，秧苗心叶开始生长时，视天气土壤墒情和苗子生长状况浇缓苗水,开始蹲苗,直到门茄鸡蛋大小前控制浇水、追肥。当门茄长至"瞪眼"时,开始追肥、浇水,采用膜下暗灌或滴灌,每亩施尿素10kg。生育前其余越冬期水量不宜多,而且越冬时往往放风很少,地面覆盖能减少地面水分的蒸发,尽量做到室内相对湿度不超过80%。1月份是最寒冷季节,尽量不浇水。进入2月,看秧苗看天气浇水,不要等到叶子出现轻度萎蔫时再浇水。3月中旬地温到18℃时浇1次大水,3月下旬以后每5~6d浇1次水,每隔15d追肥1次,每亩施尿素10kg、磷酸二铵10kg、硫酸钾5kg。灌水半小时后放风,尽量排湿防病,在保证温度需要时,尽量加大放风量。盛果期叶面喷施0.3%磷酸二氢钾+0.5%过磷酸钙或爱多收等叶面肥,补充营养一般7~10d1次。

2. 冬春茬茄子

门茄膨大时不能缺水,为防止温室湿度过大,可隔沟浇水,停2~3d中耕松土后再浇另一个沟。对茄膨大时,再次浇水,每亩随水冲入尿素10~15kg。门茄收完后,进入了盛果期,外界气温已高,应防止高温或高温加高湿的危害,同时要加强水肥管理。一般地表要见湿见干,一次清水一次肥水。此期可喷0.3%尿素+0.3%磷酸二氢钾+0.1%膨果素的混合液作根外追肥,7~10d1次。

当日平均气温稳定通过15℃以后,温室可昼夜通风,可结合浇水多次冲入粪稀,每亩每次1 000~1 500kg。这时的大水、大肥和追用粪稀对加速产量的形成,防植株早衰、延长结果期大有好处。

3. 春茬大棚茄子

定植后加强中耕松土,提高地温,促进发根缓苗。缓苗后浇缓苗水。水后中耕培土蹲苗,防止徒长。门茄"瞪眼"期结束蹲苗,浇催果水,进入开花结果前期,营养生长与生殖生长同时并进,要加强肥水管理。结合浇水追施"催果肥",促进门茄迅速膨大。底肥充足的,这次肥也可不追施。门茄应及时采收,一般单果质量0.5kg左右即可采收。以后每隔5~7d浇1次水,保持土壤湿润。水后加强通风排湿,减少棚内结露。追肥在门茄、对茄、四门斗茄膨大时分别进行，共3~4次，以氮肥为主。一般每亩每次施尿素10~15kg，或硫酸铵15~20kg，在对茄和四门斗茄膨大期间可叶面喷洒0.3%~0.5%的尿素和磷酸二氢钾混合液2~3次，或其他叶面肥，促进果实膨大。

4. 秋延后大棚茄子

缓苗后进行蹲苗，要少浇水，多松土、培土。因此时温度高，若土壤水分过大，极易引起徒长。少浇水，及时松土，可控制徒长。苗子徒长，定植后可喷矮壮素（10L水对2mL），促使茄秧早结果。

开花时用防落素蘸花。门茄膨大后可随水冲施尿素每亩10~15kg，对茄膨大时再追肥一次。

（四）整枝打杈

茄子的分枝结果比较规律，原则上按对茄、四门斗的分枝规律留枝。门茄以下的侧枝全部摘除，留门茄、对茄、四门斗、八面风茄子，但在四门斗生长过程中，要视植株结果情况剪去徒长枝和过长枝条，不留空枝，集中营养以保持连续结果性。

1. 越冬茬茄子

一般双干整枝，门茄采收后，将下部老叶摘除，待对茄形成后剪去上部两个向外的侧枝，形成双干枝。开春后像黄瓜一样，要拴绳、吊蔓，使植株茎叶在温室空间均匀摆布，保证植株的旺盛生长。嫁接茄子生长势强，要及时去掉接口下砧木孳生出的侧枝。一般株高可长到1.7~2m，每株可结茄子9~15个。

2. 冬春茬大棚茄子

冬春茬茄子一般采取双干整枝，用绳吊枝，及去掉下部老、黄叶片，以改善株行间通透条件，减少养分消耗，加速结果，促使早熟。

3. 春茬大棚茄子

春茬大棚茄子采用双干整枝方式，高密度栽植的一般留果5个及时打顶，以获得早期高效益。正常密度的要吊绳绕蔓。在整个生育过程中,打掉门茄以下侧枝的叶片和分枝,以集中养分供应果实生长,促进早熟。分枝不宜过多,否则易造成枝叶郁闷,发生徒长、落花落果、着色不良、病害严重等现象。

4. 秋延后大棚茄子

密植栽培的(每亩2 200株左右)可在对茄瞪眼后,其上留2~4片叶打顶,每株只结3个茄子,果实个大、均匀。正常密度栽植的应双干整枝。搭架可防倒伏。

(五)保花保果

茄子落花原因很多,除形成花的素质差、短花柱多外,连阴天或持续低温、高温、病虫为害均可造成落花。防止落花最根本的措施应从培育壮苗、加强管理、保护根系、改善通透条件和预防病虫等方面做起。棚室茄子生产中,为保证产量,多采用熊蜂辅助授粉和外源激素授粉方法进行保花保果。

1. 熊蜂授粉

棚室温度低于15℃或高于30℃时易引起落花落果,设施栽培中使用熊蜂授粉技术在一定程度上解决了这一问题。熊蜂授粉的优点是果实整齐一致,无畸形果,品质优,人们不受激素困扰,省工省力;简单掌握。一般500~667m^2的棚室放一群蜂,给予一定的水分和营养,将蜂箱置于棚室中部距地面1m左右的地方即可。蜂群寿命不等,一般40~50d,短季节如春季或秋季栽培一箱可用到授粉结束。利用熊蜂授粉,坐果率可达95%以上。

2. 药剂喷花法

药剂保花保果的方法主要是使用外源激素,也就是我们常用的果霉宁、防落素、番茄灵、沈农2号等,进行蘸花或喷花。重点是防止低温弱光引起的落花。使用外源激素的适宜期是在茄子花含苞待放到刚刚开放时,过早或过晚效果都不太好,一般在上午8~10时,用毛笔将药剂涂抹花柄有节(离层)处,或将花放到药水中浸泡一下,或用小喷壶喷花,药液中加入0.2%的和瑞或速克灵或扑海因,并加红色做标记,禁止重复使用。生产中农药企业常有配好的成品蘸花药剂供茄农保花保果使用。如果霉宁2号、丰产素2号、防落素等。通常使用激素后，往往造成花冠不易脱落，这样一来不仅影响果实表面的着色而且容易形成灰霉病的侵染源。所以，在果实膨大后还需注意将花冠轻轻摘掉。

茄子蘸花加防灰霉药剂复配参考配方：用于辅助保花保果的药品果霉宁2号1mL药液对1 500mL水、丰产素2号20mg原液对900mL水、2,4-D 10~20mg原液对1L番茄灵20~30mg原液以1L水、防落素20~50mg原液放1L水。同时在配好的蘸花药液中每1 500~2 000mL加上10mL 2.5%适乐时悬浮剂（红色的）或3g 50%和瑞水分散粒剂或4g 50%速克灵可湿性粉剂预防灰霉病。

使用防落素处理后，果实发育比较快，对肥水需求量增加，应适当加强肥水管理，效果才能好。对于发棵不好的植株，如坐果过早，可能要累住秧子，对以后生长不利，应考虑推迟使用生长调节剂。

药剂辅助保花技术，虽可保证产量，但也带来诸多问题，比如使用浓度不当，造成畸形花果，直接影响品质，降低价格；另外植物激素对人体是否有害一直是人们争论的问题。

3. 使用药剂保花保果的注意事项

浓度与标记：无论用哪种激素，也无论用哪种方法，一定按照产品说明书要求的浓度操作。浓度小，影响效果；浓度大，易造成畸形果，直接影响品质和效益。药液中加入红色或墨汁作标记，避免重复蘸、涂或喷花。生产中常用含有红色颜料的适乐时种子包衣剂配置在蘸花药剂中，其红色起标记作用，杀菌药可预防茄子灰霉病，收到较好的效果。

避开高温时间：避免中午高温时操作，一般选上午10时前和下午4时操作。

防止药液碰到茎或生长点：如果药液到茎叶或生长点，将导致茎叶皱缩、僵硬，影响光合作用，严重时生长受阻、产量下降。如果药液碰到茎叶上，应及时尽快喷施3.4%碧护可湿性粉剂5 000倍液解除药害。

（六）二氧化碳施肥技术

二氧化碳施肥技术是蔬菜棚室栽培增产极为显著的一项新技术，一般可增产20%~30%，同时还能提高蔬菜产品中干物质、糖、维生素C等营养物质的含量，降低纤维含量，提高品质。二氧化碳施肥以开花结果前进行效果最为显著，因每天大约日出后1.5h，棚室内二氧化碳浓度开始低于外界大气二氧化碳浓度，故宜在揭苫或太阳出来后1.5h进行二氧化碳施肥。

二氧化碳施肥以不挥发性酸和碳酸盐反应法较为经济，其中以碳酸氢铵—硫酸法取材容易，成本低，易掌握，菜农容易接受。

二氧化碳施肥浓度一般为1 000μl/L为宜，每亩棚室每天需浓硫酸2.75kg、碳酸氢铵4.65kg。具体做法如下：按照5~10m距离放1个塑料产气桶，在1个桶内加足1周的需酸量。浓硫酸用3倍的水稀释，先取3份水于桶内，然后用木棍斜靠在水面的容器壁上，使浓硫酸沿木棍和容器壁缓缓加入水中，搅匀、冷却。最后每天把1d需要的碳酸氢铵按照产气桶等分，放入产气桶内的稀酸中，即会产生二氧化碳气体。1周后桶内反应液可贮存备用，在追肥时，随水冲施。

七、采收

一般在茄子开花后18~25d就可采收，采收的标准是看茄子萼片与果实相连处白或淡绿色环状带，当环状带已趋于不明显或正在消失，表示果实已停止生长，即可采收。采收方法是在露水干后，用剪子剪断果柄，轻放筐内，防止擦伤。采收后，如需暂时存放，注意防止果实冷害，最好覆盖保温物。

八、棚室茄子主要病害与救治

（一）苗期猝倒病

1. 症状

猝倒病是茄子苗期的重要病害，多发生在早春育苗床（盘）

上,常见症状有烂种、死苗、猝倒。烂种是播种后在其未萌发或刚发芽时就遭受病菌侵染,造成腐烂死亡;幼苗感病后在茎基部呈水浸状软腐倒伏,即猝病苗折倒坏死。染病后期茎基部变呈黄褐色干枯呈线状,在病苗或床面上密生白棉絮状菌丝。

2. 救治方法

(1) 生物防治　①选用抗病品种。如茄霜2号、茄杂12、茄杂6号、农大601、辽茄4号等。②采用无土育苗法。加强苗床管理,保持苗床干燥,适时放风,避免低温高湿条件,不要在阴雨天浇水,浇水应选择晴天的上午。③苗期喷施叶面肥,提高抗病力。清洁田园,切断越冬病残体组织、用异地大田土和腐熟的有机肥配制育苗营养土。严格控制化肥用量,避免烧苗。合理分苗、密植、控制湿度、浇水是关键。

(2) 药剂救治

①药剂处理土壤。取大田土与腐熟的有机肥按6∶4混匀,并按每立方米苗床土加入100g 68%金雷水分散粒剂和2.5%适乐时悬浮剂100mL拌在一起混匀过筛。用这样的土装入营养钵或做苗床土表铺在育苗畦上,并用600倍的68%金雷水分散粒剂药液封闭覆盖播种后的土壤表面。

②种子包衣。种子药剂包衣可选2.5%适乐时悬浮剂10mL+35%金普隆乳化种衣剂2mL,对水150~200mL包衣3kg种子,可有效地预防苗期猝倒病和立枯病、炭疽病等苗期病害(注意包衣加水的量以种子完全包上药剂为目的,适宜为好)。

③药剂淋灌。可选择68%金雷水分散粒剂500~600倍液(折合100g药对3~4桶水)或72%克抗灵、72%霜疫清可湿性粉剂700倍液,或72.2%普力克剂1 000倍液等对秧苗进行淋灌或喷淋。

(二) 灰霉病

1. 症状

灰霉病主要为害幼果和叶片。染病叶片呈典型V字形病斑,病菌从雌花的花瓣侵入,使花瓣腐烂,从茄蒂顶端或从残留在茄果面上的雌花瓣腐烂开始发病，茄蒂感病向内扩展，致使感病果呈灰白色，软腐，长出大量灰绿色霉菌层。

2. 救治方法

（1）生态防治　①保护地棚室要高畦覆地膜栽培，暗灌渗浇小水，有条件的可以考虑采用滴灌，节水控湿。②加强通风透光，尤其是阴天除要注意保温外，应严格控制灌水。早春将上午放风改为清晨短时放湿气，清晨尽可能早地放风，尽快进行湿度置换，尽快降湿提温有利于茄子生长。③及时清理病残体，摘除病果、病叶和侧枝，并集中烧毁或深埋。④合理密植，高垄栽培，控制湿度是关键。氮、磷、钾肥均衡施用。⑤育苗时苗床土注意消毒及药剂处理。⑥大棚茄子栽培花期授粉可以使用熊蜂授粉，避免药剂蘸花授粉产生药害畸形果。

（2）药剂救治　因茄子灰霉病是花期侵染，茄子蘸花时一定带病蘸花。将配好的2 000mg 蘸花药液中加入3g 50%和瑞水分散粒剂或40%施佳乐悬浮剂、50%农利灵干悬浮剂等进行蘸花或涂抹，使花器均匀着药。生产中菜农也有用2 000mL 蘸花药液配 10mL 2.5%适乐时悬浮剂蘸花预防灰霉病的良好经验，也可单一用果霉宁、丰产素2号等每袋药对1.5kg水分充分搅拌后直接喷花或浸花。果实膨大期要进行重点喷雾防治。最好采用茄子一生病害防治大处方进行整体预防。药剂可选用25%阿米西达悬浮剂1 500倍液或达科宁600倍液喷预防，或选用50%和瑞水分散粒剂1 200倍液，或50%农利灵干悬浮剂1 000倍液，或40%扑海因可湿性粉剂500倍液或50%利霉康可湿性粉剂1 000倍液喷雾。

（三）绵疫病

1. 症状

茄子绵疫病又称疫病，菜农又叫"掉蛋"、"烂茄子"，是危害茄子的三大病害之一。主要为害即将成熟的茄子，造成烂茄，严重影响产量和收益，损失率可达20%~60%。主要为害果实、叶、茎、花器等部位。近地面果实先发病，受害果初现水渍状圆斑，稍有凹陷，以后很快扩大呈片状，直至整个果实受害，病部黄褐色，果肉变黑褐色腐烂，湿度大时受害果易脱落，果面长出茂密的白色棉絮状菌丝、腐烂，有臭味。茎部受害初呈水浸状，后来变暗绿色或紫褐色，病部缢缩，上部枝叶萎垂，潮湿时病部生有稀疏的白霉。叶片受害呈不规则或近圆形水浸状大病斑，病斑褐色至红褐色，有较明显的轮纹，扩展很快，湿度大时病斑边缘不清，生有稀疏白霉。

2. 救治方法

（1）生态防治　①选用抗病性较强的茄子品种，一般是圆茄比长茄抗病性强，紫茄比绿茄抗病性强，如茄杂2号、茄杂12、农大601、茄杂6号、九叶茄、辽茄4号、成都墨茄等。②实行3~5年轮作。选择高低适中、排水方便的肥沃地块，秋、冬深翻，施足优质腐熟的有机肥，增施磷、钾肥。③采用高畦栽培，避免积水，或高畦地膜覆盖大小行栽培，有条件的地方建议使用膜下暗灌或滴灌，棚室湿度不宜过大，发现中心病株及时拔出深埋。把握好移栽定植后的棚室温、湿度，注意通风，不能长时间闷棚。④清洁田园，将病果、病叶、病株收集起来深埋或烧掉。⑤及时整枝、打掉下部老叶，防止大水漫灌，注意通风透光，降低湿度。⑥夏天暴雨过后，要用井水浇一次，并及时排走以降低地温，防止潮热气体熏蒸果实造成烂果。这就是人们常说的"涝浇园"。

（2）药剂防治　预防建议采用茄子一生病害防治大处方，也可以选用25%瑞凡悬浮剂1 000倍液，或75%达科宁可湿性剂600倍液，或25%阿米西达悬浮剂1 500倍液，或80%大生可湿性粉剂500倍液。防治药剂可用68%金雷水分散粒剂600倍液，或25%瑞凡悬浮剂800倍液加25%阿米西达悬浮剂1 500倍液，或69%安克可湿性粉剂600倍液，或72.2%普力克水剂800倍液，或72%克抗灵可湿粉剂800倍液，或62.5%银法利悬浮剂800倍液喷施。茎基部感病可用68%金雷水分散粒剂500倍液喷淋或涂抹病部，尤其是涂抹感病植株茎秆病部。

（四）褐纹病

1. 症状

病状茄子褐纹病主要侵染子叶、茎、叶片和果实，苗期到成株期均可发病。幼苗受害时，茎基部出现近乎缩颈状的水浸状病斑，而后变黑凹隐，致使幼苗折倒。生产中常把苗期的此病称为立枯病。茄子褐纹病以果实上病斑最易识别，起初病果呈圆形或椭圆形稍有凹陷，病斑不扩大，排列成轮纹状，可达整个果实，后期病部逐渐由浅褐色变为黑褐色，下陷，斑缘凸起清晰可见，病斑凹陷并生出麻点状黑色轮纹，病果落地软腐，或留在枝干上，呈干腐僵果状。成株叶片受害呈水浸状小圆斑，扩大后病斑边缘变褐色或黑褐色，病斑中央灰白色，有许多小黑点，呈同心轮纹状，病斑交联破碎穿孔。茎部受害，形成梭形病斑，边缘深紫褐色，最后凹陷干腐，皮层脱落，易折断，有时病斑环绕茎部，使上部枯死。

2. 救治方法

（1）生态防治　①选用抗病品种。如茄杂1号、茄杂2号、农大601、紫月长茄、辽茄4号、黑茄王等品种。及引进品种瑞马、安德列、布里塔、郎高等。②轮作倒茬和苗床土消毒可减少侵染源。③种子处理。a. 种子消毒。用升汞水1 000倍液浸种10min，洗净后催芽。b. 种子包衣防病。选用2.5%适乐时悬浮种衣剂10mL加35%金普降乳化种衣剂2mL，对水150~200mL可包衣4kg种子。c. 温汤浸种，用55~60℃温水浸种15min，或用75%达科宁可湿性粉剂500倍液浸种30min后冲洗干净催芽。均有良好的杀菌效果。④实行2~3年以上轮作。⑤苗床消毒。播种时每平方米苗床用20g 10%世高水分散粒剂混10kg床土，或40g 50%多菌灵可湿性粉剂拌10kg床土配成药土，下铺上盖播种，有较好的防效。⑥培育壮苗，加强田间管理。开沟施肥，增施有机肥及磷肥、钾肥，促茄子早长、早发，及时锄划、整枝打杈，把茄子的采收盛期提前到病害流行之前，可有效防治病。⑦结果期防止大小漫灌，增加田间通风量，加强棚室管理，注意放湿气，避免叶片结露和吐水珠。地膜覆盖或滴灌可降低湿度减少发病机会。农事操作应选在晴天进行，避免阴天整枝、绑蔓、采收等。

(2) 药剂防治　建议采用茄子一生病害防治大处方进行整体预防。因病害有潜伏期，一旦发病防不胜防。也可选取25%阿米西达悬浮剂1 500倍液早期系统预防。救治可选用75%达科宁可湿性粉剂600倍液，或56%阿米多彩悬浮剂800倍液，或10%世高水分散粒剂1 500倍液，或32.5%阿米妙收悬浮剂1 000倍液，或80%大生可湿性粉剂600倍液，或70%品润干悬浮剂600倍液，或25%凯润乳油1 500倍液，或6%乐比耕可湿性粉剂1 500倍液等喷雾。

(五) 白粉病

1. 症状

茄子全生育期均可感病，主要感染叶片。发病重时感染枝干。发病初期主要在叶面或叶背产生白色圆形有霉状物的斑点，从下部叶片开始染病，逐渐向上发展。严重感染后叶面会有一层白色霉层，发病后期感病部位白色霉层呈灰褐疤，叶片发黄坏死。

2. 救治方法

(1) 生态防治　①引用抗白粉的优良品种，一般常用种有茄杂2号、茄杂4号、农大601、快星等及引进品种安德列等。②适当增施生物菌肥及磷、钾肥，加强田间管理。③合理密植，降低温度，增强通风透光。④收获后及时清除病残体，并进行土壤消毒。

(2) 药剂防治　建议采用茄子一生病害防治大处方进行整体预防。因该病突发性强，一旦发病防不胜防。采用25%阿米西达悬浮剂1 500倍液预防会有非常好的效果。也可选用75%达科宁可湿性粉剂600液，或10%世高水分散粒剂2 500～3 000倍液，或56%阿米多彩悬浮剂1 000倍液，或32.5%阿米妙收悬浮剂1 200倍液、或80%太生可湿性粉剂600倍液，或70%品润干悬浮剂600倍液，或2%加收米水剂400倍液，或6%乐比耕可湿性粉剂1 500倍液，或43%菌力克悬浮剂6 000倍液等喷雾。生长后期可以选用30%爱苗乳油3 000倍液喷雾。棚室拉秧后及时用硫黄熏蒸消毒。

(六) 细菌性叶斑病

1. 症状

茄子叶斑病是细菌性病害。主要为害叶片、叶柄和幼果。茄子整个生长期均可能受害,零星发病。感病叶征呈水浸状浅褐色凹陷斑。叶片感病初期叶背为浅灰色水浸状斑,渐变成浅褐色坏死病斑,病斑不受叶脉限制呈不规则状,棚室温湿度大时,叶背面会有白色菌脓溢出,干燥后病斑脆裂穿孔,这是区别于疫病的主要特征。

2. 救治方法

(1) 生态防治 ①选用耐温病品种,引用抗寒性强、耐弱光、耐寒的杂交茄品种,引进品种需严格进行种子消毒灭菌。②清除病株和病残体并烧毁,病穴撒石灰消毒。③采用高垄栽培,严格控制阴天带露水或潮湿条件下的整枝、打杈等农事操作。④种子消毒。a. 温汤浸种。将种子投入55℃(2份开水+1份凉水)温水中,搅拌至水温30℃,静置浸种16~24h。b. 70℃10min干热灭菌。c. 药剂浸种,将种子预浸5~6h,再用40%福尔马林100倍液浸20min,取出密闭2~3h,清水冲净。

(2) 药剂防治 预防细菌性病害初期可选用47%加瑞农可湿性粉剂800倍液,或77%可杀得可湿性粉剂500倍液,或25%细菌灵可湿性粉剂400倍液,或27.12%铜高尚悬浮剂800倍液喷施或灌根。或用50%冠菌清可湿性粉剂500倍液喷施。每亩用硫酸铜3~4kg撒施后浇水处理土壤可以预防细菌性病害。

(七) 黄萎病

1. 症状

茄子黄萎病发病一般在门茄膨大期,苗期较少发病。感病植株初期发病表现为下部或一侧部分叶片白天呈萎蔫状,看似蒸腾脱水,晚上恢复原状态,故俗称"半边疯",切开根、主茎、侧枝和叶柄,可见到维管束变黄褐色或棕褐色。而后萎蔫部位或叶片不断扩大增多，逐步遍及全株致使整株萎蔫枯死，湿度大时感病茎秆表面生有灰白色霉状物。

2. 救治方法

（1）生态防治　①轮作4年以上，有条件的轮作6年。②嫁接防病。采用野生茄子作砧木与所选种的茄子品种接穗嫁接，这是当前最有效的防治因重茬、土壤带菌造成黄萎病的防治方法。嫁接方式有许多种，生产中常用靠接、插接、劈接等方式，茄子嫁接常用插接法，具体操作见第三部分的播种育苗，也可以根据自己掌握的熟练技术程度选择适合自己的方法进行。③高温闷棚，见第四部分棚室消毒。④选择抗病品种。如茄杂6号、茄杂12号、农大601、快星、紫月、茄杂2号及引进品种郎高、瑞马、安德列均有较好的抗黄萎病效果。⑤加强管理，采用营养钵育苗，营养土消毒，苗床或大棚土壤处理。取大田土与腐熟的有机肥按6∶4混匀，并按每100kg苗床土加入68%金雷水分散粒剂10g和2.5%适乐时悬浮剂20mL拌土一起混匀过筛。再加上200g 10 亿活孢子/克枯草芽孢杆菌可湿性粉剂用于配好的苗床土营养钵或铺在育苗畦上，可以减轻黄萎病的为害。适当增施生物菌肥和磷、钾肥。降低湿度，增强通风透光，收获后及时清除病残体，并进行土壤消毒。

（2）药剂救治　①种子包衣防病。即选用2.5%适乐时悬浮种离剂10mL加35%金普降乳化种雅尔塔剂2mL，对水150~200mL可包衣4kg种子。②定植时采用生物农药处理。即撒药土，用10亿活孢子/g枯草芽孢杆菌按1∶50的药土比混合，每穴撒50g，可以有较好的防病效果。③灌根。定植时可以选用萎菌净可湿性粉剂（枯草芽孢杆菌）1 000倍液每株用250mL灌穴，如果在门茄瞪眼期再灌一次效果会更好；有机质含量高的地块防效好于化肥施用多的地块。也可选用75%达科宁可湿性粉剂800倍液，或2.5%适乐时悬浮剂1 500倍液，或80%大生可湿性粉剂600倍液，或70%甲基托布津可湿性粉剂500倍液，或50%多菌灵可湿性粉剂500倍液，每株250mL，在生长发育期，开花结果初期、门茄瞪眼时连续灌根。

(八) 褐斑病

1. 病状

褐斑病常发生在茄子生长中期，主要为害叶片，染病初期叶片呈水浸状褐色小斑点，病斑颜色较鲜亮，逐渐扩展成不规则深褐色病斑，病斑中央呈灰褐色亮斑，并在周围伴有一条轮纹带，严重时病斑连片，导致叶片脱落。

2. 救治方法

（1）生态防治 ①实行轮作倒茬；②地膜覆盖方式栽培可有效减少初侵染源；③适量浇水，雨后及时排水；④茄果后期打掉老叶，加强通风；⑤合理增施钾肥、锌肥，注意补镁、补钙。

（2）药剂救治 建议采用茄子一生病害防治大处方进行整体预防。病害有潜伏期，发病后防治已经非常被动，采取25%阿米西达悬浮剂1 500倍液预防会有非常好的效果，也可选用75%达科宁可湿粉剂600倍液，或56%阿米多彩悬浮剂1 000倍液，或32.5%阿米妙收悬浮剂1 200倍液，或10%世高水分散粒剂1 500倍液，或80%大生可湿性粉剂600倍液，或70%品润干悬浮剂600倍液，或50%利霉康可湿性粉剂500倍液，或50%灰美佳可湿性粉剂500倍液等喷雾。

(九) 菌核病

1. 症状

菌核病在重茬地、老菜区发生比新菜区严重。茄子整个生长期均可受侵染，成株期发生较多，成株期各个部位均有感病现象。先从主干茎基部或侧根侵染，呈褐色水渍状凹陷，主干病茎表面易破裂，湿度大时，皮层霉烂，髓部形成黑褐色菌核，致使植株枯死，叶片染病呈水浸状大块病斑，偶有轮纹，易脱落，茄果受害端部或阳面先出现水渍状斑后变褐腐，染病后期茄果病部凹陷，斑面长出白色菌丝体，后形成菌核。

2. 救治方法

（1）生态防治　①保护地栽培地膜覆盖，阻止病菌出土，降湿、保温净化生长环境，②土壤表面药剂处理，每100kg土加入2.5%适乐时悬浮剂20mL、68%金雷水分散粒剂20g拌均匀撒在育苗床上。③清理病残体并集中烧毁。

（2）药剂救治　建议采用茄子—生病害防治大处方进行整体预防，可以有效减少和降低发病几率，这样做成本低，效益高。药剂可选用25%阿米西达悬浮剂1 500倍，或75%达科宁可湿性粉剂600倍液喷施预防；或选用10%世高水分散粒剂800倍液，或56%阿米多彩悬浮剂1 000倍液或40%施佳乐悬浮剂1 200倍液，或50%多霉清可湿性粉剂800倍液，或50%扑海因可湿性粉剂500倍液，或66.8%霉多克可湿性粉剂600倍液，或50%利霉康可湿性粉剂800倍液喷雾。

（十）线虫病

1. 症状

线虫病就是菜农俗称"根上长土豆"或"根上长疙瘩"的病，主要为害植株根部或须根，根部受害后产生大小不等的瘤状根结，剖开根结感病部位会有很多细小的乳白色线虫埋藏其中。地上植株会因发病而生长衰弱，中午时分有不同程度的萎蔫现象，并逐渐枯黄。

2. 救治方法

生态防治：①无虫土育苗。选大田土或没有病虫的土壤与不带病残体的腐熟有机肥以6∶4比例混匀，每1m³再加入100mL 1.8%阿维菌素乳油混均匀后用于育苗。②石灰氮反应堆法灭菌杀虫。石灰氮的学名叫氰氨化钙。其原理是氰氨化钙遇水分解后所生成的气体单氰胺和液体双氰胺对土壤中的真菌、细菌、线虫等有害生物有广谱性杀灭作用。氰氨化钙分解的中间产物单氰胺和双氰胺最终可进一步生成尿素，具有无残留、不污染的优点。操作方法是：前茬蔬菜拔秧前5~7d浇1遍水，拔秧后将未完全腐熟的农家肥或农作物碎秸秆均匀地撒在土壤表面，立即将60~80kg/亩的氰氨化钙均匀地撒在土壤表层，旋耕土壤10cm使其均匀混入，再浇一次水，覆盖地膜，高温闷棚7~15d，然后揭去地膜，放风7~10d后可做垄定植。处理后的土壤栽培前注意增施磷、钾肥和生物菌肥。③高温闷棚药剂处理法。茄子拉秧后的夏季，土壤深翻40~50cm，每亩混入沟施的生石灰200kg、1.8%阿维菌素乳油250mL、50%辛硫磷乳油1 000mL。每亩可随即加入松化物质秸秆500kg，旋耕、挖沟浇大水漫灌后覆盖棚膜高温闷棚，或铺地膜盖严压实。15d后可深翻地再次大水漫灌闷棚持续20~30d，可有效降低线虫病的为害。处理后同样仍要增施磷、钾肥和生物菌肥，以增加土壤有机活性。

九、棚室茄子生理性病害与救治

（一）沤根

1. 症状

主要在苗期发生，成株期也有发生。发病时根部不长新根，根皮呈褐锈色，水渍状腐烂，地上部分萎蔫易拔起。

2. 防治方法

苗期棚温低时不要浇大水，选晴天上午浇水，保证浇后至少有两天晴天，加强炼苗，注意通风，只要气温适宜，连阴天也要放风，培育壮苗，促进根系生长，按时揭盖草苫，阴天也要及时揭盖，充分利用散射光。

（二）畸形果

1. 症状

果实缩小，僵硬，不发个，茄果个头正常但崩裂，露出茄籽。

2. 防治方法

加强温度调控，在花芽分化期和花期保持25~30℃的适温，最高不能超过35℃；加强肥水管理，及时浇水施肥，但不要施肥过量，浇水过大。

(三) 寒害

1. 症状

叶征大小正常但色深绿,叶缘微向外皱卷,叶缘稍有褪色,生长点呈簇状,叶片先从叶缘开始变成浅黄色,叶肉逐渐褪绿,呈黄化叶片。

2. 救治方法

①选择耐寒、抗低温、耐弱光的优良品种。如安德烈、布利塔等品种。

②根据生育期确定低温保苗措施,避开寒冷天气移栽定植。

③苗期注意保温,可采取加盖草毡、棚中加膜等措施进行保温、抗寒。

④突遇霜寒,应采取临时加温措施,烧煤炉或铺施地热线、土炕等。

⑤定植后提倡全地膜覆盖,或多层保温覆盖,可使产地保温增温。降棚室湿度,进行膜下渗浇,切忌大水漫灌,有利于保温排湿。

⑥有条件的可安装滴灌设施,既可保温降湿还可有效降低发病率。做到合理均衡的施肥浇水,是无公害蔬菜生产的必然趋势。

⑦喷施抗寒剂。可选用3.4%碧护可湿性粉剂7 500倍液[1g药(1袋药)加15kg水(1喷雾器水)]或1喷雾器水加红糖50g再加0.3%磷酸二氢钾喷施。

十、棚室茄子主要虫害与防治

(一) 白粉虱

1. 为害状

成虫或若虫群集嫩叶背面刺吸汁液,使叶片褪绿变黄。由于汁液外溢又诱发叶面上杂菌形成霉斑,严重时霉层覆盖整个叶面。

2. 防治

利用天敌生物防治：棚室栽培又可以放养丽蚜小蜂防治白粉虱。

设置防虫网：为阻止白粉虱飞入，棚室可设置防虫网，夏季育苗的小拱棚可加盖防虫网。

药剂防治：建议采用灌根施药法，用强内吸性杀虫剂25%阿克泰水分散粒剂，在移栽前2~3d，以1 000~1 500倍的浓度（1桶水加8~10g药）对幼苗进行喷淋，使药液除叶片以外还要渗透到土壤中，平均每1m²苗床用药4g左右（即2g药对1桶水喷淋100棵幼苗），农民自己的育苗秧畦可用喷雾器直接淋灌，持续有效期可达20~30d，有很好的防治粉虱类和蚜虫类的效果。

喷雾施药：可选用25%阿克泰水分散粒剂2 000~5 000倍液喷施或淋灌15d1次，或25%阿克泰水分散粒剂加2.5%功夫水剂1 500倍液混用，或50%扑虱灵可湿性粉剂800~1 000倍液与70%天王星乳油4 000倍混用，或10%吡虫啉可湿性粉剂1 000倍，或1.8%虫螨克星乳油2 000倍液喷雾防治。

（二）蚜虫

1. 为害状

以成虫或若虫群集在叶片背面或生长点或花器上刺吸汁液为害茄子，造成植株生长缓慢、矮小簇状。

2. 防治

清除棚室周围的杂草。经常查看作物上有无蚜虫，随有即防。可铺设银灰膜避蚜，设置蓝板诱蓟马，黄板诱蚜，就地取简易板材用黄漆刷板后再涂上机油并吊至棚中，30~50m²挂一块诱蚜板。

药剂防治：建议早期采用灌根施药法防治蚜虫为害，可有效控制蚜虫数旺火为害。后期可选用25%阿克泰水分散粒剂3 000~4 000倍液，或2.5%功夫水剂1 500倍液或1%印楝素水剂800倍液，或48%乐斯本乳油3 000倍液，或10%吡虫啉可湿性粉剂1 000倍液喷施。

（三）茶黄螨、红蜘蛛

1. 为害状

红蜘蛛在茄子的生长点、幼嫩叶片上刺吸为害，使叶片失绿沙状，为害后期植株生长缓慢，茄果畸形。茶黄螨的成螨和幼螨群集茄子幼嫩部位刺吸为害，受害植株叶片变窄、皱缩或扭曲畸形，幼茎僵硬直立，重症植株常被误诊为病毒病。刺吸幼茄汁液会造成茄果生长畸形，果皮木栓化。

2. 防治

茶黄螨生活周期较短，繁殖力强，应注意早期防治，可选用1.8%虫螨克星乳油2 000～3 000倍液，40%克螨特乳油2 000倍液，40%尼索朗乳油2 000倍液，喷施。

第三节 辣 椒

一、辣椒的特性

辣椒主根不发达，根群多分布在20～25cm的耕层内，根系再生能力弱。茎直立，腋芽萌发力较弱，株冠较小，适于密植，茎顶端出现花芽后，其下的侧芽萌发，形成二杈或三杈分枝，果实着生于分杈处。以后这些分杈再行分杈，如此连续不断，枝杈不断增多。最下面的果实叫门椒，再向上依次为对椒、四母斗、八面风和满天星。辣椒单叶互生，卵圆形或长卵圆形。花为两性花，白色。果实为浆果，果内有较大空腔，由隆起的果皮内伸形成的隔壁分成2～4室，隔壁也叫"果筋"。是辣椒辣味最浓的部位。辣椒种子扁平，肾形，千粒重3～6g。

辣椒的生长发育规律是在长期自然条件和人工选择下形成的，要获得高产优质，就必须掌握辣椒的生长发育规律，满足其各个时期对环境条件的要求。辣椒的生育周期包括发芽期、幼苗期、开花坐果期、结果期四个阶段。

1. 发芽期

从种子发芽到第一片真叶出现为发芽期，一般为 10d 左右。发芽期的养分主要靠种子供给，幼根吸收能力很弱。此期温度管理要掌握"一高一低"，即出苗时温度要高，控制在 25~28℃，苗出齐后温度要低，白天 20~25℃，夜间 18℃ 左右。

2. 幼苗期

从第一片真叶出现到第一个花蕾出现为幼苗期。需 50~60d 时间。幼苗期分为两个阶段：2~3 片真叶以前为基本营养生长阶段，4 片真叶以后，营养生长与生殖生长同时进行。

3. 开花坐果期

从第一朵花现蕾到第一朵花坐果为开花坐果期，一般 10~15d。此期营养生长与生殖生长矛盾特别突出，主要通过控制水分、划锄等措施调节生长与发育，营养生长与生殖生长、地上部与地下部生长的关系，达到生长与发育均衡。

4. 结果期

从第一个辣椒坐果到收获末期属结果期，此期经历时间较长，一般 50~120d。结果期以生殖生长为主，并继续进行营养生长，需水需肥量很大。此期要加强水肥管理，创造良好的栽培条件，促进秧果并旺，连续结果，以达到丰收的目的。

二、茬口安排与品种选择

（一）茬口安排

日光温室辣椒，要注意避开早春塑料大棚和露地栽培的采收供应期，淡季上市是其茬口安排的基本原则。

春播可于 11~12 月播种，苗期覆盖薄膜越冬，2~3 月定植，可提早在 4~5 月份上市；秋播可在 7 月下旬至 8 月播种；冬播于 9~11 月播种；高寒山区反季节栽培可在 3~4 月播种。

（二）品种选择

1. 陇椒 1 号

甘肃省农科院蔬菜所最新选育的杂交一代品种，1997 年通过甘肃省农作物品种审定委员会审定。果实羊角形、果长23cm，果宽2.5cm，果大、肉厚、果皮光滑、味辣、品质好。低温弱光下落花落果少，单株结果数多，抗病毒病、耐疫病。该品种长势强旺，分枝性极好，要适当稀植，亩产可达4 000kg以上。

2. 陇椒2号

甘肃省农科院蔬菜所选育的杂种一代，早熟，长势强，果羊角形，果长25cm，果宽3cm，果面皱，味辣，抗病毒病，亩产3 500kg左右。

3. 乙新组合B28

甘肃农科院蔬菜所选育的杂种一代，丰产，早熟，抗病，果实羊角形，果色绿，平均果长22cm，果宽2.5cm，果实发育速度快，耐疫病，耐寒性好，适宜日光温室栽培。

三、播种育苗

（一）种子消毒

用纱布将种子包起来，用1%的高锰酸钾溶液或10%磷酸三钠浸泡15~25min，然后用清水冲洗干净。消过毒的种子放在30℃的温水浸种4~5h，再将种子冲洗干净后即可播种。

（二）育苗

营养钵或苗床，苗床应选择前作为水稻的地块或新地，忌选刚种过茄科作物的土地。播种前充分淋湿苗床，每50g种子需苗床30m^2，播后盖薄土层。

（三）苗期管理

1. 水肥管理

幼苗1~2片真叶时即可追肥，每50kg水中加入尿素50~100g，过磷酸钙100~150g，充分溶解后淋施幼苗。苗期淋水不宜过多，保持湿润即可。幼苗长出2~3片真叶时，要将过密的苗移到疏或无苗的地方，以促进幼苗生长健壮。

2. 病虫害防治

苗期病害主要是猝倒病和立枯病，虫害主要有青虫和蚜虫。

（1）猝倒病　病苗茎基部出现水浸状病斑，很快向上发展，并变成褐色，病部失水后缢缩成线状，引起幼苗猝倒。发病后可选用58%甲霜灵锰锌可湿性粉剂500倍液，或75%百菌清可湿性粉剂600倍液，视病情喷1~2次，两次间隔7~10d。

（2）立枯病　茎基部缢缩，幼苗干枯死亡，但病株并不倒伏。发病初期可选用75%敌克松可湿性粉剂1 000~1 400倍液，50%多菌灵800倍液，70%恶霉灵可湿性粉剂1 000倍液喷施。视病情喷1~2次，两次间隔7~10d，视病情喷1~2次。

四、整地做畦与定植

整地做畦：种植辣椒的土地的前茬作物不能是茄科蔬菜或花生、烟草等。每亩施腐熟农家肥3 000kg，复合肥50~70kg，磷肥40~50kg，进行沟施。

整地后起畦，一般1.2m包沟，双行植。

定植：幼苗有5~7片真叶，苗高10~15cm即可定植。定植前应喷一次农药，淋一次肥水。行距50cm，株距20~30cm，每亩种3 000~5 000棵。

五、田间管理

定植后10d内：这一阶段植株正处于缓苗阶段，田间管理的重点是淋足水，确保成活；及时补苗。定植后6~9d时，进行施肥一次，每亩施尿素20~30kg，以促进植株苗长成长。

定植后10~30d内：这一阶段植株苗长成长，同时开始开花、坐果，田间管理的重点是施足肥水，每亩施复合肥30~40kg，氯化钾10kg。结合施肥，中耕培土，除草，摘除第一分叉以下萌发的侧枝、侧芽。

定植一个月后：此时已渐入收获季节。田间管理的中心任务是加强病虫害防治，适时采收，施足水、肥。

六、主要病虫害防治

1. 青枯病

发病初期，植株个别枝条的叶片或幼嫩的叶片萎蔫，早晚可恢复，条件适宜时，3~4d即可使全株青色萎蔫。病茎外表症状不明显，撕开病茎，可见维管束变褐色，横切保湿后，可见乳白色菌脓渗出。

病菌通过灌水、雨水等途径传播，从根茎部伤口侵入引起初侵染。高温高湿条件下，病菌繁殖迅速，容易出现发病高峰。

药剂防治：发病初期用72%农用链霉素4 000倍液，或氧氯化铜400~500倍液灌根，7~10d1次，连用2~3次。

2. 疫病

叶片染病，病斑圆形或近圆形，直径2~3cm，边缘黄绿色，中央暗褐色；茎和枝染病，病斑初为水浸状，后出现环绕表皮扩展的褐色或黑褐色条斑，病部以上枝叶迅速凋萎。露地栽培时，首先为害茎基部，症状表现在茎的各部，其中以分权处变为褐色或黑褐色最常见。

田间25~30℃，相对湿度高于85%发病重。一般雨季或大雨后天气突然转晴，气温急剧上升，病害易流行。易积水的田地，定植过密，通风不良发病重。

药剂防治：田间出现中心病株时，立即连用2~3次药，可选用75%百菌清可湿性粉剂500倍液，50%多菌灵500倍液，58%甲霜灵锰锌可湿性粉剂400~500倍液等喷雾，并且在病株周围2~3米内撒些生石灰。

3. 蚜虫

辣椒上的蚜虫主要是瓜芽。成虫及若虫栖息在叶背面和嫩梢、嫩茎上吸食汁液。辣椒幼苗嫩叶及生长点被害后，叶片卷缩，危害严重时，整个叶片卷成一团，生长停滞，整株萎蔫死亡。

4. 蓟马

成虫、若虫在叶、花蕾、幼果等上为害。受害后,幼嫩叶萎缩畸形,分枝、侧枝生长停滞,果柄、叶片、果实表皮变成褐色。

5. 螨类

为害辣椒的螨类主要是红蜘蛛和茶黄螨,以成螨、若螨在辣椒的叶背吸取汁液而危害,使叶片变红、叶缘向下卷曲、干枯,严重时辣椒落叶、落花、落果,甚至整株枯死。

药剂防治:用40%乐果乳油1 000~2 000倍液,蓟芽敌1 000~1 200倍液,50%辛硫磷乳油1 000倍液喷雾。

第五章　叶类蔬菜生产技术

叶类蔬菜是指以柔嫩的叶片、叶柄或茎部供食用的一大类蔬菜的总称。叶类蔬菜富含各种维生素和矿物质，备受消费者喜爱。但由于叶类蔬菜不耐运输、保鲜困难，靠外调很难解决夏秋高温干旱季节叶类蔬菜供应短缺的矛盾，而且叶用蔬菜普遍喜欢冷凉环境，在高温干旱条件下栽培难度较大。

叶类蔬菜种类很多，主要包括散叶白菜、结球白菜、结球甘蓝、瓢儿白、莴笋、菠菜、芹菜、木耳菜和藤菜等。散叶白菜选用"早熟5号"，瓢儿白选用"华冠"、"日本青江白"；大白菜选用"日本夏阳"、"韩国春秋王"；莴笋选用"科光1号"、"双尖"、"特耐热二白皮"、"科兴3号"；菠菜选择"荷兰比久5号"、"香港多利牌全能菠菜"、"华波1号"；芹菜选用"意大利夏芹"、"美国西芹"等。

第一节　大白菜

一、大白菜的特性

大白菜又称结球白菜、黄芽菜，古称菘菜，属十字花科。起源于我国，是我国特产之一，当代以山东、京津、河北等地的产品最著名。大白菜为高产蔬菜，一般亩产7 000～15 000kg，因此，能以低廉的价格大量供应。大白菜营养丰富，柔嫩适口，品质佳，耐贮存，我国南北方都有大白菜栽培，特别是北方栽培量很大。大白菜是秋季生产、冬季上市最主要的蔬菜种类，因此大白菜有"菜中之王"的美称。

随着科技的不断发展,彩色"大白菜"已在陕西培育成功,并正在着手大面积推广生产。这种呈鲜黄色或橙黄色的大白菜不仅外观漂亮,而且质地脆嫩,口感极佳,营养价值远远高出传统大白菜。总胡萝卜素含量比普通大白菜要高出约 5 倍,维生素 C 含量也要较普通大白菜高出约 60%。在人们对食品要求越来越高的今天,它必将比传统的大白菜更受老百姓的青睐。

二、品种选择

由于春季适合大白菜生长的条件有限,早期受低温影响,后期又受高温长日照影响,难以形成叶球,所以春季大白菜栽培必须选用冬性强、耐低温、耐先期抽薹、早熟、抗软腐病、高产、优质的品种。生长期短的早熟类型品种,其生长期一般在 50~60d。普通的秋冬大白菜品种不适宜春季反季节栽培。

根据形态特征、生物学特性及栽培特点,白菜可分为秋冬白菜、春白菜和夏白菜,各包括不同类型品种。

(一) 秋冬白菜

中国南方广泛栽培、品种多。株型直立或束腰,以秋冬栽培为主,依叶柄色泽不同分为白梗类型和青梗类型。白梗类型的代表品种有南京矮脚黄、常州长白梗、广东矮脚乌叶、合肥小叶菜等。青梗类型的代表品种有上海矮箕、杭州早油冬、常州青梗菜等。

(二) 春白菜

植株多开展,少数直立或微束腰。冬性强、耐寒、丰产。按抽薹早晚和供应期又分为早春菜和晚春菜。早春菜的代表品种有白梗的南京亮白叶、无锡三月白及青梗的杭州晚油冬、上海三月慢等。晚春菜的代表品种有白梗的南京四月白、杭州蚕白菜等及青梗的上海四月慢、五月慢等。

(三) 夏白菜

夏秋高温季节栽培，又称"火白菜"、"伏菜"，代表品种有上海火白菜、广州马耳白菜、南京矮杂一号等。

三、育苗技术

(一) 适期播种

一般来说，提前播种则上市早，售价高，效益好，播种迟，则上市迟，影响栽培效益。但春大白菜属反季节大白菜，应严格控制播种期，切不可过早播种，否则低温条件下易通过春化作用，造成先期抽薹。总的原则是保证春大白菜栽培生长的日平均温度稳定在13℃以上，可根据栽培设施情况及选用品种不同，提前或推迟播种或移栽。

(二) 育苗

早春播种要进行保温育苗，防止先期抽薹，最好保证最低气温在15℃以上。一般采用棚内营养钵育苗方式育苗，配好营养土，消毒、装钵，置于塑料棚内。然后将种子直接播于营养钵中，每钵2粒，待真叶长出后定苗，每钵留一株健壮苗。白天高于20℃时，要及时通风降温防徒长，移栽前根据苗情适时通风炼苗。撒播的在1叶1心时，及时间苗，保持苗距2~3cm。3~4片真叶时移栽。

四、定植

苗龄30d左右、叶片数6~7片，选晴天及时定植。每亩栽3 500~4 000株，亩用种量50g。整成畦宽1m，每畦种2行，株距40cm左右。栽前覆盖地膜，要求地膜平贴地面，栽后浇稀人粪尿作定根水，促成活，膜孔用泥土封实。直播的一般每穴播两粒，播种后覆盖地膜，另用营养钵育少量秧苗供缺苗株补苗用，播种5d左右后出苗，出苗后及时破膜引苗，地膜破口处用土压牢，出苗约10d左右及时间苗定苗。生长前期以保温为主，生长后期根据温度回升情况，及时揭膜通风，白天保持 20~25℃，夜间 15℃左右。

合理密植。春大白菜开展度小，叶球不大，为提高产量可适当加大密度。不管是直播的或是育苗移栽的，一畦或一垄均种植两行，行距 50cm，株距 35~40cm，1 亩定植 3 500~4 500 株。移栽时，每一株白菜苗都要带土坨定植，以利缓苗。

定植时要带土定植，利于缓苗。用营养钵育苗定植，不伤根，缓苗快，成活率高，易保全苗。每畦栽 2 行，株距 30~35cm。

五、田间管理

（一）施肥管理

每生产 1 000kg 大白菜，需要吸收氮 1.5~2.3kg，磷 0.7~0.9kg，钾 2.0~3.5kg，氮、磷、钾吸收量的比率大致为 2∶1∶3。对氮、磷、钾的吸收数量苗期较少，莲座期较多，结球期最多。从苗期到莲座期约占总吸收量的 20%~30%，结球期约占 70%~80%。幼苗期吸收氮多，钾次之，磷最少；莲座期、结球期则吸收钾最多，氮次之，磷最少。在生长期间，施氮肥数量过多，会使叶球含水量增加，含糖量降低，品质下降。为满足大白菜生长对营养元素的需求，应根据目标产量计算吸肥量、土壤肥力、肥料种类及肥料利用率等，进行综合分析后确定合理的施肥指标。施肥种类应是有机肥和无机肥配合施用。有机肥和磷肥主要作基肥施入，无机肥和部分速效有机肥用作追肥。追肥占总施肥量的 1/3，分 3~4 次施用，重点施肥期在莲座末期至结球初期。

大白菜叶片多，叶面角质层薄，水分蒸腾量很大。在营养生长时期，土壤水分以维持田间持水量的 80%~90% 为宜，低于 70% 时，对产量和品质均发生不良影响。当长期在 95% 以上高湿条件下，病害重或贮藏期限间易脱帮。空气相对湿度以 65%~80% 为宜。过高、过低均对生长、结球不利。发芽期和幼苗期需水量较少，但种子发芽出土需有充足水分；幼苗期根系弱而浅，天气干旱应及时浇水，保持地面湿润，以利幼苗吸收水分，防止地表温度过高灼伤根系。莲座期需水较多，掌握地面见干见湿，对莲座叶生长既促又控。结球期需水量最多，应适时浇水。结球后期则需控制浇水，以利贮藏。大白菜在10℃以下生长缓慢，5℃以下生长停滞，短时间-2~0℃受冻尚可恢复生长，长时间-5~-4℃受冻后则不能恢复，应在受冻温度来临前及时收获。

春季大白菜应定植在前茬没种过十字花科作物的地块。对选好的地块，在冬前要翻耕冻划，熟化土壤。春白菜生长的季节较短，定植后管理上以促为主，一促到底。定植前施足基肥，早春化冻后，每亩施腐熟有机肥3 000~4 000kg，磷酸二铵20kg，硫酸钾25kg，或尿素15kg，磷酸二铵10kg，硫酸钾15kg，或施入三元素硫酸钾复合肥70kg。并撒施地下毒药及杀菌剂，以防地下害虫和土传病害。均匀撒入田内，然后再浅翻使土壤和肥料混合均匀。

春大白菜除定植前施入充足的基肥外，还应适当早施追肥。定植缓苗后追肥1次，每亩追施磷酸二铵5kg。结球前、中期再各追肥1次，每亩追施磷酸二铵10~15kg。定植缓苗后至结球前期，也可追施稀人粪尿1~2次，用量为每亩700~800kg。进入高温期后，勿施人粪，以免加剧病害的发生。

幼苗期与结球期应用芸薹素481，可促进叶片生长与早结球，还显著增产。用0.1%芸薹素481一包对水45~60kg，叶面喷洒。也可叶面喷施高能红钾、叶面钾肥，增产效果明显。

对连年种植地块可推广应用免深耕土壤调理剂，或抗重茬剂，用以改良土壤，使土壤疏松，增强土壤保水、保肥能力，促进大白菜植株生长，增产增收，同时可实行少免耕，省工、省本，及时栽培、增产、增收，方法是每亩用200g"免深耕"剂，加水100~200kg，均匀喷洒在地面。土地经过平整后做成低畦。因早春雨水少，低畦能保持地温，以利定植成活后提高地温，促进根系发育，加快营养生长。畦宽1m，长10m，便于浇水和管理。

(二) 浇灌管理

春大白菜定植后要及时浇定植水,水量要小。2~3d再浇缓苗水,水量也不宜大。然后,中耕保墒,以防地温过分下降,影响缓苗。春大白菜栽培,其浇水的原则是前期少浇,后期多浇。前期由于地温低,浇水多,促使地温下降,不利于根系生长和发育。后期由于气温、地温升高,可适当增加浇水次数和浇水量,以满足大白菜结球时对水分的需要。

春大白菜无明显蹲苗期。由于莲座期发育快,春季降雨少而蒸发量又大,因此,在生长中期不宜过多控制水分,浇水量要适中。进入结球期因气温渐高,一般每4~5d浇1水,浇水应在早晚进行。为了防止软腐病的发生,切忌大水漫灌。

六、收获

春大白菜收获越迟,抽薹的危险越大,应仔细观察短缩茎的伸长情况,在未抽薹或虽轻微抽薹但不影响食用品质前尽早收获。合理密植是提高大白菜产量和商品质量的重要措施。种植密度因品种、地力和气候条件而异。合理密植的指标是植株所占的营养面积约等于或稍小于莲座叶丛垂直投影的分布面积为宜。不同品种要有相应的合理密度。同一个品种,气候条件适宜、肥水条件好,密度可稍小;反之,密度宜稍大些。植株田间布局的方式也影响大白菜的生长。为便于田间操作,一般是行距略大于株距。

七、病虫害防治

(一) 大白菜霜霉病

霜霉病是大白菜一大重要病害,也是十字花科蔬菜的重要病害。

1. 症状

苗期被害,叶片正面呈褪绿色斑,叶背有白色霜状霉层,严重时叶片枯死。成株期被害,发病初期叶正面有褪绿斑,渐发展成黄褐色,叶背有白色霉层,病斑发展受叶脉限制而呈多角形,甚至病斑互联,病叶枯死。采种株还为害花梗、花器及种荚。花梗受害变形,肿大弯曲,花器肿大畸形,花瓣小而枯黄,结实不良,病部有白霉。

病原 Feronospora parasitica（Pers）Fr,属鞭毛菌亚门,称寄生霜霉。菌丝无色、无隔。菌丝上长出的孢囊梗从气孔伸出,重复的二叉分枝。孢子囊长圆形或卵圆形。卵孢子球形。该菌属专性寄生菌,仅在活体上存活。孢子囊产生最适温度 8~12℃,萌发适温7~13℃,侵染适温 16℃。卵孢子在 10~15℃,相对湿度 70%~75% 易形成。

2. *发病特点*

病菌以菌丝体在留种株上或以卵孢子随病残体在土中越冬。翌年侵染小白菜、油菜、小萝卜等,产生孢子囊再侵染。种子带菌,苗期即染博春菜发病,又成为夏秋菜的侵染源。条件不适应,形成卵孢子越冬。温暖的南方,十字花科蔬菜周年生长,病也周年发生。

温、湿度与霜霉的发生、流行关系密切。连续几日 16℃左右,相对湿度 70%以上,有利发博多雨、多露、多雾、光照少,品种单一、抗病性差、底肥不足、密度过大、通风不良的地块,发病严重。同时,早期病毒病株也是霜霉病早发生又严重的病株。

3. *防治方法*

（1）农业防治　因地制宜选育和选用抗病品种;适期播种;隔年轮作;施足底肥,增施磷钾肥,加强苗期水肥管理,控制病毒博莲座期及时预防,包心期浇水追肥以及收获后清除病残体等。

（2）药剂防治　发病初期选用安泰生 70% 可湿性粉剂 700 倍液、霉多克 66.8% 可湿性粉剂 700 倍液、25% 甲霜灵 500 倍液、40% 乙膦铝 250 倍液、64% 杀毒矾 400 倍液、48% 瑞毒锰锌 500 倍液、72.2% 普力克水剂 600~800 倍液或 69% 安克锰锌 + 75% 百菌清（1∶1

1 000 倍液，喷洒 3~4 次，10d 左右 1 次，交替施用，喷匀喷足、喷雾、喷药以叶背为主。

（二）白菜类黑腐病

1. 症状

主要为害大白菜、小白菜、白菜型油菜、菜心、紫菜薹等白菜类蔬菜。幼苗出土前染病不出苗，出土后染病子叶呈水浸状，根髓部变黑，幼苗枯死。成株染病：引起叶斑或黑脉。叶斑多从叶缘向内扩展，形成 V 形黄褐色枯斑。斑周围组织淡黄色，与健部界限不明显。有时病菌沿脉向里扩展，形成大块黄褐色斑或网状黑脉。从伤口侵入时，可在叶片任何部位形成不规则的褐斑，扩展后致周围叶肉变褐枯死。叶帮染病：病菌沿维管束向上扩展，呈淡褐色，造成部分菜帮干腐，致叶片歪向一边，有的产生离层脱落。与软腐病并发时，易加速病情扩展，致茎或茎基腐烂，轻者根短缩茎维管束变褐，严重的植株萎蔫或倾倒，纵切可见髓部中空。种株染病：仅表现叶片脱落，花薹髓部变暗，后枯死。该病腐烂时不臭，别于软腐病。紫菜薹黑腐病先为害子叶、后致真叶发病。病部叶脉上出现黑色小点，或小条斑。定植后，叶缘上也出现 V 形斑。随叶片生长，病斑不断扩大，致叶脉、叶柄呈褐色或黑色。病菌侵入茎部维管束后，叶片继续发病，菜株逐渐萎蔫枯死。

病原为油菜黄单胞菌油菜致病变种，或甘蓝黑腐病黄单胞菌，属细菌。菌体杆状，大小（0.7~3.0）μm×（0.4~0.5）μm，极生单鞭毛，无芽孢，有荚膜。菌体单生或链生，革兰氏染色阴性。在牛肉汁琼脂培养基上菌落近圆形，初呈淡黄色，后变蜡黄色，边缘完整，略凸起，薄或平滑，具光泽，老龄菌落边缘呈放线状。病菌生长发育最适温度 25~30℃，最高 39℃，最低 5℃，致死温度 51℃经 10min，耐酸碱度范围 pH 值 6.1~6.8，pH 值 6.4 最适。

传播途径和发病条件。该菌在种子上或病残体内遗留在土壤中或在采种株上越冬。如播种带病种子，幼苗出土时依附在子叶上的病菌从子叶边缘的水孔或伤口侵入，引起发病。成株叶片染病，病原细菌在薄壁细胞内繁殖，再迅速进入维管束，引起叶片发病，再从叶片维管束蔓延至茎部维管束，引致系统侵染。采种株染病，细菌由果柄处维管束侵入，沿维管束进入种子皮层，或经荚皮的维管束进入种脐，致种内带菌。此外，也可随病残体碎片混入或附着在种子上，致种外带菌。病菌在种子上可存活28个月，成为远距离传播的主要途径。在生长期主要通过病株、肥料、风雨或农具等传播蔓延。一般与十字花科蔬菜连作，或高温多雨天气及高湿条件，叶面结露、叶缘吐水，利于病菌侵入而发病。此外，肥水管理不当，植株徒长或早衰，寄主处于感病阶段，害虫猖獗或暴风雨频繁发病重。

2. 防治措施

无公害防治法。①种植抗病品种，如津青9号、石绿90、京秋80、晋菜3号、秦白2号、石丰88、绿星70、夏白45、中白81、太原2号等。②与非十字花科蔬菜进行2~3年轮作。③从无病田或无病株上采种。④种子消毒。用50%琥胶肥酸铜可湿性粉剂按种子重量的0.4%拌种可预防苗期黑腐病的发生。此外，也可用农抗751杀菌剂100倍液15mL浸拌200g种子，吸附后阴干；或每1kg种子用漂白粉10~20g（有效成分）加少量水，将种子拌匀，后放入容器内封存16h。⑤加强栽培管理。适时播种，不宜播种过早，合理浇水，适期蹲苗；注意减少伤口；收获后及时清洁田园。⑥发病初期喷洒72%农用硫酸链霉素可溶性粉剂或新植霉素100~200mg/kg，或氯霉素50~100mg/kg，或50%氯溴异氰尿酸（消菌灵）可溶性粉剂1 200倍液或12%松脂酸铜乳油600倍液。但对铜剂敏感的品种须慎用。

（三）白菜类白斑病

1. 症状

大白菜、白菜、白菜型油菜等白菜类叶片上初生灰褐色近圆形小斑，后扩大为直径6~18mm不等的浅灰色至白色不定形病斑，外围有污绿色晕圈或斑边缘呈湿润状，潮湿时斑面现暗灰色霉状物，即分生孢子梗和分生孢子。病组织变薄稍近透明，有的破裂或成穿孔，严重时病斑连合成斑块，终致整叶干枯。大白菜病株叶片从外向内一层层干枯，似火烤状，致全田呈现一片枯黄。本病症状常因品种及发病条件的不同而有急性型或低温型之别，除为害白菜类蔬菜外，还可侵染油菜、红菜薹、萝卜、芥菜和芜菁等。近年来在国内一些省区，本病在大白菜上为害渐趋严重，尤其在一些高海拔冷凉地区，其为害不亚于霜霉病。

病原芥假小尾孢，属半知菌类真菌。分生孢子梗束生，3~20根一束，由气孔伸出，无色，正直或弯曲，短小，顶端圆锥形，大小（7.0~17.5）μm×（2.5~3.25）μm。其上着生一个分生孢子。分生孢子线形，无色透明，基部稍膨大，圆形，顶端稍尖，分生孢子直或稍弯曲，大小（30~95）μm×（2.0~3.0）μm，具1~4个横隔膜。子座近无色至蓝褐色。该菌在PDA培养基上只长菌丝，不长孢子。有性态称十字花科白霉菌。子囊座直径9~110μm；子囊（50~60）μm×（7~9）μm；子囊孢子纺锤形或圆筒形，黄色，具3个隔，大小（18~22）μm×（3~4.25）μm。除为害白菜外，还侵染萝卜、芥菜、芜菁等。

2. 传播途径和发病条件

主要以分生孢子梗基部的菌丝或菌丝块附着在地表的病叶上生存或以分生孢子黏附在种子上越冬，翌年借雨水飞溅传播到白菜叶片上，孢子发芽后从气孔侵入，引致初侵染。病斑形成后又产生分生孢子，借风雨传播进行多次再侵染。此病对温度要求不大严格，5~28℃均可发病，适温11~23℃。旬均温23℃，相对湿度高于62%，降雨16mm以上，雨后12~16d开始发病，此为越冬病菌的初侵染，病情不重。当白菜生育后期，气温降低，旬均温11~20℃，最低5℃，温差大于12℃，遇雨或暴雨，旬均相对湿度60%以上，经过再侵染，病害扩展开来，连续降雨可促进病害流行。白斑病流行的气温偏低，属低温型病害。在北方菜区，本病盛发于8~10月。在长江中下游及湖泊附近菜区，春、秋两季均可发生，尤以多雨的秋季发病重。此外，还与品种、播期、连作年限、地势等因子有关，一般播种早、连作年限长、下水头、缺少氮肥或基肥不足，植株长势弱的发病重。

3. 防治措施

无公害防治法。①选用抗病品种。辽白7号，吉研5号，津绿55，津绿75，津绿64，绿星70，天正秋白1号，小青口，大青口，辽白1号，疏心青白口等较抗病，可因地制宜选用。②实行3年以上轮作，注意平整土地，减少田间积水。③适期播种，增施腐熟有机肥或酵素菌沤制的堆肥，中熟品种以适期早播为宜。④发病初期喷洒40%多·硫悬浮剂600倍液或50%多·霉威（万霉敌）可湿性粉剂800倍液、65%甲硫·霉威（克得灵）可湿性粉剂1 000倍液、50%多菌灵可湿性粉剂500倍液、50%多菌灵磺酸盐（溶菌灵）可湿性粉剂800倍液、70%锰锌·乙铝（菜霉清）可湿性粉剂500倍液，每亩喷药液50~60L，间隔15d左右1次，共防2~3次。

（四）白菜类炭疽病

1. 症状

大白菜、普通白菜、菜心炭疽病主要为害叶片、花梗及种荚。叶片染病，初生苍白色或褪绿水浸状小斑点，扩大后为圆形或近圆形灰褐色斑，中央略下陷，呈薄纸状，边缘褐色，微隆起，直径1~3mm。发病后期，病斑灰白色，半透明，易穿孔；在叶背多为害叶脉，形成长短不一略向下凹陷的条状褐斑。叶柄、花梗及种荚染病，形成长圆或纺锤形至梭形凹陷褐色至灰褐色斑，湿度大时，病斑上常有赭红色黏质物。此外，该病还侵染萝卜、芜菁、芥菜等十字花科蔬菜，引起类似的症状。

病原芸苔刺盘孢，属半知菌类真菌。菌丝无色透明，有隔膜。分生孢子盘小，直径25~42μm，散生，大部分埋于寄主表皮下，黑褐色，有刚毛。分生孢子梗顶端窄，基部较宽，呈倒钻状，无色，单胞，大小（9~16）μm×（4~5）μm。分生孢子长椭圆形，两端钝圆，无色，单胞，大小（13~18）μm×（3~4.5）μm。本菌13~38℃均可发育，最适为 26~30℃，最高 38℃，最低 10℃；碱性条件利于产孢子，酸性条件利于孢子萌发；光照可刺激菌丝生长。除为害白菜类蔬菜外，还可侵染萝卜、芜菁、芥菜等十字花科蔬菜。有性态围小丛壳。

2. 传播途径和发病条件

以菌丝随病残体遗落土中或附着在种子上越冬。翌年，分生孢子长出芽管侵染，借风或雨水飞溅传播，潜育期 3~5 天，病部产出分生孢子后进行再侵染。在北方，早熟白菜先发病。一般早播白菜，种植过密或地势低洼，通风透光差的田块发病重。每年发生期主要受温度影响，而发病程度则受适温期降雨量及降雨次数多少影响，属高温高湿型病害。在湖南省衡阳，8~9 月份常年均温 28~25℃ 发病不重，此间如气温升高、降雨多则导致该病流行。

3. 防治措施

无公害防治法：①种植抗病品种如青杂 3 号、青杂 5 号。选用无病种子，或在播前种子用 50℃ 温水浸种 10min，或用种子重量 0.4% 的 50% 多菌灵可湿性粉剂拌种。②注意清洁田园，与非十字花科蔬菜隔年轮作。③发病较重的地区，应适期晚播，避开高温多雨季节，控制莲座期的水肥。④加强田间管理，选择地势较高，排水良好的地块栽种，及时排除田间积水，合理施肥，增施磷钾肥，收获后深翻土地，加速病残体的腐烂。⑤发病初期开始喷洒抗生素 2507 稀释 1 500 倍液或 25% 溴菌腈（炭特灵）可湿性粉剂 500 倍液、25% 咪鲜胺（使百克）乳油 1 000 倍液、50% 咪鲜胺锰盐（施保功）可湿性粉剂 1 500 倍液、30% 苯噻氰（倍生）乳油 1 300 倍液。每亩喷对好的药液 60L，隔 7~10d1 次，连续防治 2~3 次。

第二节 菠 菜

一、菠菜特征

菠菜为藜科，属一二年生草本植物。另名赤根菜、波斯菜。原产波斯现伊朗地区，约在唐朝传入我国，栽培历史悠久，我国南北各地普遍种植。它适应性广，耐寒力强，耐贮藏，供应期长，且易种快收，产量较高，产品可在早春及秋冬淡季供应，是北方秋、冬、春3季的重要蔬菜之一。

菠菜全株翠绿，柔嫩可口，营养丰富，含有丰富的维生素和矿质元素，是人民大众喜爱的一种营养价值很高的蔬菜。

（一）植物学特征

1. 根

菠菜有较深的主根，较发达。直根略粗稍膨大，上部红色，贮藏养分，味甜可食。主要根群分布在25~30cm耕层内。侧根不发达，不适于移栽。

2. 茎

营养生长期间为短缩茎，生殖生长期间花茎伸长，高66~100cm。

3. 花

菠菜的花为单性花，少数有两性花。雌雄异株，少数雌雄同株。雄花穗状花序，着生在花茎顶端或叶腋中，无花瓣，花萼4~5裂，雄蕊数和花萼同。花药纵裂，花粉多，黄绿色，风媒花。雌花簇生在叶腋内，无花瓣，有雌蕊1个，柱头4~6个，花萼2~4裂，包被着子房，子房1室。内有1个胚珠。有刺种蔬菜的花萼发育形成角状突起。播种用"种子"实为果实。雌花簇生在叶腋内，每叶腋有小花6~20朵。无花柄，或有长短不等的花柄。

4. 叶

抽薹以前菠菜的叶片簇生在短缩茎上，根出叶。叶形有圆叶和尖叶两种。圆叶菠菜叶大而肥厚，叶面光滑，卵圆形或戟形；尖叶菠菜叶片狭小而薄，戟形或箭形，先端锐尖或钝尖。菠菜的叶色浓绿，质地柔软，叶柄细长，为主要食用部分。

5. 果实与种子

菠菜的果实为胞果，不规则圆形，内有种子1粒，被坚硬革质外果皮包裹。分为有刺和无刺两种。内果皮木栓化，厚壁细胞发达，水分、空气不易透入，所以种子发芽较慢。种子千粒重 9.5~12.5g，在一般贮藏条件下，种子可保存 3~5 年，以 1~2 年的种子发芽力强。

（二）对环境条件的要求

1. 温度

菠菜是绿叶菜类蔬菜中耐寒力最强的一种蔬菜，在长江流域以南可以露地越冬，-10℃左右的地区，可以露地安全越冬，华北、东北、西北用风障和地面覆盖能露地越冬。菠菜的耐寒力和植株生长发育、苗龄有密切关系。具有 4~6 片叶的植株，宿根可耐短期 -30℃ 低温，在 -40℃ 低温下也仅仅外叶受冻枯黄，而根系和幼芽不会受到损伤，如果幼苗只有 1~2 片叶，或幼苗过大，或将要抽薹的植株，越冬时易受冻害而死亡。菠菜的适应性广，生长适温为 15~30℃，最适温度为 15~20℃，菠菜种子在 4℃ 时就可发芽，适温为 15~20℃，4d 就可以发芽，发芽率达 90% 以上。随着温度的升高，发芽率则降低。

2. 光照

菠菜虽属低温长日照作物。但花芽分化主要受日照长短的影响，在长日照和高温下容易通过光照阶段，在长日照下低温有促进花芽分化的作用。花芽分化后，温度升高，日照加长时抽薹、开花加快。越冬菠菜进入翌年春夏季，植株就会迅速抽薹开花。

3. 水分

菠菜在空气湿度 80%~90%，土壤湿度 70%~80% 的环境条件下，生长最旺盛，叶片厚，品质好，产量高。菠菜在生长过程中需要大量水分，生长期缺水，长势减缓，叶肉老化，纤维增多，易发生霜霉病，尤其在高温、干燥、长日照下，会促进花器官发育，提早抽薹。

4. 土壤营养

菠菜对土壤的适应性较广，以种植在保水、保肥、潮湿（夜潮地）肥沃、pH值6~7.5中性或微碱性壤土中为宜，酸性土会使菠菜中毒，不宜栽培。菠菜为速生绿叶菜，要求有较多的氮肥促进叶丛生长，品质好，产量高。应在氮磷钾全肥的基础上增施氮肥。

（三）生长发育

1. 营养生长期

从菠菜播种、出苗，到将已分化的叶片全部长成，花序开始分化，自子叶展开到出现两片真叶，这一阶段生长缓慢，两片真叶展开后，叶数、叶重、叶面同时迅速增长。花序分化时的叶数因品种、播期、气候条件而异，少则5~6片，多则20余片。

2. 生殖生长期

从花序分化到种子成熟，前期与营养生长期有段时期的重叠。外界条件中能加强光合作用和营养积累的因素，一般都能促使雌性加强，抽薹后侧枝多，花多、籽粒饱满。

二、类型与品种

依据菠菜叶片的形状和果实上棱刺的有无，可将菠菜分为尖叶（有刺）、圆叶（无刺）类型。

1. 北京尖叶菠菜

北京地方品种。叶片箭头形，基部有一对深裂的裂片，绿色叶肉稍薄，纤维较少，品质较好。果实菱形有刺。耐寒、不耐热，亩产1 000~2 500kg，适合根茬越冬和秋季栽培。

2. 日本大叶菠菜

叶片椭圆形至卵圆形，先端稍尖，基部有浅缺刻。叶片宽而肥厚，浓绿色。耐热力强，不耐寒，适于夏、秋栽培。产量高，品质好。

3. 大圆叶菠菜

从美国引入，属无刺种。叶片卵圆形至广三角形，叶片肥大，叶面多皱褶，色浓绿。品质甜嫩，春季抽薹晚，产量高，品质好，但不耐寒，单株重0.5kg。缺点是抗霜霉病及病毒病能力弱。东北、华北、西北均有栽培。

三、茬口安排与田间管理

菠菜的适应性广,生育期短,速生快熟,是加茬赶茬的重要蔬菜。产品不论大小,均可食用,又有耐寒和耐热的品种,栽培方式有越冬、埋头、春菠菜、夏菠菜、秋菠菜、冻藏菠菜等,可以做到排开播种,周年供应。

(一)春菠菜栽培技术要点

1. 栽培时间

3月上旬至4月中旬播种,5月上中旬收获。

2. 品种选择和播种期

种植春菠菜应选择抽薹迟、叶片肥大的圆叶类型的菠菜品种。早春当土壤表层4~6cm解冻后,就应尽量早播,以"顶凌播种"为好。可根据气象资料在日平均气温上升至4~5℃时播种,一般在3月上旬播种为宜,直到4月中旬。

由于春菠菜播种时前期温度低,出苗慢,不利于叶原基分化;后期气温上升,日照延长,有利抽薹开花,所以营养生长期短,叶片数少,易抽薹,产量低。

3. 整地

种植春菠菜的地块应选择上茬未种植过十字花科类蔬菜的地块或其他大田作物的地块。用腐熟圈肥作基肥,再加氮、钾肥30kg,然后浅耕,做成宽约1.3m的平畦备播。有的在头年先整地做畦,夹好风障备播。

4. 播种

在生产上常采用浸种催芽的方法,先将种子用温水浸泡5~6h,捞出后放在15~20℃的温度下催芽,每天用温水清洗1次,3~4d便可出芽。一般采取撒播的方法,春菠菜的生长期短,植株较小,播种量增加到每亩5~7kg。早春播种时最好采用湿播("落水播种"),先灌足底水,等水渗完后撒播种子,然后覆土,厚约1cm。

由于畦面有一层疏松的土壤覆盖，既减少了土壤水分的蒸发，又有保温的作用。种子处在比较温暖湿润而且通气良好的环境中，可以较早出苗。

5. 田间管理

春菠菜前期要覆盖塑膜保温，可直接覆盖到畦面上，出苗后即撤除薄膜或改为小拱棚覆盖，小拱棚昼揭夜盖，晴揭雨盖，让幼苗多见光。采取湿播法播种的春菠菜，由于土壤水分充足，一般可以在苗子长出 2~3 片真叶时浇第一水。从浇第二水时，每亩随水追施尿素 15kg，或每亩施氮钾肥 20kg，尤其是采收前 15d 要追施速效氮肥。浇水根据气候及土壤的湿度状况进行，原则是经常保持土壤湿润。

6. 适时收获

一般播种后 40~60d 便可采收，5 月上中旬就可达到采收标准。

（二）夏菠菜栽培技术

夏菠菜又称"伏菠菜"，是 7~8 月上市的菠菜。幼苗生长期正处于高温长日照季节，虽然叶原基分化快，但花芽的分化和抽薹也快。而且气温高，蒸发量大，呼吸旺盛，植株养分积累少，叶面积的增长受到限制，品质差，产量低。

夏菠菜栽培应着重解决出苗、保苗及健壮生长的问题。栽培要点是：

1. 栽培时间

6 月上中旬至 7 月播种，播种后 50d 左右收获。

2. 品种选择

夏菠菜应选择耐热力强，生长迅速，耐抽薹，抗病、产量高和品质好的品种。比较适宜夏季种植的品种有：荷兰比久 5 号菠菜 F1、K5、日本北丰、绍兴菠菜等。其次可用广东圆叶菠菜，以及南京大叶菠菜、华菠 1 号等。

3. 确定适宜播期

播种期可安排在计划上市以前 50d。同时要尽可能安排在夏季最高温来临以前播种,使幼苗生长一段时间后再进入高温期,才有利于获得较高产量。所以夏菠菜适宜播种期为6月上中旬。

4. 浸种催芽

夏菠菜播种前必须低温浸种催芽。其方法是:用井水浸泡24~30 h,用纱布包好,吊在水井中离水面20cm左右处,每天将纱布包沉入水中将种子淘洗1次,2~3d后待种子胚根露出再播种。也可将浸过的种子,摊在室内阴凉处催芽,注意翻动并保持一定的水分,经5~6d也可出芽。或将浸过的种子,放在15~20℃下催芽,3~4d即可出芽。

5. 整地施肥播种

耕地前,每亩施入腐熟农家肥2 000~3 000kg,三元素复合肥20kg和尿素10kg。还要施入1.5kg锌肥、0.7kg硼肥作基肥。浅耕耙,做成1.1m宽的平畦(含埂),畦面必须平整,畦不可太长,以15m左右为宜。上午10时前,下午4时后,用湿播法播种。即先浇水,待水渗下去后,撒播种子,覆盖1.5~2cm细土。为保证足够的苗数,每亩播种量可增加到8~10kg。播种后用作物秸秆覆盖畦面,降温保湿,防大雨冲刷,保证苗齐苗匀。出苗前尽量不浇水,以免土壤板结或浇水时冲掉盖土,使种子外露,影响出苗。出苗后于傍晚或早上揭去覆盖物。

6. 田间管理

间苗:出苗后,对出苗过密的地方要进行间苗。浇水:夏菠菜生长期间的施肥灌水,应以轻浇勤浇为原则。第一次浇水,水流要缓,水量要小,以免泥浆将子叶浸泡后引起死苗。一般5~7d浇1次水,经常保持土壤湿润,以降低地温。浇水时间要放在清晨或傍晚,要浇井水,不浇坑塘水及河水。幼苗生长期间,不喜高温和强光照射,必要时可搭棚遮阴。覆盖物早盖晚揭,既降温又防雨。

7. 防治病虫害

夏菠菜主要病害有猝倒病、霜霉病、炭疽病、病毒病。猝倒病防治方法:菠菜出苗后,可用绿亨1号3 000倍液,或克菌1 500

倍液喷洒地面和植株。如发病较重，可用72.2%普力克600倍液加68.75%杜帮易保1 000倍液喷雾。霜霉病防治方法：可喷72%锰锌霜脲600倍，或58%甲霜灵可湿性粉剂500倍液，或64%杀毒矾锰锌可湿性粉剂500倍液，或40%乙膦铝可湿性粉剂200倍液，隔7d交替连喷2次。炭疽病防治方法：用70%甲基托布津1 000倍液，或50%多菌灵可湿性粉剂600倍液，或70%代森锰锌可湿性粉剂500倍液，隔7d交替连喷2~3次。最好根据不同药剂特性复配防治。病毒病防治方法：及早消灭蚜虫，减少传染病毒机会。对潜叶蝇害虫，要加强预防。

四、棚室越夏菠菜栽培技术措施

菠菜是重要的绿叶蔬菜，耐寒性强，大多在秋、冬，春季广为栽培，在夏季高温多雨种植菠菜难度很大。我们利用冬暖大棚，拱圆大棚夏季闲置时期，试验用避雨的方法种植，获得成功，亩产量可达1 500kg以上，市场前景看好，收入非常可观，40d左右可收获一茬。种越夏菠菜所采取的主要技术措施如下：

1. 保护设施

5~7月期间播种的菠菜都属于越夏菠菜，在种植越夏菠菜时均需采用遮阳蔽雨的方法。

（1）盖遮阳网 可利用日光温室（冬暖大棚）夏季休置期，膜上覆盖遮阳网，达到遮阳蔽雨的目的；也可利用大拱棚，膜上再盖遮阳网降温。最好利用遮阳率60%的遮阳网。安装遮阳网时最好离开棚膜20cm（降温效果显著），并卷放方便。在晴天的上午9时至下午4时的高温时段，将温室、大棚用遮阳网遮盖防止强光直射，在阴雨天或晴天上午9时以前和下午4时以后光线弱时，将遮阳网卷起来，这样既可防止强光高温又可让菠菜见到充足的阳光。

（2）加防虫网 蚜虫、灰飞虱是传播病毒病的媒介，阻止这些传毒媒介进入大棚，是种植越夏菠菜主要技术措施之一。种植前，可在拱棚的四周或大棚的南边。加封60~70目的防虫网，这样既不影响透风，又可安全隔绝传毒媒介进入大棚。还应对棚膜进行检查及时修补，以防雨水进入棚中引发病毒病。

总之，采取遮阳蔽雨措施是菠菜越夏栽培的关键。

2. 选用耐热品种

应选用较耐热的品种，目前多选用荷兰必久公司生产的K4、K5、K6、K7等品种，胜先锋也表现很好。它们的共同特点是较耐热抗病、耐抽薹、生长快、产量高。

3. 栽培方式

日光温室或大拱棚的土壤为沙壤土时，因易下渗或蒸发，可用畦栽，一般畦宽1.5m，其中，畦面宽1.15m，垄宽35cm，每畦种9行，行距12cm，株距2.50cm，亩用种1.75kg左右。

棚室内的土壤为黏质土时，因土壤水分不易下渗或蒸发，最好用起垄栽培的方式，实践证明，菠菜夏季栽培最怕潮湿，如在畦中栽培易得茎腐病，在垄上栽培叶片基部通风好，不易生病。一般50cm起1垄，每垄种2行，穴距5cm，每穴点2粒，一般亩用种1kg左右。

4. 肥水管理

菠菜喜肥沃，湿润，有机质含量高的土壤。如在日光温室内种越夏菠菜，因土质肥沃，一般不再施底肥；如在土质不肥沃的新温室或新大拱棚里，每亩可施充分腐熟的鸡粪$3m^2$左右做底肥。追肥最好用硝酸钾或硫酸钾复合肥，沙壤土地每亩分3次共追施硝酸钾15kg或硫酸钾复合肥30kg，随水冲施，根据菠菜的生长量追肥要前少后多。黏质壤土分3次追施硝酸钾12kg或硫酸钾复合肥25kg即可。夏季应适时浇水，浇后划锄；划锄既保湿又可防止苔藓生长，这是防病的关键。特别是刚出苗后的划锄，至关重要。如果地面长满苔藓，菠菜就会出现严重的死苗和烂叶现象。

5. 病虫害防治

越夏菠菜易发生猝倒病、霜霉病、细菌性腐烂病等病害和白粉虱、美洲斑潜蝇等虫害。一般在播种后第五天（刚出全苗）时用大生 600 倍液 + 霜霉威 600 倍液喷 1 次，第 12d 再用大生和霜霉威喷 1 次，第 20d 和第 28d 用克露 600 倍液 + 阿维菌素 + 农用链霉素各喷 1 次，第 35d 再用大生 + 霜霉威 + 农用链霉素喷 1 次，这样可控制病害的发生。

预防病毒病，注意灭虫，防止昆虫传播。还要注意遮阳降温，防雨防止过分干旱，增施有机肥、钾肥和微肥。每 7d 喷 1 次植病灵、病毒 A 等，可预防病毒病。

6. 收获

当菠菜长到 20~30cm 高时（约 40d）要及时收获。也可根据市场价格适当提前或拖后 1~2d 收获上市。但不要拖的时间太长，因在夏季菠菜容易腐烂，所以收获期宁早勿晚。

五、早秋菠菜栽培技术要点

菠菜早秋季种植，生长期 30~40d，时间短，蔬菜上市快，可满足市场对秋淡菜的需求，又能取得较高经济效益。

（1）栽培时间　8 月 20 日左右播种，9 月中下旬左右上市。

（2）选好品种　刚进入秋季，气温仍然很高（俗称"秋老虎"）。此时播种菠菜，应选用耐热、易发芽的品种如全能菠菜等。

（3）土壤选择　秋季种植的菠菜对土壤要求不严格，沙质壤土上栽培表现早熟，在黏质壤土栽培易获丰产。耐酸力较弱，适宜的土壤 pH 值为 5.5~7，土壤 pH 值在 5.5 以下或 8 以上时生长不良。

（4）施足底肥　菠菜对氮、钾的吸收率较高，一般亩施腐熟农家肥 1 000kg，三元复合肥 80kg；同时整个生育期土壤湿度须保持田间持水量的 70%~80%。

（5）浸种催芽　播种前，先将菠菜种子浸泡 12~24h，然后摊在室内的阴凉处进行催芽。期间，应将种子经常翻动，并保持湿润。经 5~6d，待发芽即可播种。

（6）适时播种　早秋菠菜一般在 8 月中旬后开始播种，9 月中、下旬采收上市。高温期的用种量应提高到每亩10~15kg（进口种子点播，播种量不宜过大，一般每亩播干种量1.2~1.5kg）。播种时，应先浇足底水后再撒种，2~3次均匀播种，播后要拍实畦面。

（7）播种管理 "白露"以前播种的菠菜，播后最好用秸秆或稻草覆盖畦面，或搭棚遮挡，减少高温和暴雨危害及阳光直射，以降温保湿、促全苗。菠菜种子出苗前，每天早、晚应各浇1次水；出苗后，要除去覆盖物，并根据土壤墒情及时浇水保苗；菠菜两片真叶展开后，叶数、叶重和叶面积迅速增长，施速效氮肥1~2次；生长期间多次、少量追肥施淡粪水。

六、秋菠菜栽培技术

秋菠菜是指8月份播种、9月份至10月份上市的菠菜。"立秋"（8月上旬）以后，温度逐渐下降，日照时间逐渐缩短，气候条件对营养生长有利，对生殖生长不利，所以比较容易达到高产、优质的目标。

1. 栽培时间

8月份播种，播种后30~60d可分批采收，9月中下旬至11月份陆续上市。

2. 选适宜品种

秋菠菜播种后，前期气温高，后期气温逐渐降低，光照比较充足，适合菠菜生长，而且日照逐渐缩短，不易通过春化阶段发育。一般秋菠菜不抽薹，因此，在品种选择上不甚严格。早播种的，因温度还比较高，可选用比较耐热的圆叶菠菜品种；播期较晚时，可选用圆叶菠菜品种或尖叶菠菜品种。

3. 种子处理

8月份播种时，日平均气温对菠菜种子的发芽仍有影响，特别是8月上旬播种时，日平均气温常达24~29℃，如播种前不进行浸种催芽，则出苗慢，叶部生长期缩短，进而影响产量。浸种催芽方法同夏菠菜。

4. 选地作畦

在符合无公害蔬菜生产条件的基地，选向阳、疏松肥沃、保水保肥、排灌条件良好、中性偏微酸性的土壤。在前茬收获后，深耕翻土，清除残根，充分烤晒过白。整地时，每亩施腐熟有机肥3 000~4 000kg，石灰100kg，然后将畦土表层整平整细，做成平畦或高畦。畦宽1.2~1.5m左右。

5. 适期播种

菠菜一般采用直播，且以撒播为主。一般在8月至9月，也可提前于7月或延迟至10月上旬，分期分批播种。可播干种子，也可将种子用井水浸种约12h后，放在井中或防空洞里催芽，或放在4℃左右低温的冰箱或冷藏柜中处理24h，然后在20~25℃的条件下催芽，经3~5d出芽后播种。播前先浇底水，播后轻轻梳耙表土，使种子落入土缝中，并用稻草覆盖或利用小拱棚或平棚覆盖遮阳网，保持土壤湿润，以利出土，还可防止高温和暴雨冲刷。经常保持土壤湿润，6~7d后即可齐苗。由于秋季气候炎热、干旱，且时有暴雨，生长较差，且常死苗，需播种量较多，每亩用种5~6kg。后期温度逐渐降低，出苗率较高，播种量可以减少至3.0~3.5kg。

6. 栽培管理

秋菠菜幼苗生长时期气温、地温都较高，要勤浇水轻浇水，保持土壤湿润并降低地温，对幼苗生长提供良好的环境条件。秋菠菜生长前期正值高温干燥天气，长出真叶后应及时浇泼一次清淡粪水，以后随着植株生长与气温降低，逐步加大追肥浓度。但应在土面干燥时施用，如果土壤潮湿，菠菜生长缓慢，容易滋生病害。在2片真叶后，结合间拔过密小苗，拔除杂草，注意追肥。施肥要注意掌握轻施、勤施、先淡后浓的原则。前期多施有机肥，即腐熟粪肥，尤其是采收前15d应停止粪肥浇施，后期进入生长盛期，应分期追施速效氮肥2~3次，每亩每次施尿素5~10kg，促进叶丛生长,提高产量,改善品质。

7. 采收

秋菠菜生长期较短,应根据长势和市场需要及时采收上市。一般在苗高10cm时,开始分批间拔,陆续上市,注意先将密的及即将抽薹的菠菜采收上市,通常在第一次间拔后追肥一次,第二次净园。采收时应去掉枯黄叶,用清水洗净,扎成250~500g一把。秋菠菜一般亩产3 000~4 000kg,高产者可达5 000kg。

七、秋冬大叶菠菜栽培技术

1. 品种介绍

(1) 耐抽薹全能菠菜 从香港引入。耐热,耐寒,适应性广,冬性强,抽薹迟;生长快,在3~28℃气温下均能快速生长。株形直立,株高30~35cm,叶片7~9片,单株质量100g左右。叶色浓绿,叶片厚而肥大,叶面光滑,长30~35cm,宽10~15cm。涩味少,质地柔软。生育期80~110d,抗霜霉、炭疽、病毒病。

(2) 胜先锋 为杂交一代菠菜。耐热抗抽薹,抗霜霉病,叶片宽大深绿。中早熟,春季播种后38~45d收获,单株重565g,株高30~35cm。株型直立,尖圆叶,叶面光滑,叶色光亮,商品性极好。

(3) 急先锋菠菜 株型直立、高大,叶柄粗壮,叶片厚,叶色浓绿,生长速度快,适播期长,从8月中旬至第二年元月下旬均可种植,播后45~50d采收,一般亩产3 000kg,高产田块可达4 000~5 000kg。

(4) 荷兰菠菜 该品种早熟,耐寒,耐抽薹,叶片肥大,叶色深绿,平均单株重600g,最大单株重可达750g,一般亩产3 000~3 500kg。纤维少、味甜、无涩味,保护地种植生长期为30d,露地种植生长期为50d。秋播时间一般在9月下旬以前,在元旦至春节期间即可上市,亩产3 500~4 000kg。

2. 适期播种

适宜的播种期为9月中旬至10月上旬，最好在国庆节前播种。一般在播后60d左右开始采收。

3. 整地施肥

先清除前茬的残留物质，再施足基肥，每亩施腐熟人畜粪2 000～2 500kg、高浓度复合肥50kg、碳酸氢铵50kg，然后耕翻耙平作畦。采用平畦栽培，畦宽2m，确保能排能灌。

4. 湿墒播种

菠菜的种子果壳坚硬，不易吸水，齐苗困难，因此，播前田间的底水要足。播时若天气偏旱，必须提前灌水，保墒，隔1～2d再播种，如墒情尚可，开沟后也要在播种沟中浇足水。日本大叶菠菜的种子粒大，饱满整齐，发芽势强。播种时可采用开沟条播的方式，顺畦开沟，沟距18～20cm，沟深2cm，粒距4～5cm。可适当密植，每亩播种量掌握在0.7～0.8kg，播后覆土2～3cm，然后轻轻镇压，保墒助出苗。如果墒情适宜的话，一般播后7～10d即可齐苗。

5. 肥水管理

大叶菠菜喜肥沃湿润、冷凉，忌干旱、积水，为速生型蔬菜。故生长期间需及时供给充足的肥水。从播种到齐苗需保持土壤湿润，确保齐苗。3叶期中耕锄草，透气促根；封行前6～7叶期要以水带肥，肥水结合，促进菠菜旺盛生长，每亩可施尿素10～15kg。施肥方法：干施后浇水或在下雨时巧用天时施肥；封行后，若要追肥，则可随水冲施碳铵水。如生长期间遇干旱，要勤浇保湿。遇连续下雨时，要及时疏通排水。

6. 病虫害防治

危害菠菜的病害主要有病毒病和霜霉病，要彻底消灭蚜虫，消除病株、控制病毒病的传播。对霜霉病的防治方法：要加强田间管理，合理密植，合理灌水，降低田间湿度，发病初期要及时喷药，可用85%疫霜灵可湿性粉剂500倍液，每7～10d喷药1次，共喷2～

3次。

危害菠菜的虫害有菜青虫、小菜蛾、蚜虫等。对菜青虫和小菜蛾，可用敌杀死、抑太保或苏云金杆菌等农药轮换交替使用进行防治；蚜虫，可用吡虫啉防治。

7. 适时采收

待菠菜植株生长到35~40cm时，可及时进行采收，采收时要去掉黄叶、枯叶、病叶，然后用专用塑料带按每捆4~5kg捆扎好后出售。

八、越冬菠菜栽培技术

1. 栽培时间

10月上中旬左右播种，春节前后开始收获。

2. 选地整地

整地施肥。前茬作物收获后，每亩施入5 000kg优质腐熟农家肥、30kg三元复合肥，翻耕20~25cm，耙平，踏实，整畦，畦宽1.5~1.7m。条播时可按行距10cm左右开沟，沟深3~4cm，均匀撒子，然后盖土，踏实，浇水。

3. 选择良种

菠菜越冬栽培，容易受到冬季和早春低温影响，到开春后，一般品种容易抽薹，降低产量和品质。因此，应选用冬性强、抽薹迟、耐寒性强、丰产的品种，如尖叶菠菜、菠杂10号、菠杂9号等耐寒品种。

4. 适时播种

越冬茬菠菜在停止生长前，植株达5~6片叶时，才有较强的耐寒力。因此，当日平均气温降到17~19℃时，最适合播种。此时气候凉爽，适宜菠菜发芽和出苗，一般不需播催芽籽，而播干籽和湿籽。方法是：先将种子用35℃温水浸泡12h，捞出晾干撒播或条播，播后覆土踩踏洒水。播种时，若天气干旱，必须先将畦土浇足底水，播后轻轻梳耙表土，使种子落入土缝。

5. 适量播种

开沟条播，行距8～10cm，苗出齐后，按株距7cm定苗。如果种子纯净度低、杂质多，可用簸箕簸一下，去除杂质及瘪种，剩下饱满的种子播种，确保出苗整齐，长势强。

6. 冬前管护

播种后4～5d就要出齐苗，在出苗前土壤表面干了就浇水，要保证畦土表面湿润至齐苗，以促进菠菜的生长。菠菜发芽出土后，要进行一次浅锄松土，以起到除草保墒作用。当植株长出3～4片叶时，可适当控水，促进根系发育，以利菠菜越冬。为满足春节前后市场的需要，严冬来临要注意设立风障或搞好防寒防冻覆盖，以免冻坏叶片，严重影响菠菜的产量和质量。当植株长出5～6片叶即将停止生长时，要及时浇封冻水，浇水时机应掌握在土表昼化夜冻。浇冻水最好用粪水，有利于菠菜早春返青加速生长。翌年2月中旬拆除风障，耧净畦面及畦沟内杂物。

7. 防治病虫

越冬菠菜病虫害主要有炭疽病、霜霉病、病毒病和蚜虫等。霜霉病和炭疽病可于发病初期用75%百菌清600倍液、25%甲霜灵700倍液、40%乙膦铝可湿性粉剂300倍液等喷雾防治。病毒病除实行轮作外，还应及时防治蚜虫等传毒媒介，蚜虫盛发期可用10%吡虫啉2 000倍液或2%阿维菌素2 500～3 000倍液喷雾防治。

第三节 芹 菜

芹菜属于伞形花科芹属二年生蔬菜作物，起源于地中海沿岸的沼泽地带。芹菜有中国芹菜（本芹）和西洋芹菜之分。中国芹菜在我国栽培历史悠久，分布很广；西芹的栽培面积近年来逐步扩大。这2种芹菜以秋季栽培为主。

一、芹菜栽培所需的环境条件

1. 温度

芹菜属于耐寒性蔬菜,要求较冷凉湿润的环境条件,在高温干旱条件下生长不良。芹菜在不同的生长发育时期,对温度条件的要求是不同的。发芽期最适温度为 15~20℃,低于 15℃或高于 25%,则会延迟发芽的时间和降低发芽率。适温条件下,7~10d 就可发芽。芹菜在幼苗期对温度的适应能力较强,能耐 -5~-4℃的低温。幼苗在 2~5℃的低温条件下,经 10~20d 可完成春化。幼苗生长的最适温度在 15~23℃。芹菜在幼苗期生长缓慢,从播种到长出一个叶环大约要 60d 的时间。因此,多采用育苗移栽的方式栽培。定植至收获前这个时期是芹菜营养生长的旺盛时期。此期生长的最适宜温度为 15~20℃。温度超过 20℃则生长不良,品质下降,容易发病。芹菜成株能耐 -10~-7℃的低温。秋芹菜之所以能高产优质,就是因为秋季气温最适合芹菜的营养生长。

2. 光照

芹菜种子发芽时喜光,有光条件下易发芽,黑暗下发芽迟缓。芹菜的生育初期,要有充足的光照,以使植株开展,充分发育,而营养生长盛期喜中等光强,光照度在 1 万~4 万 lx 较适宜。因此,冬季可在温室、小拱棚和阳畦中生产,夏季栽培需遮光。长日照可以促进芹菜苗端分化花芽,促进抽薹开花;短日照可以延迟成花过程,而促进营养生长。

3. 水分

芹菜为浅根性蔬菜,吸水能力弱,对土壤水分要求较严格,整个生长期要求充足的水分条件。播种后床土要保持湿润,以利幼苗出土;营养生长期间要保持土壤和空气湿润状态,否则叶柄中厚壁组织加厚,纤维增多,甚至植株易空心老化,使产量及品质都降低。在栽培中,要根据土壤和天气情况,充分地供给水分。

4. 土壤及营养

芹菜喜有机质丰富、保水保肥力强的壤土或黏壤土。砂土及砂壤土易缺水缺肥，使芹菜叶柄发生空心。芹菜对土壤酸碱度的适应范围为pH值6.0~7.6，耐碱性比较强。芹菜要求较完全的肥料。在任何时期缺乏氮、磷、钾，都会影响芹菜的生长发育，而以初期和后期影响更大，尤其缺氮影响最大。对氮、磷、钾的吸收比例，本芹为3:1:4，西芹约为4.7:1.1:1。苗期和后期需肥较多。初期需磷最多，因为磷对芹菜第1叶节的伸长有显著的促进作用，芹菜的第1叶节是主要食用部位，如果此时缺磷，会导致第1叶节变短。钾对芹菜后期生长极为重要，可使叶柄粗壮、充实、有光泽，能提高产品质量。在整个生长过程中，氮肥始终占主导地位。氮肥是保证叶片生长良好的最基本条件，对产量影响较大。氮肥不足，会显著地影响到叶的分化及形成，叶数分化较少，叶片生长也较差。此外，芹菜对硼较为敏感，土壤缺硼时在芹菜叶柄上出现褐色裂纹，下部产生劈裂、横裂和株裂等，或发生心腐病，发育明显受阻。

二、中国芹菜培技术要点

1. 播种时期

芹菜播种时期的弹性很大，主要是根据市场需求和定植时间进行安排，南方地区下半年的秋冬芹菜从6月下旬至10月下旬均可播种。秋芹菜安排在处暑（8月下旬）至白露（9月上旬）；冬芹菜安排在秋分（9月下旬）至霜降（10月下旬）。早秋芹菜的市场价格比较好，所以可将播期适当提前，最早可安排在6月下旬，一般在9月中、下旬即可上市。

2. 苗床准备

苗床面积应根据本田面积和移栽方式来确定。育苗移栽有2种方式，一种为全移栽方式，苗床地与本田按照1:10的比例准备苗床；另一种是部分移栽方式，苗床地与本田按照1:2的比例进行安排，在苗床地进行稀播匀播，待苗长至12cm高时，拣大苗移栽，小苗留在苗床地就地管理，不再移栽，这样可以节约部分劳力。苗床地应选择用水和排水均比较便利的的地块，做成宽1~1.2m、长6~10m的苗床，挖好排水沟。如果地势低洼，应设法挖深沟，提高畦面，以防积水，每亩施入优质腐熟农家肥6 000kg，深耕20cm左右，耙碎土块。芹菜种子小，因此要求畦面平整，以提高出苗率，保证出苗均匀整齐。

3. 种子处理

芹菜属耐寒性蔬菜，发芽要求冷凉湿润的环境条件，最适温度为15~20℃，低于15℃或高于25℃，则会延迟发芽和降低发芽率。夏季气温高，应将种子置于低温环境中才会使其及时出苗。

具体做法是，先用清水浸泡种子12h，然后采用5mg/kg赤霉素或爱多收浸泡10~12h以打破休眠，提高发芽率，之后将种子捞出，装入布袋放入冰箱冷藏室内催芽4~5d，温度控制在10℃左右，每天翻洗1次，30%露白即可播种。如无冰箱，可将种子置于冷凉的地方，例如水缸边或地窖中，或吊在水井内距水面30~60cm处。在适温条件下，7~10d就可发芽。

4. 播种方式

一般每亩大田需种量500g，1亩苗床可播芹菜种子2 000g。芹菜种子很小，因此在播种前应将畦面拍平整，灌足底水，水渗下后再用细土将低洼处填平。将经过处理的种子连同细沙均匀地撒在畦面上，再盖上1cm厚细沙或营养土（用筛过的农家肥和细土各50%混匀）。在炎热的季节，多选择下午日照强度减弱或阴天播种。这样既可避免烈日晒坏幼芽，又有较长的低温时间，对幼芽顶土有利。一些地方为节省遮阴架材和覆盖物，提高土地利用率，实行芹菜与黄瓜、番茄、茄子等作物间套作，获得了较好的效果。

5. 苗期管理

夏季播种正值高温多雨季节，应采取遮阴措施，既避免阳光直射，又可防止雨水冲刷。一般采用用遮阳网覆盖。如无遮阳网，可搭盖草苫或竹帘遮阴。播后如遇干旱，可每天傍晚浇 1 次小水，保持地面湿润，直到出苗。出齐苗后，在下午太阳光弱时，要拿掉畦面上的覆盖物。随着小苗的生长，要逐步撤掉遮阴覆盖物。芹菜喜湿，整个苗期均应以小水勤浇为原则，保持湿润的土壤条件。在播种后出苗前，用喷壶浇水。保持畦面湿润。出苗后至幼苗长出 2~3 片真叶前，因根系数量还很少，故每隔 2~3d 应浇 1 次水，使畦面经常保持见干见湿状态。浇水时间以早晚为宜。当芹菜长到 5~6 片叶时，根系比较发达，应适当控制水分，防止徒长，并注意防止蚜虫危害。在芹菜苗期一般不追肥。如发现缺肥长势弱时，在 3~4 片真叶时可随水追施硫酸铵，每亩施用 10kg。在幼苗 1~2 片真叶时，进行 1~2 次间苗，苗距 3cm，以扩大营养面积，保证秧苗健壮生长，并结合间苗进行除草。

6. 大田准备

芹菜栽培应选择富含有机质、保水保肥强的砂壤土，整成宽 1.67m 左右畦土，每亩施菜枯 100kg，人畜粪 200kg，尿素 20kg，磷肥 40~50kg，钾肥 10~15kg，浅翻入土内，整平整细，准备定植。

7. 适时定植

本芹在苗龄 45d 左右开始移栽，苗高 12~15cm 时即可扯苗定植。扯苗前应喷一次杀虫药（如敌杀死等），扯苗前 3~4h 应浇水使床土充分湿润。定植行距 16~26cm，丛距 10cm 左右，每丛 4~5 株，边定植边浇好压兜水。

8. 田间管理

幼苗定植后，每天早晚应浇水浸苗，促其成活。定植成活后应勤施粪水，保持土壤湿润。在封行前，浅中耕 2~3 次。在高温干旱季节，生长前期应在大棚上或小拱棚上覆盖遮阳网或者搭架盖毛串遮阴。芹菜需肥量大，但根系吸收能力较弱，故应结合浇水，适时追肥，一般追肥 2~3 次，每次追肥每亩施尿素 5~8kg，把握氮肥勤施原则，确保养分的均衡供应。

三、西芹栽培技术要点

1. 播种育苗

在南方地区秋冬季节西芹主要有秋季露地栽培和冬季大棚栽培2种形式。秋季露地栽培播期安排在6月上旬至7月上旬，苗龄70~80d，11月下旬至12月上旬收获。冬季大棚栽培播期安排在9~11月，苗龄80~90d，翌年2~4月采收上市。西芹的育苗方式与前面介绍的中国芹菜育苗方式基本相同，但由于西芹育苗时间比中国芹菜长，为防除草害，可于播种后出苗前用60%丁草胺1 000倍液畦面喷雾。当幼苗具有3~4片真叶时，可分苗假植。假植时需将幼苗按大小分开移植，以便管理。假植的株行距一般6~8cm；假植苗床的面积相当于播种床面积的3~4倍。假植成活后，可视苗情浇施稀薄粪肥或0.3%的尿素水溶液1~2次，当幼苗长至5~7片真叶时即可准备定植。从假植到大田定植大约需要30d左右，定植前7d左右开始控制肥水，炼苗壮根，提高幼苗的抗逆能力。

2. 大田栽培

(1) 整地施肥　选择排灌方便、疏松肥沃的田块栽培西芹；前茬可以是豆类或瓜果类作物，避免与小茴香、芫荽、大蒜等浅根系作物接茬，因为接茬容易使土壤缺乏部分营养元素，不利于芹菜的生长。西芹喜肥耐肥，对肥水条件要求较高，要求底肥占总施肥量的80%左右。一般1亩施腐熟农家肥4 000~6 000kg，过磷酸钙30~50kg，含锰、硼的叶菜专用复合肥25kg。南方地区秋季雨水较多，稻田或平坝地区一般要求作高畦，畦沟深15~25cm，宽约30cm，畦面宽1.2~1.4m。

(2) 定植要求　定植前1d将苗床淋透水，随起苗随定植。定植时选用健壮无病、大小整齐一致的秧苗，淘汰弱小、有病苗。定植行距30~40cm，株距20~30cm，单株定植，1亩栽4 500~8 000株；春季栽培生长期短，为提高产量，也可实行双株定植。高温季节应在下午 4 时以后或阴天定植，并在定植后设置小拱棚，用黑色遮阳网覆盖遮阳保湿，成活后揭去。冬天大棚栽培，则应在定植后覆盖塑料小拱棚保温保湿，以促进还苗，还苗后需及时打开小棚通风换气，降低地表湿度。

（3）田间管理　西芹生长期达 4 个月之久。前 2 个月生长缓慢，后 2 个月生长迅速。前期以追施速效氮肥为主，可视植株长势 7~10d 1 次；中后期除施氮外，还应增施磷钾肥。此外，应注意钙、硼元素的供应，一般 1 亩施硼砂 500~700g。

西芹耐寒性较弱，温度较低时需大、小棚薄膜保温，一般当气温降至 2~3℃时大棚应扣上薄膜，零下 5℃时在大棚内套小拱棚保温，持续零下 7℃以下温度时，小拱棚还应加盖草帘或草包以增强保温效果。

西芹株行距大，前期生长又较缓慢，极易滋生草害。为减少除草用工，可用除草剂防治。可在定植前 1 亩用 50% 扑草净可湿性粉剂 100g 对水 60kg 喷地表，或生长前期 1 亩用 25% 除草醚 500g 对水 100kg 喷雾土表，植株封行后以人工拔草为主。

为提高产量和品质，在采收前 30d 和 15d 各叶面喷施 1 次赤霉素水溶液，浓度为 50~100mg/kg，并配合充足的肥水供应。

3. 适时采收

秋季露地栽培应在霜冻前采收；冬季大棚栽培待心叶已充分发育、最外叶刚出现衰老迹象时采收为宜。采后剥除老叶，西芹单株净重一般 0.5~1kg，亩产量 3 000~5 000kg。

第四节　莴　笋

莴笋是一种以茎用为主又兼叶用的莴苣，其茎有大如笋，故称莴笋。莴笋茎质脆、味美，是人类常用的蔬菜。莴笋适应性强，好栽培，产量高、效益可观，一般亩产 2 000kg，亩产值 3 000~4 000 元。因地制宜，积极推广莴笋是提高耕地利用率和综合生产能力,增加农民收入的有效途径。

一、莴笋类型及品种

(一) 类型

莴笋的品种很多,大致有尖叶、园叶两类。尖叶莴笋叶披针形,先端尖、叶簇小、节间稀、晚熟,苗期较耐热,可作秋季栽培或越冬栽培。园叶莴笋叶长卵形,顶部稍园、早熟、耐寒,不耐热,品质好,多作越冬栽培。在园叶与尖叶类型中,不同品种又有早熟、中熟、晚熟之别。早熟品种生长期短,叶片开展度小,叶茎比值小,产量低,而晚熟品种恰恰相反。也有依茎色分为青笋、白笋两类。一般早熟种皮、肉色绿,而晚熟者皮、肉为绿白色或白色,早熟种感温性强,在月平均温度20℃以上时易抽薹,纤维多,品质差,作春笋栽培效果好;晚熟种对高温不敏感,抽薹晚,温度升到24~26℃时,仍有一定产量,故秋栽效果变好。莴笋呈长光照反应,且随着温度的升高,发育速度加快,尤以早熟种比中熟种,中熟种比晚熟种更甚。所以,根据栽培目的,因地制宜,选择适宜品种是获得丰产的前提。特别是秋季栽培时,更应选择晚熟类型。

(二) 常用品种

国内莴笋常用品种有:尖叶莴笋、紫叶莴笋、桂丝红、园叶莴笋、二白瓜密节巴莴笋、尖叶鸡腿笋等10个品种。就我们从江县而言,莴笋多属外地引进品种,据初步调查,我县目前生产上用的品种主要有尖叶莴笋,园叶莴笋、紫叶莴笋、桂丝红、绿叶莴笋或其变种。

1. 尖叶莴笋(柳叶笋)

生长健壮,株高50~60cm,开展度50~60cm。叶呈宽披针形,长约30cm,宽8~10cm,叶面有皱纹。茎呈棒状,白绿色,长33~50cm,横径5~6cm,单株质量500多克,大者1~1.5kg。中熟,肉质脆,水分多,品质好、产量高,但抗霜霉病力差。较耐寒,苗期耐热，可春、秋两季栽培。

2. 园叶莴笋

属早、中熟品种，夏播定植后35d采收，秋播定植后50d采收。株高50cm，开展度40cm。叶倒卵圆形，叶面光滑，肉质茎棒锤形，长25cm，横径6cm，皮白绿色，肉绿白色，质地脆嫩，单株重0.8kg，最大1.5kg。抗病性较强，耐热，夏秋季栽培，不易抽薹，亩产3500~5000kg。春莴笋10月下旬播种，夏秋莴笋7月上旬至8月上旬播种，冬莴笋8月下旬播种。

3. 紫叶莴笋

株高40cm，开展度55cm，叶片披针形，长42cm，宽14cm，叶面多皱。苗期叶片，成株的心叶及大叶片的边缘为紫红色，大叶片的其他部分为谈绿色。茎棒状，一般长51cm，横径6cm，外皮白色，单个质量1kg左右，中晚熟，较耐热，抽薹迟，抗霜霉病力强，肉质脆，水分较少，品质好。春季栽培较多，夏秋季也可种植。

4. 桂丝红

桂丝红又称洋棒莴笋。作越冬莴笋栽培时，春季生长迅速，茎部肥大快，比尖叶白笋提前10~15d上市。桂丝红叶片倒卵园形，绿白色，嫩叶边缘微带红色，叶表面有皱褶，茎皮色绿，叶柄着生处有紫红色斑块，茎肉绿色质脆。单株质量0.5kg左右。耐寒性和抗病性均较强，不耐热，抗旱力中等，耐肥，不易抽薹。秋播作过冬春莴笋栽培，也可作冬莴笋栽培。春莴笋一般在白露至寒露播种，立冬至小雪定植，春分后开始采收。秋莴笋在立秋、处暑间播种，寒露后收获。

5. 绿叶莴笋

叶片长椭圆形，淡绿色，叶面皱缩，节间较密。笋棍棒形，茎皮绿白色，长30~50cm，横径约6cm，肉质地脆嫩，单笋质量约600g。抽薹晚，适应性强，亩产3000kg左右。

二、栽培季节及播种期

莴笋的主要栽培季节是春季和秋季,现在由于保护措施日趋完善,栽培技术不断提高,基本上可以不受季节限制,周年供应。按其收获期可将其分为春莴笋、夏莴笋、秋莴笋和冬莴笋4类。

1. 春莴笋

春莴笋是指春节收获的莴笋,要求供应期尽量提早,以缓解春淡蔬菜市场供需矛盾。这茬莴笋,一般采用露地栽培,如能利用塑料棚温室栽培,可使采收期比露地早1个月左右,效果更好。春莴笋播种期一般在9月下旬至10月上旬,定植期在10月下旬至11月下旬,收获期在3月下旬至4月上旬。

2. 夏莴笋

夏莴笋是指6月~7月份收获的莴笋。这茬莴笋生产中存在的主要问题是未熟抽薹,过早抽薹的莴笋,肉质茎发育不良,细而长,商品性差,产量低。所以应尽可能用阴凉地栽培。夏莴笋播种期一般在2月下旬至3月中旬,定植期在4月上旬至4月下旬,收获期在5月下旬至7月上旬。

3. 秋莴笋

秋莴笋是指夏播秋收的莴笋。这茬莴笋除有未熟抽薹现象外,主要问题是播种育苗期正处高温期,种子必须经过低温处理才能迅速发芽。秋莴笋播种期一般在7月下旬至8月上旬,定植期在8月中旬至8月下旬,收获期在9月中旬至10月上旬。

4. 冬莴笋

冬莴笋是指秋播冬收的莴笋。其播种期和收获期均比秋莴笋晚,但播种育苗期温度仍然偏高。收获期晚,遇到0℃的低温后容易受冻。一般播种期在8月中旬至8月下旬,定植期在9月上旬至9月下旬,收获期在11月下旬至12月下旬。

夏莴笋和秋莴笋生产中出现的未熟抽薹现象,主要原因是感温性强的品种,受高温影响所致。为避免未熟抽薹。提高夏、秋莴笋产量品质，必须选用感温性弱的品种，如尖叶莴笋、紫叶莴笋和圆叶莴笋。

三、育苗与移栽

1. 苗床及移栽土壤选择

莴笋根系较强健，但分布浅，主要集中在20cm左右的土层中，对深层肥水吸收能力较弱，而它的叶面积又大，因此应选择地势平垣，土质肥沃，保水力强的土壤作为苗床和移植地。

2. 苗床和移植地整理

苗床和移植地在施足有机肥料作底肥的基础上，深耕耙细，使土粒细小均匀一致，土壤疏松平整，通透性好，便于笋苗发育生长。

3. 种子低温处理

春莴笋、夏莴笋和秋莴笋无须进行种子处理。仅秋莴笋播种期正值高温期，不仅对发芽不利而且常因胚轴灼伤而引起倒苗。所以秋莴笋种子进行低温处理具有促进出苗的效果。低温处理时，把种子用沙布包好放在水缸边阴凉处，每天用井泉凉水冲洗2～3次，在5～10℃中处理2～4d，在10℃中处理3～4d就会发芽露白或将种子用沙布包好，放进电冰箱的冷藏室最下层，24h后用清水冲洗一次再放入冰箱，一般48h就发芽露白。当大部分种子发芽露白后，立即落水播种。

4. 播种

苗床播种量一般为每亩0.6kg，一亩苗床，可供15～20亩地栽植。采用撒播法播种，干籽趁墒播或落水湿播均可。干播时苗床整好后均匀撒入种子，浅锄耧平，轻踩一遍，使种子土壤紧密结合，然后再轻耧一遍，使表土疏松，既有利于保墒，又有利于幼苗出土。落水湿播时，先在苗床淋水（最好淋腐熟人畜粪尿水），水渗透土壤后，均匀撒入种子再覆盖一层细土厚约0.5cm。秋莴笋应选择阴天或晴天下午播种，播种后用草帘覆盖，既能保持土壤水分，又能防止阳光直射；避免温度过高。开始出苗后于傍晚或阴天揭开草帘，切忌晴天上午揭开草帘以避免笋苗被强光晒死。

5. 苗床管理

苗床管理主要是间苗和肥水管理。出苗后要及时分多次间苗，在 3~4 片真叶时再分苗一次，使苗距保持 4~7cm。笋苗间距大，个体发育好，生长健壮，移植后。苗床遇旱要及时浇水，保持苗床湿润。笋苗达 2 片真叶时结合间苗可追施一次腐熟稀薄人畜粪尿水。

6. 移栽定植

春播和秋末冬初播种莴笋，一般在播种后 40d 左右，笋苗具有 6 片真叶时移栽。夏播和秋播莴笋一般在播后 30d 左右，笋苗具有 3~5 片真叶移栽。移栽定植田地在施足有机肥基础上，亩施复合肥 60kg，采用深沟高垄栽培。栽植深度以淹没根颈为度，过深不易发苗。选择阴天或晴天下午移栽定植，提倡带土移栽，尽量少伤根，以利笋苗生长发育。移栽定植后及时浇稳根水，直至苗活为止。

移栽株行距一般为 35cm×35cm。

四、田间管理

莴笋喜湿润，忌干燥，管理不当时，植株细瘦，产量低，品质差，甚至会过早抽薹，失去食用价值。实践证明，养分不足，水分过多或过少等都是造成产量低，品质差的主要因素。因此，加强肥水管理是提高莴笋产量，增进品质的主要措施。

（一）科学施肥

①定植成活后，轻施一次速效肥：每亩用尿素 5kg 对水施或用稀淡腐熟人畜粪尿水施，以促进根系发育，笋苗快速生长。

②当叶片由直立转向平展时，结合浇水，重施开盘肥，每亩施尿素 20kg。

③当嫩叶密集，茎部开展膨大时，结合浇水，每亩施尿素 30kg

或施足人粪尿，促进发叶、长茎。

（二）合理管水

①移栽定植后，经常浇水，保持土壤湿润，直至苗成活。

②定植成活后，结合施肥浇水一次。

③当叶由直立转向平展时，结合施肥浇水一次。

④当嫩叶密集，茎部开始膨大时，结合施肥浇水一次。总之，莴笋喜湿润，忌干燥。在莴笋整个生长发育过程中，都要经常管水，始终保持土壤湿润。土壤既不能干旱，也不能积水。

（三）适时喷施增产素

在茎部开始彭大时，用 $0.05\% \sim 0.1\%$ 比久溶液或 $0.6\% \sim 1\%$ 矮壮素溶液或 0.05% 多效唑溶液喷施叶面 $1 \sim 2$ 次，可推迟莴笋抽薹，增产 30% 以上。因此，适时喷施增产素是提高莴笋产量的重要措施，应积极推广。

（四）及时防治病虫

莴笋主要病害是霜霉病，春、秋均可发生，尤以当植株封垄后，雨多时发生严重。除适当地摘除下部老叶、枯叶，加强通风透光外，应及时喷施波尔多液或多菌灵等农药防治。

五、适时采收

由于莴笋在肉质茎伸长的同时就已形成花蕾，很快抽薹开花，所以采收期很集中。若迟收则因耗费肉质茎内的养分，不仅茎皮粗厚，不堪食用，也易空心；若采收过早，产量又低。一般在花蕾出现前，当心叶与外叶相平时，采收为宜。此时肉质茎膨大伸长基本结束，质地脆嫩，品质好，产量高。

六、留种

莴笋属菊科，一二年生作物，在短日照下开花迟，故多用春莴笋留种。

留种应选无病、抽薹晚、茎粗、节短、无旁枝，不开裂的植株作种株。生长期内遇湿极易发生腐烂，因此应选择高燥、排水良好处作留种地。种株间应保持较大距离。留种时一般先按普通食用莴笋密度栽植，之后再行隔行采收留种，种株抽薹后设棍棒支柱护株防倒伏。当种子上面带有白色毛，果皮呈灰白色，要及时整株割下，晒干，搓出种子簸净贮藏。宜将其妥贮于通风干燥处。

第六章 其他蔬菜生产技术

第一节 生 姜

生姜又名黄姜，在我国作为一年生蔬菜栽培。生姜既是深受人们喜爱的调味品，又可药用，具有健胃、祛寒、发汗等功效，近年来消费量不断增长，种植效益较好。生姜栽培技术要求高，栽培管理不当容易造成经济损失。打算种植生姜的农民朋友，先要学好技术。下面以淮北地区生姜地膜栽培为例，介绍生姜高产栽培技术。

一、精选姜种

好种才能产好姜、多产姜。选种包括选品种和选种姜。目前优良生姜品种主要有：山东莱芜大姜、广州肉姜、安徽临泉虎头姜等二十多个品种。这些品种都具有较强的适应性和良好的丰产性。可结合当地自然条件选择适宜品种。

确定品种后，姜种可以自己选留，也可以异地购买。自留姜种要先选择无病姜田的健壮姜株，单独采收，再挑选肥大、整齐、健壮的姜块做姜种，单独贮藏。外地购买的姜种要进行严格的检疫。

二、栽培技术

（一）培育壮芽

培育壮芽就是在播种前对姜种进行必要的处理，促使姜芽萌发，保持姜芽生长健壮。通常按3个步骤进行。

1. 晒姜和困姜

晒姜通常于播种前20~30d进行。淮北地区地膜覆盖栽培一般在 3 月上、中旬，趁晴天从贮藏窖内取出姜种，于上午 8 时到下午 4 时，平铺在草席或干净的地上晾晒 1~2d。晒姜要适度，若中午阳光强烈，可用草席遮阳。晒姜时要勤翻动姜块，保证晾晒均匀，傍晚收进屋内，以防夜间受冻。

晒姜结束后，将姜种置于屋内，覆盖草苫或旧棉被，堆放 2~3d，称为"困姜"。

晒姜和困姜可以提高姜块温度，促进内部养分分解，加快发芽速度，减少姜块水分，防止姜块腐烂。

2. 挑选

晒姜、困姜后，将瘦弱干瘪、肉质变褐及发软的姜块淘汰。选留肥大丰满、皮色光亮、肉质新鲜、不干缩、无病虫危害的健壮姜块做姜种。

3. 催芽

把姜种放在温度 20~25℃、湿度 70%~80% 的环境中，促使种姜幼芽快速萌发。催芽在北方称"炕姜芽"，地膜栽培多在惊蛰至春分前后；南方称"熏姜"或"催青"，多在惊蛰前后。露地栽培推迟 25~30d 进行。

催芽的方法很多，只要满足姜芽生长的温度、湿度条件即可。这里介绍一种简单易行的电热毯加温催芽法：在室内干净的地上或床上，先铺一层 10cm 厚的干麦秸，上铺一层薄地膜，一层电热毯，再铺一层薄地膜，一层 2~3cm 厚的干麦秸，做成催芽床。趁晴暖天气姜体温度较高时，将姜种层层平放在麦秸上，堆放厚度为 50~60cm，过厚则温度高，湿度大，容易引起烂种，反之则不利于发芽。然后把电热毯温度控制器的接点温度计放到姜堆中间，上面再盖一层 10cm 厚的麦秸，一层旧棉被。接通电源，把温度控制器指针定在 25℃，10~12d 以后，姜堆内部温度升高，温度调低到 20~21℃。如湿度过大，中午时分可把棉被掀开 1~3h，再盖上即可。经过 20~25d，幼芽长至 0.5~1.0cm 时即可播种。

(二) 整地

姜田应选择地势较高、土层深厚、有机质丰富、保水保肥、松软透气、呈微酸性的肥沃壤土地。姜田不要重茬连作，近二三年内发生过姜瘟病的地块不可种姜。

选好的姜田，要在秋季作物收获后深耕25cm，冬季经雨雪风化，第二年3月上、中旬土壤解冻后，再细耙1~2遍，并结合耙地施基肥：每亩施腐熟优质厩肥5 000~8 000kg，尿素30kg，磷酸二铵13kg，硫酸钾50kg，硫酸锌1kg，硼砂0.5kg；为防止地下害虫，每亩用3%辛硫磷颗粒剂2kg掺土12~15kg撒匀。然后将地整平耙细。

(三) 播种

适期播种是获得高产的前提。淮北地区地膜栽培一般于4月上、中旬播种；常规栽培一般于5月上旬、土壤温度稳定在15℃以上时即可播种。在适播期内宜早不宜迟。

播种前，先用生石灰、硫酸铜、水按1∶1∶100配成的波尔多液浸种20min。然后将大块姜种掰开，以每块种姜50~75g为宜，一般只保留1个短壮芽，少数姜块可根据幼芽情况保留2个壮芽，其余幼芽全部去除。掰姜时若发现幼芽基部发黑或掰开的姜块断面褐变，应予严格剔除。掰姜后将掰口蘸新鲜、清洁的草木灰封伤口。

在整好后的田块上按行距50cm、深20cm开沟，在播种前浇底水。浇水量既要充足，又不可湿透垄面，否则不便下地操作。

按株距16~17cm将姜种水平放入沟内，姜芽方向要保持一致，东西向沟姜芽一律向南，南北向沟姜芽一律向西。用手轻轻把姜块按入泥中，使姜芽与土面持平。每亩播种大姜400kg以7 400~7 800株为宜，小姜300kg以7 600~8 000株为宜。

每亩沟内喷施济农150mL、杀菌先锋20mL加水25kg混合药液，及时将垄上的湿土扒入沟内盖住种姜，覆盖厚度以4~5cm

为宜。

喷施除草剂：每亩用菜草通150mL加水60kg，均匀喷施地表。

覆地膜：用宽1.2m的透明地膜，拉紧盖于沟两侧的垄上，取土压紧地膜。

（四）田间管理

田间管理是生姜高产栽培的重要环节。

为防止根茎膨大时露出地面，需要进行培土。一般在立秋前后追肥的同时进行第一次培土。以后结合浇水进行第二次培土，逐渐把垄面加宽、加厚至17~20cm左右。

三、病虫害防治

（一）病害

生姜的病害主要有腐烂病和炭疽病。

生姜腐烂病：又称姜瘟病，是生姜生产中最常见且普遍发生的一种毁灭性病害。带菌的姜种、土壤是主要传染源，病菌污染的水和厩肥，也可传播病菌。

生姜腐烂病发生的适宜温度为28℃左右，一般在6~7月开始发生，8月发病严重。发生腐烂病的姜株，叶片最初表现为下垂无光泽，而后自下而上变成枯黄色，边缘卷曲，最终全株下垂枯死。根茎发病初期基部呈水浸状，黄褐色，失去光泽后内部组织逐渐软化腐烂，仅残留外皮，挤压病部可流出污白色米水状汁液，散发臭味。

生姜腐烂病主要采取农业措施防治：一是轮作换茬：一般每3~4年轮作一次，尤其是发病的地块，要间隔4年以上才可种姜；二是严格选用无病姜种。三是防止雨季田间积水；四是施净肥、浇净水。姜田要使用腐熟后的农家肥，最好用井水灌溉，严禁将病株丢入水渠和井中；五是及时铲除病株，消毒土壤。发现病株后，应及时拔除中心病株及其周围0.5m以内的健康姜株，并挖去带菌土壤，在病穴内撒上生石灰或漂白粉，然后用干净的无菌土掩埋，再撒上一层生石灰并及时改变浇水渠道，防止病菌扩散蔓延。

药剂防治生姜腐烂病：一是播种前浸种，掰姜后用草木灰处理伤口；二是在病株周围1m范围内，用50%多菌灵可湿性粉剂500倍液灌根，或用新植霉素每袋15g对水5kg灌根，一个星期灌1次，连续灌2~3次；也可每亩用姜瘟清500~600倍液，每隔10~15d喷1次，连续5~7次。

生姜炭疽病症状为：受害叶片多先自叶尖及叶缘出现病斑，初为水浸状褐色小斑，后向内扩展成椭圆形、梭形或不规则状褐斑，数个病斑连成病块，使叶片变褐干枯。

农业措施防治生姜炭疽病：一是注意轮作；二是收获时彻底清除染病植株残体，集中烧毁，防止病菌污染土壤；三是增施农家肥，注意氮、磷、钾配方施肥，增强植株抗病能力，严禁偏施氮肥；四是及时清沟排渍，防止田间积水。

药剂防治生姜炭疽病：可用70%甲基托布津可湿性粉剂1 000倍液加75%百菌清1 000倍液喷施；或用50%使百功1 000倍液，于发病初进行叶面喷施，7~10d 1次，连续2~3次。

（二）虫害

生姜虫害主要有姜螟和蛴螬。

姜螟又名钻心虫。被害叶片成薄膜状，茎、叶鞘常被咬成环痕。被害姜苗上部枯黄凋萎或造成茎秆折断。地膜栽植生姜因出苗早，田间绿色植物少，更易发生姜螟虫。

防治方法：一是清理田园：生姜收获后，将生姜的断株、枯叶、杂草清除干净，集中烧毁；二是人工捕捉：发现姜叶卷缩萎垂，茎上有虫孔和排泄物，用小刀剖开姜株的受害茎部捕捉；三是药剂防治：从6月上旬开始，每亩用生物农药Bt 800~1 000倍液喷施，7~10d 1次，连续3~5次；或用溴氰菊酯2 000倍液喷施。

蛴螬也称白地蚕。防治蛴螬和其他地下害虫，只要每亩用3%辛硫磷颗粒剂2kg掺土12~15kg，在整地时撒匀翻入土内即可。

四、收获与贮藏

生姜不耐霜冻,一般于 10 月下旬气温降至 11~15℃,初霜到来之前应及时收获。

收获时要注意:①选在晴朗天气采收。收姜时,土壤不能过干过湿,土壤过干时,要提前 2~3d,浇 1 次水,使土壤湿润;土壤过湿时,要晾晒至松散时再收获;②仔细刨挖,勿伤姜块。若土质疏松,可抓住茎叶整株拔出,抖掉根茎上的泥土;③自茎秆基部向上保留 2~3cm,掰去或用刀削去地上茎;④挖出后的姜块,要及时采取遮阳措施。⑤轻装运,不要碰伤姜皮;⑥留种生姜单收、单贮。

淮北地区多采用卧式窖贮藏生姜:选择地势较高、排水好、地下水位低、背风向阳处挖窖。先挖深 2m,宽 1.2m,长以贮姜量多少而定的长方形池子,池底略斜,然后在两侧各挖一个渗水沟。在池底从较高的一端开始竖排姜块,每排一层加盖一层湿润的细土,直至距地面 50cm 处,最上层盖 8~10cm 厚的细土。窖的一端留 60~80cm 作为走廊。然后架上竹竿、木棍,其上铺作物秸秆,用细土封顶至高出地面。雨雪天再盖上防雨布。窖口开在其上。老窖要用 50% 多菌灵可湿性粉剂 500 倍液进行杀菌处理。

生姜入窖后,当气温高于 15℃ 时,只用姜秧或草苫稍加遮盖窖口,保持空气流通。这期间姜块呼吸旺盛,产生大量的热量和二氧化碳,窖内严重缺氧,操作人员不可贸然下窖。当窖内温度降到 11~13℃ 时即可封实窖口。

生姜贮藏适宜温度为 11~13℃,适宜相对湿度为 90%~95%。封窖后,要定期检查窖内温度、湿度变化,注意防止雨水浸透窖内,窖顶如有积雪应及时清除。

生姜经过贮藏,不仅可以保鲜,而且可以反季节销售,避免集中上市造成的价格竞争,使农民朋友获得更好的经济收入。

第二节 大 葱

一、大葱的特性

1. 根

大葱的根为白色弦线状须根系，是由不定根构成的须根群，成株一般有须根 50~100 条。它入土浅，分布范围小，平均长 30~40cm，粗 1~2mm。因根上无根毛，因而吸收水分和养料的能力较弱。大葱根的再生能力和分枝能力较强，随着叶片的增多和培土的加高，根系分布在培土层和地下 40cm 的土层中，根的横展半径 13~16cm。

2. 茎

大葱的茎呈短缩的圆锥形，黄白色，深入地下，下部着生根，上面着生叶片，顶端为生长锥，具有顶端优势，分蘖少。大葱通过春化阶段后，停止分化叶片。通过春化的植株在日照条件下抽出花薹。

3. 叶

大葱的叶片呈同心环状着生在地下的短缩茎上。叶片由叶身和叶鞘组成。叶身呈圆柱管状，叶鞘相互抱合组成了假茎。每个新生的叶片都是从前一个叶片的叶鞘中伸长出来的。

幼叶刚出现时为黄绿色，呈实心，以后随着内部薄壁细胞组织逐渐消失，而叶片成为空心，深绿色，披有白色蜡粉，具有耐旱性。叶片的光合效率与叶龄有关，幼叶光合效率低，而成叶光合效率高，所以生产上要保护好大葱的叶片。延长光合功能叶，是夺取高产的关键。

4. 花

大葱为伞状花序，呈圆球形，内有小花 400~500 朵，先后开放，小花为两性花，属于异花授粉。

5. 果实和种子

大葱的种子为蒴果，成熟后开裂，种子易脱落，呈盾形，内侧有棱。种皮黑色，坚硬，不易透水，千粒重 2.4~3.4g。种子寿命较短，一般条件下只有 1~2 年，生产上一般采用当年的种子。但在 -20~-18℃ 的低温下贮存时，寿命大大延长。

二、大葱对环境条件的要求

1. 温度

葱起源于半寒地带，好冷凉而不喜炎热，在冷凉的气候下，产量高，品质好。葱的耐寒能力较强，在裸体条件下，能忍受 -20℃ 的低温，幼苗在 -10℃ 的条件下能安全越冬。幼苗和种株在积雪和保护物覆盖的条件下，可以忍受 -40~-30℃ 的低温。葱不喜欢热，最高能耐 45℃ 的高温。

种子在 2~5℃ 条件下能发芽，在 7~20℃ 的温度范围内，温度越高，萌芽出土越快，但温度超过 20℃ 时无效应。从发芽到子叶出土，需要 7℃ 以上的积温 140℃ 左右，适宜葱生长的温度是 7~35℃，在温度 13~25℃ 范围内，茎叶生长旺盛；10~20℃ 下，葱白生长旺盛，温度超过 25℃ 生长缓慢，形成的葱白和绿叶品质均差。

大葱是绿体通过春化阶段的植物，3 叶以上的植株在低于 7℃ 的温度下，经 7~10d 便可通过春化阶段。

2. 光照

大葱对光照强度要求不高，对日照时间的长短要求为中性，只要在低温作用下通过春化，不论日照时间的长短都能正常抽薹开花。

3. 水分

大葱的叶片呈管状，有蜡质，具有抗旱性，能减少水分蒸发而耐干旱，群众有"旱不死的葱"的说法。把 5 片真叶以上的葱放在阳光下晒 10d，虽然根干，叶缩，但不能危害生命。

但在生产中的葱根系无根毛，吸水能力差，各个生长时期都要满足水分供应,才能生长健壮,葱白粗大,产量高。

4. 土壤营养

大葱本来对土壤要求不严格,但它根群小,无根毛,吸肥能力差,如要夺高产,必须选用①土壤疏松;②土层深厚;③土质肥沃;④排水良好;⑤富含有机质的土壤。

大葱对酸碱度的要求:pH 值为 7～7.4 为好,低于 6,大于 8.5,对种子发芽,植株生长有抑制作用。

大葱对土壤中的氮肥最为敏感,当土壤中水解氮低于 60mg/L 时,施用氮肥有良好的效果;高产田的土壤水解氮应达到 80～100mg/L,必须施钾。

每生产 1 000kg 大葱,需要纯氮 2.7kg、磷 0.5kg、钾 3.3kg。

三、生长发育

大葱是绿体通过春化阶段的作物,种子萌动后,不能感受低温的影响,必须在 3 片叶以后,才能感受低温而通过春化阶段。大葱对光照要求为中性,只要通过春化阶段,以后不论光照时间长短,均能抽薹开花。所以,秋播的大葱,不宜过早,过早年前易通过春化阶段,来年一开春,就未熟先抽薹,降低产量,失去商品价值。播种育苗时间要掌握在越冬前达到二叶一心,但也不能过晚,过晚植株小,体内养分少,对越冬不利。

大葱的一生分为营养生长和生殖生长两个阶段:

1. 营养生长期

大葱从播种至花芽分化,此期有新叶长出,新老叶更替,保持 6～8 片功能叶。

(1) 发芽期 大葱是拱形"门鼻样"出土的。从播种—子叶出土为发芽期。

此期的生长条件是:①自身的养料;②适温 15～20℃条件下需要 14d,才能出土;③保持地面湿润,透气性好。

(2) 幼苗期 从幼苗直钩到定植(叶片伸直后,开始制造养分，进入自养阶段）。秋播葱幼苗期 250d 左右，主要经历四个时期：冬前苗期、越冬期、返青期、旺盛生长期。

冬前苗期很重要，不超过 30d 左右，苗子保证二叶一心，这样，既可安全越冬，来年春天又不至于抽薹开花。

返青期是在温度回升到 7℃ 时，开始返青，13℃ 进入旺盛生长期。春播的大葱苗期为旺盛生长期结束，叶身和外层叶鞘的养分向内层叶鞘转移，假茎得到迅速充实，使品质明显提高。

（3）假茎（葱白）形成期　从定植到收获，是葱白形成期，此期可分为 3 个时期。

一是缓苗越夏期：大葱定植后开始缓慢发出新根，到恢复生长为缓苗期，此期需要 10d 左右，以后进入高温越夏期，气温均在 25℃ 以上，生长缓慢，叶片寿命短，新生功能叶形成后易早衰，单株功能期只能保持 1~3 片，越夏期为 50d。

二是假茎形成期：越夏后，天气已凉爽，气温在 25~13℃，正适合大葱生长，叶片寿命长，功能叶增到 6~8 片，且新生的叶片依次增大，制造的养分大量的贮藏到假茎之中，使葱白迅速增粗加长，大葱的产量主要在此期形成。

三是假茎（葱白）充实期。

此期天气已冷，大葱遭受早霜后，旺盛生长期结束，叶身和外层叶鞘的养分向内层叶鞘转移，假茎得到迅速充实，使品质明显提高。

（4）贮藏越冬休眠期　大葱在低温条件下被迫休眠，同时也在此期通过春化阶段，此期有的收获后在贮存之中，也有的在田间。

2. 生殖生长期

从叶鞘中抽出花薹到种子成熟，共分 3 个时期。

①抽薹期：从花薹抽出叶鞘到破苞开花。此期主要是进行花器的发育。大葱的花薹有较强的光合作用能力，光合强度高于同株叶片的 4 倍，对种子的产量影响极大。

②开花期：花球破裂后，小花由中央向四周依次开放，每个小

花期2~3d,同一个花球的花期约15d。早期的花常因低温和霜冻而影响受精,后期的花又会因为干热风、连阴天而影响种胚发育,中间一段时间的花结籽较好。

③种子成熟期:由于开花有先有后,种子成熟也不一致,从开花到种子成熟需20~30d,后期温度高,种子成熟快,但饱满程度较差。种子成熟后,应分期将种子球剪下、风干、脱粒、晒干、贮存。80~90d,出土后就进入旺盛生长期。

四、葱的栽培季节和茬次

大葱耐寒抗热,适应性较强,适宜分期播种,以便周年供应。在河南主要以大葱并以干葱为主,一部分青葱,其产品不论大小,随时可以收获,并且贮存保鲜容易,供应时间长。而且贮存和越冬中的成株,在水分、温度适宜的条件下,又能利用假茎贮存的养分萌发生长,这样露地、保护地栽培相结合,采取分期播种,可以实现大葱的周年供应,满足市场的需要。

栽培季节与方式如表所示。

表 葱的栽培季节

栽培名称	栽培方式	播种期	定植期	收获期	备注
春葱	平畦育苗	上/2~上/4	上/6~下/7	食用小葱	
夏葱	平畦育苗	下/5~下/16	上/8-下/9	食用小葱	
秋葱	平畦育苗	上/9~下/9	下/4~下/6	食用小葱	
伏葱	平畦丛栽利用秋播葱苗	上/5~上/6	上/7~下/9	供应青葱	
大沟葱	宽行大沟深培土利用春秋苗均可	下/6~下/7	上/11~上/12	贮存、供应冬春干葱	
小沟葱	窄行寸沟浅培土利用夏葱苗	上/9~下/9	上/4	供应干葱	

五、大葱的类型和优良品种

（一）大葱的类型

大葱的类型有普通大葱、分葱、胡葱、韭葱和楼葱五大类型。

1. 普通大葱

植株高大，分蘖力弱。能开花结实，用种子繁殖。品种多，栽培面积大，如：本县栽培的高白牌大葱、梧桐葱、杨玉如牌大葱、女朗山牌大葱、科星牌大葱和河北巨葱都是普通大葱。

2. 分葱

植株矮小，假茎细而短，分蘖性强，每个分蘖长出3~4片叶即开始分蘖，单株每年形成20~80个分蘖。不抽薹，不开花，有少数分株抽薹而不结实，靠单株繁殖。分葱辣味较淡，以食嫩叶为主。

3. 楼葱

假茎短，分蘖性、抗逆性强，分蘖成株后，呈为三层小葱株。花器不健全，无结实能力。主要靠分株移栽。休眠期短，可随时采收，随收移栽。

4. 胡葱

胡葱又称火葱、蒜头葱。主要是下部大，上部细。分蘖性强，植株晚春开花，不易结籽，靠鳞茎繁殖；一个鳞茎可繁殖10~20个子鳞茎。

5. 韭葱

别名扁葱、扁叶葱。叶片长带形，有蜡粉，宽5cm，长50cm左右，抽生的花薹断面圆形实心，伞形花序。每序有小花800~3 000朵。韭葱耐热、耐寒、生长势强、产量高，病害极少，能忍受38℃左右的高温和-10℃的低温，生长适温白天18~22℃，夜间12~13℃，春季育苗，夏季定植，初冬收获。

（二）优良品种

我国北方和中原主要种植分蘖性弱的普通大葱，品种主要以山

东章丘大葱为主,南方主要种植植株矮小,分蘖力强的类型品种。河南及开封地区主要种植下列几种:

1. 章丘大梧桐

(1) 品种来源　山东省章丘市一带的地方品种。

(2) 特征特性　株高130~150cm。叶管状细长,绿色,蜡粉少;叶尖锐,肉较薄,叶长冲;葱白长50~60cm,最长80cm,假茎直圆柱形,横径3~4cm,上下匀称一致;组织充实,质地洁白,辛辣适中,纤维少,汁多,品质优良。生长速度快,不易抽薹,不分蘖。单株质量0.5~0.75kg,最重1.5kg。每亩产量2 500~4 000kg。晚熟生育期长,不抗紫斑病,不抗风。

(3) 栽培要点　一是选择3年没种过葱蒜类地块;二是亩施优质粗肥3~5m³,深耕细耙,整平做畦后,每亩用复合肥25kg;三是9月下旬播种育苗,90d后,苗长到2~3片叶时越冬;四是翌年6月开沟移栽,沟距80cm,株距5cm;五是栽后踩实浇水一次,适时培土、施肥,11月收获。

2. 二九系大葱

(1) 品种来源　本品种是章丘市1975年对大梧桐进行提纯复壮时选育出来的一个新品系,属于长白葱类型。

(2) 特征特性　植株高大,株高130~150cm,功能叶5~7片,叶面蜡粉厚,叶色浓绿,叶肉厚,叶尖向上或斜生。葱白高60~70cm,圆柱形,基部不肥大,横径4cm左右。

生长势强,直立,不分蘖,抗寒又耐高温,抗病性较强,耐紫斑病,耐霜霉病、菌核病,密植,每亩产量5 000kg。

(3) 栽培要点　同大梧桐。

3. 高脚白大葱

(1) 品种来源　河北省定兴县品种,1975年引入河南,属长葱白类型。

(2) 特征特性　株高65~100cm,叶展30cm。叶呈粗管状,叶面着蜡粉。单株功能叶片8~10片,葱白长35~40cm,单株质量128~250g,最重370g。辛辣味浓郁。

品种优良,中熟,从定植到收获130~210d,分蘖性弱,耐寒能力强,也耐贮存,耐热,抗病中等,但不耐涝。每亩产量4 000kg。

(3) 栽培要点　一是9月上中旬播种育苗;二是封冻前浇水,冬季防寒,畦面上盖土杂肥和少量杂草;三是来年春季浇水追肥,5月中下旬定植,行距60~70cm开沟,按株距3~5cm定植;四是6月中、下旬开始培土,每半月培土一次,共培土4次;五是9月至10月份收获。

4. 掖选一号

(1) 品种来源　原名掖辐一号,所用章丘五叶大葱经辐射处理后新品种,是山东省莱州市蔬菜又经多年选育而成的。

(2) 特征特性　株形高大,株高120cm,葱白长60cm,葱白重占全株的60%,辣味轻,叶肉较薄。抗紫斑病和锈病。最高产量达7 850kg,单株平均质量0.9kg,比大梧桐增产30%。

(3) 栽培要点　该品种是依靠单株发挥增产潜力而实现高产的,每亩种植密度1万~1.2万株,行距67cm,株距6~8cm;秋分至寒露播种育苗,来年4~5月定植,定植后7~10d缓苗,15d内不浇水,重点是中耕划锄,促进根系发育;旺盛生长期要勤浇水、重追肥、多次高培土,12月份全部收获。

5. 河北巨葱

(1) 品种来源　中国农业大学与河北省故城县巨葱研究中心联合培育的大葱新品种。

(2) 特征特性　植株高大,一般株高150~170cm,假茎相对长,单株质量0.35~1.2kg。味道鲜美,做菜鲜,香浓。具有抗病虫,生长快(比其他品种早上市近1个月)等优点,每亩产量7 000kg。

(3) 栽培要点　适合春秋两季栽培,秋播在秋分—寒露之间,春播惊蛰前后播种，麦收后定植到麦田。

六、大葱栽培管理

（一）茬口安排和地块选择

大葱忌连作，群众有"辣对辣，必定瞎，葱韭蒜不见面"等说法，大葱不但不能与大葱、洋葱重茬，还不能与大蒜、韭菜重茬。但能与甘蓝、茄子、冬瓜、西瓜、白菜套作或接茬。

种植大葱的地块要选用黏质土壤或富含有机质的黏土。因为两合土种植大葱，葱白呈黄白色，且质地松软，品质差；沙土地种大葱虽葱白质硬，但产量低，品质不良。

（二）播种育苗

1. 施肥整地

选3年没种过葱蒜类地块，土壤疏松，肥力好，中性微碱性地块，每亩施优质农家肥5 000kg，过磷酸钙50~75kg，尿素40kg。深翻耙平，做畦宽1.3m，长7~10m的平畦。

2. 播种时间

主要是秋播和春播。

（1）秋播 葱苗在露地越冬，如果苗龄过大，就会感受低温影响，使来年早春抽薹；如过晚，苗子不到三片叶，越冬时易冻死。要掌握在越冬前具有2~3片真叶，株高10cm，既不冻死，也不抽薹。

时间应在气温保持在17~16.5℃，最为适宜，正好是小麦适播期，为10月上旬。

（2）春播 苗期应在惊蛰、清明中间。春播苗在出苗后进入旺盛生长期，不易抽薹。

3. 播种

大葱种皮厚，种胚小，发芽慢，出土后幼苗细弱，根系不发达，生长慢，苗期长，为便于管理，采用育苗移栽。

（1）用种量　秋播比春播畦大些，育苗田每亩用量 1.5~2kg，栽 4~5 亩地，一般 0.5kg 种子育 1.5~2 分地，栽 0.8~1 亩地。

（2）种子处理　秋播采用干籽。播前将种子进行浸种消毒能提高发芽率和出苗，幼苗生长整齐，预防病害。

方法是：先将种子用凉水浸泡 10min，漂出秕籽和杂质，再放到 65℃ 左右的温水中持续 20~30min。也可在 500 倍的高锰酸钾溶液中浸 20~30min，再用清水冲洗干净，可早出苗 2~3d。

春播时因土壤干旱，为提早出苗，可采用湿播，用浸种催芽的办法，先将种子用温水搓洗，除去秕子，浸泡 12~24h，置于 15~20℃ 处催芽 2~3d 后，待大部分种子露白时播种。

（3）播法　春播时，为防止浇水后引起的低温、板结，应先浇水后播种。秋播时，温度高，一般采用先播种后浇水的方法。

（4）播后管理

①浇水追肥：因大葱种子小，顶土能力弱，只有保持地面湿润才能保持正常出苗。

如是秋播苗，把握四点：一是播后浇水的，出苗期间需再浇一水，保持地面湿润，如是先浇水造墒播种的，出苗期间不再浇水。二是到大地封冻前再浇一次封冻水。三是如遇温度过低，需要地面覆盖土杂粪或秸秆进行防寒保温。四是温度回升到 13℃ 时，浇返青水，同时追返青肥，以后控水、中耕，蹲苗 10~15d，等到旺盛生长期，要进行 2~3 次追肥浇水。

如是春播苗，出苗期间注意保墒；3 叶期间控制浇水，蹲苗，3 叶期后再追肥浇水，促进秧苗迅速生长。

②喷用除草剂：适用于春播，要在先播后浇水的 2~3d 里，将除草剂均匀喷洒地面。秋播一般不用除草剂。

③间苗：要进行两次，第一次在春季浇返青水时，苗距 2~3cm；第二次苗高 18~20cm 时，苗距 6~7cm。

④防病治虫：如有病虫，及时防治。

⑤培育壮苗：壮苗标准是苗高 50cm 上下，葱白长 25cm 上下，

叶身颜色浓绿，叶片保持 5~6 片，单株质量 40g 以上。

（三）定植

大葱长至 40~50cm 高时定植，如果发现有分蘖的及时抛弃不用，减少经济损失。

1. 定植期

秋葱定植期与产量有密切关系。

据资料介绍，大葱专家在 1976 年的试验：

以小暑定植（7 月 6 日）对照，夏至定植的增产 32.9%，芒种定植的增产 41.4%，立秋（8 月 8 日）定植的减产 29.1%。选择定植期应为芒种时（6 月上旬）为好，还要考虑葱苗有 130d 时间，春播苗比秋播苗子小，定植期晚 15d 左右。

2. 选地整地

定植地块要与育苗地块基本一致，但要注意有利于排水，以防雨季沟积水，上茬地不可翻耕，按照品种要求的种植行距开沟。秋葱开沟深宽为 30~35cm。

3. 施足底肥

每亩用优质肥 5 000kg，过磷酸钙 50kg，复合肥 30~40kg，施入沟内。施肥后深翻 20~30cm，疏松沟内土壤，将肥料混匀，然后耧平。

4. 起苗分级

起苗前 2~3d，浇水 1 次，使土壤保持不干不湿，起苗时不困难，又不黏土。做到随起苗、随分级（把苗子分成 1 级、2 级）随剪须根（留根长 3~5cm），随定植。

5. 栽苗

将苗子分级定植，大小分开栽。栽苗时，深度以不埋心叶，在地面上 7~10cm 为宜，因葱秧大小不一，应保持下齐即可。

6. 密度

高产田每亩栽 1.3 万~1.6 万株。原则是：肥地宜稀，薄地宜密；肥多宜稀，肥少宜密。为了培土方便，目前采用放大行距，缩小株距的方法。行距65~80cm，株距5~8cm。

（四）栽后管理

1. 缓苗期管理

葱秧定植后，老根很快腐烂，4~5d后萌出新根，新根长出，新叶开始生长。此期为缓苗期。此时正是高温季节，生长极为缓慢，株高、株重开始都有减少。

此期的管理：主要促进根系发生发展，措施是：一是防涝；二是松土。如出现沟内积水1~2d，葱叶发黄，烂根死苗，所以雨后及时排水、中耕。

2. 旺盛期管理

此期正是立秋后，天气凉爽，昼夜温差大，适应大葱生长，植株增高，假茎增长，葱白充实。

此期的管理：主要是追肥、浇水、培土、防治病虫害。

①操作程序：从立秋开始，每个节气一次，到秋分共4次追肥、培土、浇水，一体化作业过程。

立秋时，在垄背撒施农家肥2 000kg，同时施入尿素10~15kg，随之除松垄台，将肥料锄入沟内，接着浇水。

处暑时，再追氮肥（尿素）10~15kg，配合钾肥，硫酸钾10kg或施入复合肥20kg，将肥料施入行间，中耕后培土，然后顺沟浇水。

白露和秋分时，各再次追肥、培土、浇水，方法同上。

②培土的作用：培土能增加植株高度、葱白长度和重量。

培土应注意：要在上午露水干（上午10时后）土壤凉爽时进行，否则，容易引起假茎腐烂。

第1~2次培土时，因苗生长慢，应浅培土；

第3~4次培土时，因苗生长快，应深培土。注意不埋心叶为适度。

浇水应注意：①立秋到白露之间浇水，要在早晚时间，浇水不宜过大。②白露到秋分浇水宜大，要经常保持地面湿润。③到平均气温降到15℃左右，已是旺盛生生长期的下限温度，昼夜温差大，叶片积累的养分大量向叶鞘运转贮存，是产量的主要形成期。此期浇水尤为迫切，需要6~7d浇1水，每次要浇透，两水之间要保持地皮不干。这样水分充足，叶色深，蜡粉厚，葱白洁白有光泽。

④刨收前1周停止浇水，以促使组织充实。

七、大葱病虫害

大葱的病害有葱类霜霉病、紫斑病、锈病、炭疽病、黄矮病、黑斑病、疫病、灰霉病、菌核病、葱白色斑点病、叶腐病、葱线虫病等。

这里主要介绍葱类霜霉病、紫斑病、锈病、黑斑病。

虫害主要有葱地种蝇、葱白潜叶蝇、葱蓟马、蝼蛄、蛴螬等。

（一）病害

1. 霜霉病

本病主要为害大葱、洋葱、大蒜、韭菜等。

（1）症状　对大葱主要为害花梗，花梗上初生黄白色或乳黄色较大侵染斑，纺锤形和椭圆形，其上产生白霉，后期变为淡黄或暗紫色。中下部叶片染病，病部以上渐干枯下垂。假茎染病多破裂、弯曲。这类病株萎缩，叶片畸形或扭曲，湿度大时，表面长出大量白霉。

（2）病原菌发病条件　病原菌为真菌，病菌以卵孢子附着于病残体或种子在土壤中越冬，翌年春天萌发，从植株的气孔侵入。湿度大时，病斑上产生孢子囊。孢子囊成熟后借气流、风雨、昆虫等传播，进行再侵染。空气相对湿度95%以上，气温15℃左右为流行季节，一年主要有两次发病高峰，以9~10月发病最重。低温多雨和重雾天气病害加重。地势低洼，排水不良，过分密植、重茬地、植株生长不良及大水漫灌时发病也较重。

（3）防治方法

①选择地势较高，易排水的地块种植，并与非葱类作物实行3年轮作。

②收获后清洁田园,把病叶集中起来烧毁或带出田园深埋,以减少初侵染来源。

③加强田间管理,切忌大水漫灌,雨后及时排水,降低土壤含水量及空气湿度,以减少病害和控制病害蔓延。

④栽葱时选苗,消灭苗期带病植株。

⑤用种子量0.3%的35%雷多米尔拌种,或用50℃温水浸种25min,再浸入冷水中,捞出晾干后播种。

⑥药剂防治：发病初期及时喷药,用75%的百菌清可湿性粉剂600倍液、50%甲霜铜可湿性粉剂800~1000倍液、64%杀毒矾M8可湿性粉剂500倍液、72.2%普力克水剂800倍液、40%灭菌丹可湿性粉剂400倍液、70%代森锰锌可湿性粉剂500倍液、58%甲霜灵锰锌可湿性粉剂500倍液、40%的乙膦铝可湿性粉剂200~300倍液,每隔7~10d喷药1次,连喷2~3次。各种药剂轮换使用。

2. 紫斑病

(1) 症状　主要为害叶和花梗。初期呈水浸状白色小点,后变淡褐色,椭圆形或纺锤形稍凹陷斑,继续扩大呈褐色或暗紫色,病部长出灰黑色具同心轮纹状排列的霉状物,病部继续扩大致全叶变黄枯死或折断。种株花梗发病率高,使种子皱缩,不能充分成熟。环境条件适宜时,病斑扩大到全叶,或环绕花梗使叶片、花梗枯死或折断,严重影响鲜葱的产量、品质和种株成熟。

(2) 病源菌及发病条件　病原为真菌,以菌丝体在寄主体内或随病残体在土壤中越冬,翌年产生分生孢子,借气流或雨水传播,经气孔、伤口或直接穿透表皮侵入,潜育期1~4d。发病适温为24~27℃,低于12℃则不发病。病源菌产孢子需湿度高,萌发和侵入需有水滴存在,因此温暖多湿的夏季发病重(以5~11月阴天多雨发病最重)。

(3) 防治方法

①清洁田园,实行轮作。

②加强管理,多施基肥,增施钾肥,雨后及时排水,使植株生

长健壮，增强抗病力。生长期浇水不宜过勤，发病后控制浇水。及早防治葱蓟马，以防造成伤口，随即传入病害。

③选用无病种子，必要时种子用40%的甲醛300倍液浸3h，浸后及时洗净。

④药剂防治。

发病初期喷75%百菌清可湿性粉剂600倍液或70%代森锰锌可湿性粉剂500倍液，或64%杀毒矾M8可湿性粉剂500倍液，或58%甲霜灵锰锌可湿性粉剂500倍液，或50%扑海因可湿性粉剂1 500倍液，或40%的大富丹可湿性粉剂500倍液，或50%托布津可湿性粉剂600倍液等，隔7~10d喷药1次，连喷3~4次，可与防治霜霉病结合，各种药剂轮换使用。

注意：在每10kg药液中加5~10g中性洗衣粉，可增加药液的黏着性。

3. 葱类锈病

（1）症状　主要为害叶、花梗部。发病初期表皮上产生椭圆形或纺锤形稍隆起的橙黄色疱斑，后表皮破裂向外翻，散出橙黄色粉末，即病菌夏孢子堆和夏孢子。秋后疱斑变为黑褐色，破裂时散出暗褐色粉末，即冬孢子堆和冬孢子。严重时，病斑连成片，如铁器生锈，致叶片上长满疱斑，病叶干枯。

（2）病原苗及发病条件　病原菌为真菌。北方的冬孢子在病残体上越冬；南方则以夏孢子在葱、蒜等寄主上辗转为害，或在活体上越冬。翌年夏孢子随气流传播进行初侵染和再侵染。夏孢子萌发后从寄生表皮或气孔侵入，萌发适温为9~18℃，高于24℃萌发率明显下降，潜育期10d左右，春、秋两季多雨、气温较低年份发病重；肥料不足，植株生长不良发病亦较重。

（3）防治方法

①收获后清除遗留在田间的病残体，消灭越冬菌原。

②多施有机肥，增施磷钾肥，提高植株抗病力。

③发病严重处提早收获。

④药剂防治。

发病初期喷药，可用15%的粉锈宁可湿性粉剂2 000~2 500倍液或50%萎锈灵乳油800~1 000倍液，或65%代森锌可湿性粉剂500倍液，或70%代森锰锌可湿性粉剂400~500倍液，或25%敌力脱乳油3 000倍液，或70%代森锰锌可湿性粉剂1 000倍液加15%的粉锈宁可湿性粉剂2 000倍液，或25%敌力脱乳油4 000倍液加15%粉锈宁可湿性粉剂2 000倍液等，每10d左右防治1次，共防1~3次。各种药剂轮换使用。

4. 葱类黑斑病

（1）症状　主要为害叶和花茎。叶染病后出现褪绿长圆斑，初呈白色，迅速向上、下扩展，变为黑褐色，边缘具黄色晕圈。病情扩展后，斑与斑连片后仍然保持椭圆形，大小（5~18）mm×（10~58）mm。病斑上略现轮纹，层次分明。后期病斑上密生黑短绒层，即病菌分生孢子梗和分生孢子。发病严重的叶片变黄枯死或基部折断。

（2）病原菌与发病条件　病原菌为真菌，寒冷地区，病菌以子囊座随病残体在土中越冬，以子囊孢子进行初侵染，靠分生孢子进行再侵染，借气流传播蔓延。在温暖地区，病菌靠分生孢子辗转危害。该菌系弱腐生菌，长势弱的植株及冻害或管理不善易发病。

（3）防治方法

①加强田间管理，提高寄主抗病能力。合理密植，雨后及时排水。

②于发病初开始喷洒75%百菌清可湿性粉剂600倍液或50%扑海因可湿性粉剂1 500倍液，或64%杀毒矾M8可湿性粉剂500倍液，或14%络氨铜水剂，或1∶1∶100波尔多液，隔7~10d1次，连续防治3~4次，各种药剂交替使用。

（二）虫害

1. 葱类地种蝇

葱类地种蝇又名葱蝇、葱蛆，危害葱类、蒜等百合科蔬菜。

（1）为害情况　幼虫蛀入葱蒜等鳞茎取食，一个鳞茎常有幼虫十几头。受害的鳞茎被蛆食成孔洞，引起腐烂，叶片枯黄、萎蔫，甚至成片死亡。

（2）防治方法

①预测预报，抓住成虫产卵高峰及孵化盛期，及时防治。通常用诱测成虫的方法。配方是1份糖、1份醋、2.5份水，加少量敌百虫拌匀。诱蝇器用大碗或小盆，先放入少许锯末，然后倒入适量诱剂，加盖，每天在成虫大量活动时开盖，当盆内诱蝇数量突增时，即为成虫发生盛期，应立即防治。

②成虫有趋腐性，故田间忌用生粪，农家肥要充分腐热，施匀并深施。

③栽葱时要严格剔除受害苗，或用500倍乐果乳剂短时浸泡葱苗根茎，可杀死内部幼虫。

④药剂防治，一是成虫产卵时，可用灭杀毙6 000倍液，或2.5%溴氰菊酯3 000倍液，7d喷1次，连喷2~3次。

二是已发生葱蝇的菜田，用50%辛硫磷乳剂800倍液，或40%乐果乳剂1 000倍液，或90%敌百虫晶体1 000倍液，或80%敌百虫粉剂1 000倍液灌根杀蛆。

2. 葱斑潜叶蝇

葱斑潜叶蝇又称潜叶蝇、叶蛆等，为害大葱、洋葱、韭菜、蒜等百合科蔬菜及甘蓝、萝卜等。

（1）为害情况　幼虫终生在叶内曲折穿行，潜食叶肉。叶片上可见到曲折的蛇形隧道，叶肉被害，只留上下两层白色透明的表皮，严重时，每片叶可遭到十几条幼虫潜食，叶片枯萎，影响光合作用和产量。

（2）防治方法

①清洁田园：收获后清除残枝落叶，深翻冬灌消灭虫源。

②药剂防治：在产卵前消灭成虫，成虫发生盛期喷灭杀毙6 000倍液，或40%乐果乳剂1 000~1 500倍液，或80%敌敌畏乳剂2 000倍液，或50%敌百虫800倍液，每5~7d喷1次。幼虫为

害时，喷40%乐果乳剂1 000～1 500倍液，或25%喹硫磷乳油1 000倍液，在收获前1周停用，共喷2～3次，并轮换施用。

3. 葱蓟马

葱蓟马又名烟蓟马、棉蓟马等，为害大葱、洋葱、蒜、韭菜等百合科蔬菜及烟草、棉花等作物。

（1）为害情况　成虫、若虫都能为害，以刺吸式口器危害植物心叶、嫩芽的表皮，舐吸汁液，出现针头大小的斑点。严重时，使葱叶失去膨压而下垂，弯曲，叶尖枯黄发白。

（2）防治方法

①清洁田园。及早将越冬葱地上的枯叶、残株清除，消灭越冬的成虫和若虫。

②适时灌溉。尤其是早春干旱时，要及时灌水。

③药剂防治。及时喷洒40%乐果乳油1 000倍液，或80%敌敌畏乳油1 000倍液，或50%马拉硫磷乳油1 000倍液，或50%辛硫磷乳油1 000倍液，或25%亚胺硫磷乳油500倍液及40%乐果乳油1 500倍液与80%敌敌畏乳油1 500倍液混合喷雾。

第三节　大　蒜

一、大蒜的整地施肥

大蒜是弦状须根；吸水肥能力较弱，鳞茎又在土壤中生长、膨大，所以大蒜应选择土壤疏松、排水良好、有机质丰富的地块栽培。尽管大蒜的适应性较大，但还是以砂壤土为好。因砂壤土疏松，适宜根系发育，返青早，抽薹早，蒜头大且辛辣味浓，起蒜容易。

栽培大蒜的地块在前茬作物收获后立即耕翻晒堡，在播种前要再整地作畦。基肥应在耕翻之前施入。大蒜因生长期长，群体密度高，需肥量大，一般亩施优质有机肥如粪尿肥、厩肥等5 000～

8 000kg；并配合20～30kg 磷、钾肥。有机肥料要充分腐熟，若使用生肥，发酵时会烧伤蒜根，还会引起地下虫害，尤其是地蛆严重发生。要精细整地作畦，畦宽1.5～2m，以东西延长为好。

二、秋播大蒜栽培技术

1. 播种

（1）适时播种　大蒜播种的最适时期是使植株在越冬前长到5～6片叶，此时植株抗寒力最强，在严寒冬季不致被冻死，并为植株顺利通过春化打下良好基础。长江流域及其以南地区，一般在9月中、下旬播种。长江流域9月份天气凉爽，适于大蒜幼苗出土和生长。如播种过早，幼苗在越冬前生长过旺而消耗养分，则降低越冬能力，还可能再行春化，引起二次生长，第二年形成复瓣蒜，降低大蒜品质。播种过晚，则苗子小，组织柔嫩，根系弱，积累养分较少，抗寒力较低，越冬期间死亡多。所以大蒜必须严格掌握播种期。

（2）合理密植　密植是增产的基础。蒜薹和蒜头的产量是由每亩株数、单株蒜瓣数和薹重、瓣重三者构成的。应按品种的特点做到适当密植，使每亩有较多的株数。早熟品种一般植株较矮小，叶数少，生长期也较短，密度相应要大，以亩栽5万株左右为好，行距为14～17cm，株距为7～8cm，亩用种150～200kg。中晚熟品种生育期长，植株高大，叶数也较多，密度相应小些，才能使群体结构合理，以充分利用光能。密度宜掌握在亩栽4万株上下，行距16～18cm，株距10cm左右，亩用种150kg左右。

（3）播种方法　"深栽葱子、浅栽蒜"是农民多年实践得出的经验。大蒜播种一般适宜深度为3～4cm。大蒜播种方法有两种：一是插种，即将种瓣插入土中，播后覆土，踏实；二是开沟播种，即用锄头开一浅沟，将种瓣点播土中。开好一条沟后，同时开出的土覆在前一行种瓣上。播后覆土厚度2cm左右，用脚轻度踏实，浇透水。为防止干旱，可在土上覆盖二层稻草或其他保湿材料。栽种不宜过深，过深则出苗迟，假茎过长，根系吸水肥多，生长过旺，蒜头形成受到土壤挤压难于膨大；但栽植也不宜过浅，过浅则出苗时易"跳瓣"，幼苗期根际容易缺水，根系发育差，越冬时易受冻死亡。

2. 田间管理

（1）追肥 大蒜幼苗生长期虽有种瓣营养，但为促进幼苗生长，增大植株的营养面积，仍应适期追肥。由于大蒜根系吸收水肥的能力弱，故追肥应施速效肥，以免脱肥而出现叶尖发黄。大蒜追肥一般3~4次，分为：

催苗肥：大蒜出齐苗后，施1次清淡人粪尿提苗，忌施碳铵，以防烧伤幼苗。

盛长肥：播种60~80d后，重施1次腐熟人畜肥加化肥，每亩20~30担，硫铵10kg，硫酸钾或氯化钾5kg。做到早熟品种早追，中晚熟品种迟追，促进幼苗长势旺，茎叶粗壮，到烂母时少黄尖或不黄尖。

孕薹肥：种蒜烂母后，花芽和鳞芽陆续分化进入花茎伸长期。此期旧根衰老，新根大量发生，同时茎叶和蒜薹也迅速伸长，蒜头也开始缓慢膨大，因而需养分多，应重施速效钾、氮肥（复合肥更好）10~15kg。于现尾前半月左右施入（可剥苗观察到假茎下部的短薹），以满足需要，促使蒜薹抽生快、旺盛生长。

蒜头膨大肥：早熟和早中熟品种，由于蒜头膨大时气温还不高；蒜头膨大期相应较长，为促进蒜头肥大，须于蒜薹采收前追施速效氮钾肥。如：氮钾复合肥亩施5~10kg，若单施尿素，5kg左右即可，不能追施过多，否则会引起已形成的蒜瓣幼芽返青，又重新长叶而消耗蒜瓣的养分。追肥应于蒜薹采收前进行，当蒜薹采收后即有丰富的养分促进蒜头膨大。若追肥于蒜薹采收后进行，则易导致贪青减产。若田土较肥，蒜叶肥大色深，则可不施膨大肥。中、晚熟品种由于抽薹晚，温度较高，收薹后一般20~25d即收蒜，故也可免追膨大肥。

（2）水分管理

齐苗期：一般播种1周即齐苗。追施齐苗肥后，若田土较干，可灌水1次，促苗生长。

幼苗前期：幼苗期是大蒜营养器官分化和形成的关键时期。大蒜齐苗后进入幼苗生长前期，由于齐苗后灌水1次，加之长江流域地区此期也正值秋雨较多的时期，因此要控制灌水，并注意秋雨后田间的排水工作。

幼苗中后期：以越冬前到退母结束为标志。此阶段较长，也正是大蒜营养生长的重要时期。越冬前许多地方降雨已明显减少。土壤较干，应浇灌1次；越冬后气温渐渐回升，幼苗又开始进入旺盛生长，应及时灌水，以促进蒜叶生长，假茎增粗。

抽薹期：蒜苗分化的叶已全部展出，叶面积增长达到顶峰，根系也已扩展到最大范围，蒜薹的生长加快，此期是需肥水量最大的时期，应于追孕薹肥后及时浇灌抽薹水。"现尾"后要连续浇水，以水促苗，直到收薹前2~3d才停止浇灌水，以利贮运。

蒜头膨大期：蒜薹采收后立即浇水以促进蒜头迅速膨大和增重。收获蒜头前5d停止浇水，控制长势，促进叶部的同化物质加速向蒜头转运。

（3）中耕除草　可于播种至出苗前喷除草剂。扑草净对防除蒜地的马唐、灰灰莱、蓼、狗尾草等有效。50%的扑草净亩用药100~150g。西马津和阿特拉津亩用药120~240g。除草通亩用药35~60g。

对以单子叶禾本科杂草为主的蒜田，每亩用大惠利120~150g于播种后5~7d（出苗前）加水30~50kg稀释，晚间喷雾。以双子叶阔叶草为主的蒜田，每亩用25%恶草灵120~150mL，或用24%果尔45~60mL，于播种后7~10d（出苗前）加水40~60kg，晚间喷雾。蒜苗幼苗生长期，当杂草刚萌生时即进行中耕，同时也除掉了杂草，对株间难以中耕的杂草也要及早拔除，以免与蒜苗争肥。

3. 采收

（1）采收蒜薹　一般蒜薹抽出叶鞘，并开始甩弯时，是收藏蒜薹的适宜时期。采收蒜薹早晚对蒜薹产量和品质有很大影响。采薹过早，产量不高，易折断，商品性差；采薹过晚，虽然可提高产量，但消耗过多养分，影响蒜头生长发育；而且蒜薹组织老化，纤维增多；尤其蒜薹基部组织老化，不堪食用。

采收蒜薹最好在晴天中午和午后进行，此时植株有些萎蔫，叶鞘与蒜薹容易分离，并且叶片有韧性，不易折断，可减少伤叶。若在雨天或雨后采收蒜薹，植株已充分吸水，蒜薹和叶片韧性差，极易折断。

采薹方法应根据具体情况来定。以采收蒜薹为主要目的，如二水早大蒜叶鞘紧，为获高产，可剖开或用针划开假茎，蒜薹产量高、品质优，但假茎剖开后，植株易枯死，蒜头产量低，且易散瓣。以收获蒜头为主要目的，如苍山大蒜采薹时应尽量保持假茎完好，促进蒜头生长。采薹时一般左手于倒3~4叶处捏伤假茎，右手抽出蒜薹。该方法虽使蒜薹产量稍低，但假茎受损伤轻，植株仍保持直立状态，利于蒜头膨大生长。

（2）收蒜头　收蒜薹后15~20d（多数是18d）即可收蒜头。适期收蒜头的标志是：叶片大都干枯，上部叶片退色成灰绿色，叶尖干枯下垂，假茎处于柔软状态，蒜头基本长成。收藏过早，蒜头嫩而水分多，组织不充实，不饱满，贮藏后易干瘪；收藏过晚，蒜头容易散头，拔蒜时蒜瓣易散落，失去商品价值。收获蒜头时，硬地应用锹挖，软地直接用手拔出。起蒜后运到场上，后一排的蒜叶搭在前一排的头上，只晒秧，不晒头，防止蒜头灼伤或变绿。经常翻动2~3d后，茎叶干燥即可贮藏。

三、大蒜地膜覆盖栽培技术

大蒜利用地膜覆盖栽培技术有显著的增产作用。

1. 地膜覆盖的效应

大蒜利用地膜覆盖后,有如下明显的效应。

(1) 改善了环境条件　地膜覆盖后,在冬前可提高 5cm 处的地温 2~3℃。因此,加速了大蒜冬前幼苗的生长,秧苗健壮,抗寒力强。加上冬季地温较高,故越冬因低温冻死率大大减少,约少 5 倍左右。翌春,由于地温高 2.6~3.7℃,大蒜幼苗返青早,生长快,植株生长量大,叶面积大,为丰产奠定了基础。地膜的不透水性,降低了土壤水分蒸发量,有利于土壤的保墒防旱。所以大蒜进行地膜覆盖后,可以减少浇水次数,土壤墒度适宜,早春避免了浇水降低地温之弊,为植株生长创造了有利条件。地膜覆盖后增强了土壤保水保肥力,提高了养分利用率,保持了土壤疏松,防止了浇水过多发生的地面板结,有效地改善了土壤环境条件。大蒜进行地膜覆盖后还减轻了病虫害的发生。地膜阻挡了种蝇向蒜根周围产卵,减少了根蛆为害。地膜覆盖也抑制了杂草的发生和危害。

(2) 促进了大蒜的生长发育　由于环境条件的改善,大蒜地膜覆盖条件下,植株生长健壮,根系发达,叶面积大。叶面积指数可提高 0.025。

(3) 早熟和高产　由于地膜覆盖的温度效应,所以大蒜地膜覆盖栽培后,抽薹期可提前 6~10d,成熟期提前 5~8d。早熟为早腾地创造了条件,可有效地调节下茬作物的栽培期。利用地膜覆盖,大蒜可增产蒜薹 55.35%,增产蒜头 44.8%。

2. 栽培技术

(1) 整地、施肥　精细整地,可提高地膜覆盖的效能。地膜覆盖后,大蒜吸肥增多,故应增施有机肥,减少以后追肥的用工麻烦。进行地膜覆盖一般用小高畦。畦宽因地膜宽度而定。

(2) 盖膜　一般先播种,后盖膜。膜要盖严、压紧。做到膜紧贴地;无空隙,膜无皱纹,有洞及时用土堵上。

(3) 播种　由于地膜覆盖后生长期延长,所以秋播大蒜可适当晚播 5~7d。密度应适当稀一些,每亩 35 000~38 000 株为宜。播种方法同秋播。

（4）苗期管理　播种覆膜后，立即浇水，促进蒜瓣扎根。近出苗时，再浇1次水，以利幼苗出土，顶破地膜，继续生长。有顶不出膜来的幼芽，可帮其行人工破膜。人工破膜的口越小越好。在幼苗生长阶段灌1次促苗水，入冬时，浇1次越冬水。在生育期内应经常巡视，发现幼苗压在膜下时，要立即扶出膜外，防止苗在膜下生长。

（5）中后期管理　在花芽、鳞芽分化期，仍然要保护好地膜。发挥其保温作用，直至抽薹前期方可去掉地膜。其他管理同秋播大蒜栽培。

四、青蒜苗栽培技术

1. 品种选择

为了达到蒜苗早熟丰产、供应期长的目的，以选早熟、早萌芽、发根早、叶肥嫩、蜡粉少的品种为好。如成都的云顶早、二水早、上海的崇明大蒜、广西的全州肉蒜。

2. 播种

不论在露地还是保护地内，均做成1.5~1.7m宽的平畦。畦内施腐熟的有机肥，每亩3 000kg，浅翻10cm。

为提早和延长蒜苗的上市时间，使之陆续不断地供应市场，各地要利用早熟品种早萌芽发根的特点，采取促早处理，尽量提早播种，提早采收。长江流域6~8月份正值高温炎热天气，因而蒜瓣须经过浸种和低温处理，才能促使蒜瓣早萌芽发根。处理的方法有：①将蒜瓣在井水中浸1昼夜后播种，但浸种时间不能过长，以免引起种瓣腐烂。②浸种后，剥去蒜皮播种，可提早半月左右采收。③将已剥皮的蒜瓣用清水淘洗，取出后立即放在地窖中，保持15℃的温度和一定的湿度，使之在较密闭的环境条件下发根，约经10d左右大部分蒜瓣发根后即可播种。④用清水或尿液浸种1昼夜后平摊在湿润的地面或湿草上，上面再薄盖湿草；促使早萌芽发根。⑤将蒜瓣喷湿后，有条件的可存放冷藏库或冷藏柜中，以2~4℃低温处理2~4周，以促进种瓣内酶的活动，使之及早出芽发根。播种后出苗早而整齐，可提早15~20d采收。

播种密度应根据品种的特点和播种时期而定。如品种选云顶早蒜，夏至至大暑播种，密度为4~5cm密栽，播后2个月选收；品种选二水早，立秋至处暑栽培，株距6~7cm或错位栽，70d左右收获。播种时，把蒜种瓣竖直密排在畦上。播完后上面盖土3cm，浇透水后再撒土1~2cm，用稻草盖种效果更好。

3. 肥水管理

播种后若土壤过干，须立即灌水，使土壤湿润，确保蒜苗早出并整齐。齐苗后薄施速效肥1次提苗，播后40天内进行第2次追肥，若土壤较干，追肥后接着再灌水1次促苗。坡地不能灌水者，追肥要勤、要淡、要多，以保持土壤湿润，利于蒜苗生长。

4. 采收

蒜苗长到20cm以上后，可陆续分批选收，或者隔株采收，收后再施追肥促长。采收的方法，一般是1次连根拔起，洗净泥土杂物后上市；也可以选晴天在离地面3cm处用刀割苗采收，收后加强肥水管理。这样2次采收，亩产可以由2 000kg提高到3 500~4 000kg。

五、蒜黄栽培技术

1. 品种选择

蒜黄的产值较高，应选用大瓣品种，以求发芽快，生长粗壮，产量高。选种时剔除冻、烂、伤、弱的蒜瓣。

2. 栽培场地

蒜黄主要在冬春低温季节栽培，凡是有一定温度条件的场所均可进行。多采用保温性能较差的塑料大棚、小拱棚、风障畦、空室、菜窖，或在流水的河滩地、泉水地旁进行。

在保护地内挖30~40cm深的栽培床，床宽12~15m。在室内可用砖砌成 0.5~0.6m 的长方形栽培池。在河滩或泉水边，可挖成 1~1.5m 深的栽培地。栽培蒜黄可用细沙或砂壤土。在栽培床内铺沙或土 3~6cm，摊平。

3. 播种

蒜黄可在 10 月上旬到翌年 3 月下旬连续不断地播种和收获。从种到收获，在适温条件下 20~25d。可根据上市期确定播种期。

播种前，把选出的蒜头用清水浸泡 24h，使之吸足水分后去掉蒜盘踵部，一个换一个地把蒜头紧紧排在栽培池内，尽量不留空隙，空隙处亦用散种瓣填严。一般每 1m^2 采用蒜种 10~20kg。播后上面覆盖细沙 3~4cm，用木板拍实压平，再浇足水。水渗下后，再覆 1~2cm 一层细沙。

4. 田间管理

(1) 遮光 蒜芽大部分出土时，栽培床上盖苇帘或草苫子遮光，亦可盖黑色塑料薄膜遮光，以软化蒜叶，保证蒜黄的质量。盖帘过晚，或盖得不严密，蒜苗见光，会使叶片变绿而降低品质。盖帘还有保护栽培床温度和湿度的作用。

(2) 温度管理 播种后至出土前，利用保护地的覆盖措施尽量提高栽培床温度，白天保持 25~28℃，夜温不能低于 18~20℃，如有条件，夜温略高于日温更好。出苗后至苗高 10cm 时，为使苗粗壮，白天可降低温度至 20~25℃，夜温 16~18℃。苗高 20~25cm 时，通风量还应加大。白天保持 18~20℃，夜温 14~16℃，以促进蒜苗粗壮，高产，改善品质。收获前 4~5 天，尽量加大通风，白天保持 10~15℃，夜间 10~15℃，防止秧苗徒长倒伏。

(3) 水分管理 蒜黄栽培中，第一水应充足，一定要淹没蒜瓣。以后每 2~4d 浇 1 次水，保持栽培床经常湿润。水分管理要根据保护地内的温度和秧苗时期确定，温度高，蒸发量大，秧苗大时，勤浇，浇水量应大，反之应小些。收割前 2~3d 应浇水，以保持蒜苗细嫩。

(4) 通风 栽培床内有时积聚大量二氧化碳或保护地加温时放

出一氧化碳等有害气体。在中午温度高时，应通风换气。出于保温需要，一般不必过多地通风。

5. 收获

蒜黄高25~30cm左右时，即可收割。从播种至收获20~25d。收割时刀要快，下刀不宜过深，以贴地皮割下为宜，不可割伤蒜瓣。割后不要立即浇水，防止刀口感染3~4d后浇水，促进第二茬生长。约过20d后可收第二刀。收第三主刀时连瓣拔起。第一刀，每1kg蒜种可产蒜黄0.7~0.8kg，第二刀0.4~0.5kg。收割后的蒜黄要扎成捆，放在阳光下晒一下，使蒜叶由黄白色转变为金黄色，称"晒黄"。晒的时间不要太长，并注意装入无毒塑料袋中短期贮藏。蒜薹为防断口老化和腐烂，在装袋前将断口放入10%的食盐水中杀菌，装入袋后抽去空气封住袋口呈真空包装。每隔半月检查1次，开袋口通风1次，以调节袋内气体成分。

干蒜头贮藏法：

①挂藏法。选无散瓣、带假茎的蒜，每100头捆在一起，挂屋内外通风避雨处。可贮藏半年以上。

②堆藏法。收获后去假茎和根，晒干放干燥通风处，可贮半年左右。

③青鲜素贮藏法。用1%的青鲜素水溶液，在收蒜头前1~2周喷洒大蒜茎叶，可抑制大蒜发芽，延长贮藏期。

④糠皮埋藏法。在贮藏箱或筐内的底部铺一层厚约2cm的糠皮，然后一层蒜头一层糠皮，层积至离容器口5cm处，上面用糠皮覆盖。这样用糠皮保持较稳定的温度，减少了氧气，增加了CO_2，抑制了大蒜的呼吸作用，可延长贮藏期。

第四节 四季豆

四季豆生长的适宜温度为18~22℃，32℃以上就会落花落荚。因此8~9月平原地区不能生产的四季豆而利用高山独特的自然条件栽培生产，可满足市民消费者的要求供应四季豆，丰富菜篮子。它的主要栽培技术有：

一、种植地段及土地的选择

在海拔 600~1 200m 的高山区都可种植，其中以 750~1 000m 为最佳，海拔较低的要选择，坐北朝南背西，上午太阳下午阴，下午太阳落山比较早的小气候（生态）条件好的地块。而且土层要深厚，疏松肥沃、排灌方便。

二、选用良种

适于高山栽培的四季豆以蔓性种（即黑籽、红花、圆荚、白籽、白花、圆荚）为好。一般播后 50d 左右开始采收，采收期 20~30d，管理好的采收期可延迟 10d 左右，产量较高，亩产可达 2 000kg 以上。

三、适时播种、施足基肥

四季豆宜采用直播方法，在 6 月中下旬至 7 月上旬播种。播种前亩施栏肥 2 500kg 或上海尹氏有机肥 200kg，磷肥 25kg 或草木灰 4 000kg，含硫复合肥 25kg，磷肥 25kg。耕翻做畦，畦宽 100cm，沟深 30cm，每畦种二行，行距 70cm，株距 20~27cm，每穴播 3~4 粒种子，籽上盖细土 2cm 厚。

四、中耕除草，巧施追肥

出苗后或抽蔓初期结合除草，可用淡人粪尿浇一次或用天然有机生化液肥 500 倍液喷 1 次，结荚后采收期可亩施含硫复合肥、尿素各 10kg 或用有机生化液肥 300 倍液，每隔 10~14d 喷施 1 次，连施 2~3 次。每亩用量 0.5kg。在整个生长期要注意保持田间湿润，过干过湿会引起落花落荚。结合追肥，进行中耕培土，上架后，畦面铺草，降低土温，保持水分。

五、搭架引蔓

四季豆搭架要偏早,在抽蔓10cm左右时搭好,尽可能不靠人工引蔓防止损伤,搭架用200~230cm的竹竿搭成人字架,按逆时针方向引蔓,任其在架上生长。

六、病虫害防治

四季豆的主要病害有炭疽病、锈病等,可用消毒立逃1 000~1 400倍液或铜大师1 400倍液或75%百菌清800倍液喷雾防治。主要虫害有蚜虫、豆野螟等,可用80%敌敌畏乳油800倍液加20%杀灭菊酯乳油4 000倍液或5%抑太保乳油1 500倍液加40%乐果乳油1 000倍液或5%锐劲特乳油1 500倍液或1%杀虫毒1 000倍液喷治。治虫应根据害虫生活习性,在早、晚幼虫开始活动时进行喷药防治,喷药应注重在开花部位并兼喷落地花。四季豆防病治虫不能用杀毒矾、杀虫双,以免引起药害。

七、及时采收和清园

四季豆生长快,一般花后10d左右即可采收,每隔1~2d采收一次,若不及时采收,品质下降,豆荚纤维多、豆老、商品价值下降。四季豆败蓬后要及时清园,清除枯蔓落叶,集中烧毁,可有效降低夏季病虫害的发生率。

收购标准,每1kg100荚左右,荚长14cm以上、无虫荚、无病斑、无畸形、节间均匀平滑,不隆籽,色泽青绿或玉白色。

八、防止四季豆落花落荚的措施

①在适合栽种四季豆的海拔高度内,海拔低播种期要早,海拔高播种期可迟,争取有较长的适合于四季豆开花结荚的生长期。

②适当密植并用高人字支架方式(210cm左右)。作畦要行对风向,最好与矮生作物如甘蓝等隔畦间作,创造良好的通风透光

环境。

③做好肥水管理,在施肥上,花前少施,花后适量,结荚盛期重施,不偏施氮肥,增施磷钾肥,灌溉上不过干过湿,雨后注意排水。

④适时采收豆荚,减少养分消耗,减少落花落荚。

⑤及时防治病虫害。病害主要是锈病、炭疽病、白粉病等危害叶片,降低光合作用,以至提早枯萎,影响开花结荚,要及时防治;虫害主要是豆野螟危害花荚,可在开花时每隔3~5d喷药1次,连喷2~3次。在上午露水干后及傍晚太阳落山前幼虫活动期喷杀为好。以后视虫情而定,进行防治。

第五节 食用菌

辛集市地处冀中平原腹地,属暖温带大陆性季风气候,年平均气温12.5℃,无霜期190d,农业气候条件优越,适合各种农、林、果作物生长,即使在粮棉菜主产区,果树种植面积也达到40万亩。为了解决农民在产业结构调整中,农、林、果种植业争地争资源的现状,更加科学的整合利用土地和光热资源,基层农业科技人员近两年开展在林下食用菌栽培试验示范,取得了成功。该栽培模式提高了单位面积的经济效益,激发了农民种植积极性,成为当地农民新的经济增长点,为农民增收致富开辟了新路子。

一、种植模式

1. 林下香菇

在生长3~4年以上郁闭度在0.7的南北向速生杨林地、果园种植,行间搭建简易拱棚,有条件可架设水雾微喷设施,采用菌棒立式培植,栽培期5~11月,一次种植,采收4~5茬。销售鲜菇。

成本效益方面:每亩林地可放置菌棒5 000支,每支菌棒平均产鲜菇1.25kg,接种后每支菌棒成本为2.6元,每亩林地小拱棚材料、遮阳网及架设水设施每年折价600元,鲜菇按今年市场批发价

8元/kg计算,每亩纯收入可达3.7万元。

2. 林下平菇

生产情况:适宜在高密度林地,少见光、利通风,行距在2.5~3m最好。行间搭建简易拱棚,有条件可架设水雾微喷设施。采用菌袋培植,菌棒规格一般为1.25kg干料重,4~7月为林间管理、收获期,一次种植,采收3~4茬。销售鲜菇。

效益方面:每亩林地可放置菌棒5 000支,每个袋菌平均产鲜菇1.25kg,接种后每支菌棒成本为3.2元,每支菌棒人工费0.2元,每亩林地小拱棚材料、遮阳网及架设水设施每年折价600元,按今年市场批发价3.6~4元/kg计算,每亩纯收入可达4 900~7 400元。

3. 林下黑木耳

生产情况:适宜在生长4年以下郁闭度较小的林地种植,搭建简易拱棚,有条件可架设水雾微喷设施,采用菌袋培植,菌袋规格一般为0.75kg干料重,4~6月为林间管理、收获期,一次种植,一茬采收。销售干木耳。

二、林下栽培设施安装

栽培设施主要指适合林间食用菌栽培生产的配套供水系统及简易小拱棚设施。微喷系统采用喷雾六件套,每1.2m安装1只。林下建简易小拱棚,规格为宽2m,高0.8~1.0m,长度以林地为准。材料为竹片、薄膜、铅丝和架杆。平菇、木耳、香菇需立式栽培,棚中拉7条铅丝架。

三、林下栽培技术

1. 林下香菇栽培

为发展林下食用菌栽培,辛集市成立食用菌合作社,现在从原料、灭菌、制棒、发菌都由合作社完成,农民社员买成品菌棒可以直接入林进行出菇(耳)管理。

当整个菌袋内 2/3 以上转成棕褐色时,可脱袋排场。菌棒于棚内铅丝上斜靠交错摆放,间距 10cm,间距太近影响出菇形状、品质。

脱袋时可用木棒适当拍打震动加强刺激,有利于籽实体形成,加快出菇。

脱袋后,湿度以 85%~90% 为最好,温度为 21~35℃,适温为 21~23℃,昼夜温差最好在 10℃ 左右。

一般第 1 潮菇不需注水即可出菇,特殊情况如菌棒失水过多,则必须注水方可出菇。

2. 出菇前期管理

温度 25℃ 左右,湿度应控制在 90% 左右,光线适中,菇蕾长成成品菇只需 3~4 d。这种温湿条件下生长的菌肉厚、柄短、色深、质量好。

3. 出菇期管理

温度以不高于 30℃ 为好,白天基本覆盖,早晚喷水增加湿度,中午喷水降低温度。晚上小对流通风,人工制造较大的温湿度差,空气湿度 90% 左右。昼夜温差在 10℃ 以上,连续 3d,给予散射光照以刺激出菇。

4. 采菇

菌盖直径 6~8 cm,成伞形,菌盖未展平,盖下菌膜开裂为香菇适宜采收期,夏菇长速较快,从菇蕾到成菇一般 1~2d,气温高时半天完成,为此采收是 1d 采 1 次,盛发期早晚各 1 次,一潮菇采收后停止喷水,延长通风时间,让菌筒休养生息,待采菇部位重新长出白色菌丝时再催蕾。7~8 月高温期间应以养菌为主。

5. 注水管理

夏季注水第 3 d 开始出菇,第 6 d 即可采收,采收期 3~5 d,所以注水应按出菇和销售要求依此分批安排,等最后一批注完后,使第 1 批注水的正好采收后已养菌 20 d 左右,随即可进行第 2 潮菇的生产。达到产量均衡上市连续的采收要求。注水应采用无污染的地下水，且水温低对菌丝刺激大，对出菇有利。

四、林下木耳栽培

可在5~6月入林出耳，采用菌袋地栽，小拱棚内温度控制在18~25℃，相对湿度85%~90%，并加强光照，菌丝生长分化，当分化形成幼嫩耳芽时，要有足够的散射光，耳棚保持湿润，并适当通风换气。耳芽出现杯状时，增加每天喷水次数，提高湿度到90%~95%，以充分满足耳芽生长对水分的要求，保证耳片正常发育。因林间空气相对湿度不易人为提高，低于木耳子实体生长发育最适要求，因此需要勤喷补湿。采耳后，停水3~4d，待菌丝恢复生长后，再进行喷水管理，以促进下1潮原基形成，一般可采收3~4潮。

五、林下平菇栽培

平菇低温品种，可以从3月一直种植至11月。3月下旬菌棒入拱棚，培菌温度控制在5~25℃；出菇控制温度为13~18℃，空气相对湿度为85%~90%。采收后清除袋料两端的菇角和老菌丝，这时培养料的含水量应补足到65%左右，空气湿度适宜，一般10d左右出现第2潮蕾菇。平菇出两潮菇后，培养料的营养有些不足，为促进多出菇，可以结合喷水喷施营养液。采收3~4潮菇后，大致在6月底，可以更换耐高温品种菌棒，进行下一轮出菇管理。

食用菌林下栽培实现了"以林养菌，以菌促林"，林果生产为食用菌的生长创造了环境，食用菌的生产反过来对树木的生长产生明显促进作用，实现生态系统的良性循性。辛集市40万亩果园既为发展林下食用菌生产提供了广阔的林下资源，更有每年巨量修剪枝条作为菌棒原料，具备了成熟的科技支撑及合作社经营模式，林下食用菌生产已经成为农民的增收新路。

第七章 设施蔬菜营销管理

第一节 设施蔬菜的市场分析

根据蔬菜的营养成分和对人体的生理作用，蔬菜在我国居民的膳食构成中具有重要地位，它主要提供人体所必需的膳食纤维、矿物质、维生素 C 和胡萝卜素等营养物质。国外防癌机构还把多吃蔬菜列为"饮食防癌的规范性建设"内容之一。我国又是以植物性食物为主、动物性食物为辅的膳食模式的民族，这就决定了我国居民蔬菜消费量在膳食结构中所占比重较大。

一、我国蔬菜消费的基本特点

（一）城镇居民蔬菜消费高于农村

按照联合国的恩格尔系数 40% ~ 50% 作为小康水平的划分标准，我国城镇居民已于 1994 年步入小康，而农村居民仍在向小康过渡。在一般情况下，为了改善膳食构成，城镇居民蔬菜消费量比农村多。

（二）高收入居民蔬菜消费量多

随着经济体制改革的不断深化，家庭经济收入普遍提高，收入的高、中、低档次逐渐拉开，反映在蔬菜市场上就出现了不同层次的消费。在一般情况下，收入高的居民蔬菜消费量较多，收入低的居民蔬菜消费量较少。据市场分析，上海有 20% 左右的消费者乐意多花钱选购高档、精细、时令蔬菜，但亦有约 20% 的消费者只需便宜的大路菜。

（三）蔬菜消费具有地域差异

由于饮食传统和习惯可以导致部分蔬菜区域消费的形成，我国南北跨度大，自然生态条件大不相同，而各种蔬菜对环境条件要求亦不一样，大体可分为喜温、喜冷凉和耐寒三类。喜温蔬菜：番茄、黄瓜、豆类等；喜冷凉蔬菜：白菜、甘蓝、萝卜等；耐寒蔬菜：大葱、蒜、菠菜等。

由于上述蔬菜品种生产的地区不平衡，导致蔬菜消费具有地域差异：

一是北方的长春、北京、郑州等地白菜、番茄、黄瓜、大葱、豆角5种占比重较大，白菜最大。

二是南方如广州、上海等市居民喜消费芽类蔬菜、水生蔬菜、多年生蔬菜、野生蔬菜、稀特蔬菜等时令菜。

从全国看，北方城市居民人均购买鲜菜量比南方的多。农村居民蔬菜消费量则基本取决于生产量、生产品种和消费习惯。

（四）蔬菜消费品种结构复杂

中国蔬菜种类繁多，北京市大钟寺批发市场上市鲜菜累计达70种以上，南方市场蔬菜花式品种会更多。这就决定了中国蔬菜品种消费结构的复杂性。在鲜菜品种消费结构中，有25种蔬菜是居民餐桌上普遍的菜肴。这25种菜是：白菜、洋白菜、菠菜、油菜、芹菜、韭菜、空心菜、大葱、菜花、萝卜、胡萝卜、葱头、生姜、莴笋、蒜薹、蒜头、黄瓜、冬瓜、丝瓜、番茄、茄子、青椒、豆角、莲藕、豆芽菜等。

（五）产地的局限性

很多蔬菜由于产地的局限性，形成典型的区域消费特点，或由于消费习惯导致其产地的局限性。

江南湖泊水网交错，为水生蔬菜生产创造了得天独厚的环境。因此，太湖莼菜、无锡茭白、杭州荸荠、雪湖贡藕、建水草芽等就呈明显的区域消费特色。

二、我国蔬菜产需的新变化

随着我国居民收入水平的提高,食物消费结构发生了巨大的变化,蔬菜产需基本平衡。在这种情况下,人们对蔬菜的消费已从数量型逐步转向质量型,要求蔬菜"优质、卫生、营养、保健、方便"。由此,我国蔬菜产需出现了6个方面的转化。

(一)向营养保健型转化

当人们对吃饱吃好的要求满足之后,就寻求能预防疾病、强健身体的食品,以达到延年益寿的目的。从营养学分析,蔬菜是重要的功能性食品,因为人类需要的六大营养素中的维生素、矿物质和纤维素主要来源于蔬菜,而且某些营养素还是蔬菜独有的。如果人们缺少蔬菜中某种营养素,不仅影响人体健康,而且还导致某些疾病发生。

因此,不少消费者到市场选购具有营养价值高和保健功能好的蔬菜。主要表现在:

一是营养价值高、风味好的豆类、瓜类、食用菌类、茄果类蔬菜已由数量型向质量型发展。

二是营养价值高的南方菜,如花菜、生菜、绿菜花、紫甘蓝等销势看好。

三是一些具有保健医疗功能的野生蔬菜身价倍增,成为菜中精品,各地正致力采集、驯化栽培、加工利用,以供应市场的需要。

(二)向"绿色食品型"转化

蔬菜数量的剧增令人欣慰,但其有害物质的富集却让人忧虑。现实迫使消费者增强了自我保护意识,对"绿色食品"的追求越来越迫切。

20世纪80年代初,农业部植保总站开始推广无公害蔬菜生产技术,到20世纪80年代末已有22个省(直辖市、自治区)的200

多个城市建起无公害蔬菜生产基地 6.67 万 hm^2，年生产无公害蔬菜 610 万 t 以上。20 世纪 90 年代，农业部成立"中国绿色食品发展中心"，实行"绿色食品"认证制，从产地生态环境、产品生产操作规程到农药残留、有害重金属和细菌含量等方面对"绿色食品"的标准做了界定。

（三）向净菜方便型转化

为了适应城市快节奏、高效率的需要，净菜悄悄上市了。所谓净菜，就是蔬菜采收后，进入 5~7℃ 的低温加工车间，在这里完成预冷、分选、清洗、干燥、切分、添加、包装、贮藏、质检等工序。这时的蔬菜即是净菜，只要稍加清洗，便可入锅烹炒了。

（四）向蔬菜工业食品型转化

蔬菜工业食品包括原料贮存、半成品加工和营养成分分离、提纯、重组等。发达国家工业食品在食品消费中所占的比例较大，一般达 80%，有的高达 90%，而我国只占 25%。

我国蔬菜工业食品除传统的腌渍、制干、制罐等加工工艺外，已开发出半成品加工、脱水蔬菜、速冻蔬菜、蔬菜脆片等；一些新开发的产品也陆续问世，主要有汁液蔬菜、粉末蔬菜、辣味蔬菜、美容蔬菜、方便蔬菜等；蔬菜深加工迅速兴起，已呈现出三大走向，那就是蔬菜面点、蔬菜蜜饯、蔬菜饮料。

由于工业食品在品种、质量、营养、卫生、安全、方便和稳定供给方面，更适应人们对现代食品的高要求和快节奏生活的需要，已受到广大消费者的青睐。

（五）向名、特、稀、优型转化

向名特稀优型转化的标志：

一是人们购买趋向时令菜、反季节菜。在淡季，花菜、番茄、韭菜等更加畅销。在冬季北京市场上，南方生产的黄瓜、花菜、西洋芹等颇受欢迎。

二是大路菜销售减少，细菜消费量增加。

三是西菜，是从国外引进的高档蔬菜品种的总称，市场广阔，除饭店、宾馆需求趋旺外，已进入普通居民家庭。近年，广东、广西、福建等省区发展较快。西菜适应性强，具有丰产性、抗病性，我国南北各地均可种植。目前，栽培种类主要有风味西菜、袖珍西菜、花粉西菜、营养西菜、色彩西菜等。

（六）向出口创汇型转化

由于我国各地生态条件不同，形成了不少具有地区特色的优质蔬菜品种。随着市场经济的发展，这些优质蔬菜得到升华，有些已成为"无公害蔬菜"，又上了一个档次，不但深受国内消费者欢迎，而且在国外市场也有竞争力。

以上六方面转化标志着我国居民蔬菜需求已从数量型转化为质量型。随着农村经济的发展，农村蔬菜消费将得到提高。

第二节　蔬菜销售管理技巧

蔬菜的质量和价格是超市生鲜类商品质量和价格最敏感的温度计。

蔬菜的营运目的以高质量、低价位的商品吸引客流、带动消费，创造高的营业额。围绕这一目标，蔬菜的营运风格是"短、平、快"。"短"是周转期短，周转越快，商品就越新鲜；"平"就是价格低廉，并经常有轰动性的低价出现，极大地刺激销售，树立平价形象；"快"就是反应要迅速，订货随季节、天气、进价而变化，商品质量发生变化时，处理要快速，蔬菜的生命周期短，滞留的结局只能是损耗。

蔬菜销售要关注的环节很多，重点要把握3个方面，即鲜度质量管理、库存周转、价格竞争。突出重点的细致管理，对提高业绩，减少损耗，维持高水平的质量是重中之重。

一、蔬菜鲜度管理

温度与湿度是影响蔬菜质量的两大重要因素，也是超市经营管理中可控制的因素。因此温度管理与湿度管理成为蔬菜鲜度管理的重要措施和手段，也是蔬菜销售的重要工作之一，它贯穿于蔬菜储藏、销售的全过程，直接影响着蔬菜的最终销售品质。

二、有计划的订货

1. 蔬菜采购计划的设立

应季性：蔬菜是季节性变化很强的商品，随着季节的变化而经营应季的蔬菜既可获得高利润，又增加品种的多样性并借以引领潮流、吸引客源。

积极性：大部分蔬菜都有淡旺季，尽管随着保鲜技术的发展和蔬菜的南北调运，许多品种可以实现全年供应，但处于旺季的蔬菜产量大、品质新鲜、价格低廉，成为顾客消费的主要热点，采购计划应借此类商品达到高营业额的目标。

优惠价格：某些品种在一段时间内，供货方给予特价，采购成本价低，可借此品项增加毛利或优惠顾客以建立"物美价廉"的形象。

促销活动：节假日或店庆等大型的促销活动，采购数量、促销价格、重点品种应列于采购计划中。

采购计划的设立最终达到的目的是完成或超过销售预算及相应的毛利指标。

2. 蔬菜订货的原则

以销订货：按每个品项的近两日销量及参照上周同期的销量进行订货，订货时将采购计划计算于内。

以价订货：根据采购成本的变化进行订货，将因价格变化而引起的预估的销售增长量计算于内。

以质订货：以最近时期的供货质量作为参考，根据质量的等级结合价格因素进行订货。

以周转期订货：不能实现随时供货的品种，按其品质周转期进行订货。

三、价格竞争手段

门店要加强与市场沟通，及时了解熟悉批发市场的货源和品种情况，因为随着季节的变化，蔬菜市场的品种和价格也是层出不穷、千变万化，门店要随时掌握市场行情，并且要善于利用销量大的品种做促销活动，产生轰动效应。

门店可根据周边顾客的消费习惯每天选1~2个品种做特价，价格可略高于进价或与之持平，以带动其他商品销售。

对于一些品相非常差的蔬菜，要及时清理，不能为了降低损耗而舍不得丢弃，一旦蔬菜不够新鲜，即使价格较低也不能引起顾客的购买欲望，部分在架蔬菜展示的时间过长还会因腐烂而散发出异味，严重影响门店的品牌形象。因而在平价销售的同时必须保持展示架上蔬菜的新鲜。

此外，蔬菜的验收工作也要引起重视，验收主要靠视觉、触觉、味觉来判断蔬菜的颜色、大小、形状、外表、整齐度等，如有异常应及时退回。

生鲜五大品类：鱼类、肉类、蔬果类、熟食与面包，怎样才能吸引顾客？环境必须做到干净、清洁、美观、舒适。同时，还要产品新鲜、品类齐全、价格合理。

四、卫生干净

提供给顾客一个洁净、舒适的购物环境，让顾客有一个愉快的购物心情，这是最基本的要求。提供安全、新鲜、卫生的商品，其先决条件，除保证进货质量外，生鲜操作间、卖场要经常保持清洁，不得积水，并经常打扫、擦拭设备设施。

五、品质新鲜

"质量是生鲜商品的生命",消费者对生鲜食品最为关心的是新鲜度,因此要严格把关,建立严格的验收收货制度。按进货日期、品名、规格、数量、质量等要求完成入库手续,售货员、录入人员、生鲜主管签名确认,以形成相互连接的控制链。

六、商品陈列

生鲜商品丰富的陈列要体现出美感。要做到商品齐全、分类清楚,要体现出商品的特性及物美价廉,并且根据季节或 DMS 安排每一种商品的合理空间排面。

七、商品定价

消费者对生鲜食品最敏感的是价格,以低廉合理的市场价格、强有力的促销来增加顾客数是生鲜经营的基本思路,并且随时以"低价促销"来降低损耗、加快生鲜食品流转。

八、鲜度管理

完成生鲜商品陈列后却不加整理,将缩短生鲜品的货架周期、增加耗损、削弱商品表现力。因此卖场在营业时间内提供持续度高的生鲜商品是必备的营业要求,也是留住顾客的最佳方法。

九、库存规范

对于生鲜食品来说,残损率比其他商品要高,控制库存就能最大程度减少残损,提高利润率。明确各项生鲜商品和加工原料的理想存储温湿度要求,使商品和原料在待售、待用状态下保持最佳品质。例如:熟识热柜销售的食品不能低于60℃;冷藏、冷冻卧柜的商品陈列均不得超过转载线;各种展示柜、冷冻柜(库)均需有温度调整记录手册及操作规范;关店之后,应把最易损耗或损坏的商品打包放入冷藏柜或冷冻库内，例如：蔬菜放入冷藏库；有的货不符合第二天销售要求，一定要处理掉。

十、顾客需求

只有有效满足顾客的需求，才能实现最终目的——创造经营最大利润。因此在卖场生鲜经营管理上，要注意将生鲜产品质量的筛选方法用 POP 牌告诉顾客，以降低人为损耗，并明确标出各种生鲜产品的料理方发或营养成分，以吸引或增加新的顾客购买。

主要参考文献

[1] 中国农业科学院蔬菜花卉研究所．中国蔬菜栽培学．北京：中国农业出版社，2010．

[2] 汪李平，黄树苹．蔬菜科学施肥．北京：金盾出版社，2010．

[3] 张百俊等．绿色蔬菜生产致富小百科．北京：中国农业出版社，2010．

[4] 陈天友，韩邦武．芹菜周年优质高产关键技术问答．北京：中国农业出版社，1999．

[5] 李加旺等．黄瓜栽培科技示范户手册．北京：中国农业出版社，2008．

[6] 冯武焕，程智慧．韭菜标准化生产技术．北京：金盾出版社，2010．

[7] 范双青等．西瓜甜瓜保护设施栽培．北京：中国农业大学出版社，1998．

[8] 张广臣等．科学种菜一本通．长春：吉林人民出版社，2000．

[9] 沈强，刘光华．现代农村实用技术．长春：吉林人民出版社，2002．

[10] 刘海河，张彦萍．菜病虫害防治．北京：金盾出版社，2009．

[11] 武占会．现代蔬菜育苗．北京：金盾出版社，2009．

[12] 张东海．农作物植保员．北京：中国劳动社会保障出版社，2009．

［13］农业部人事劳动司．农业职业技能培训教材编审委员会．农作物植保员．北京：中国农业出版社，2004.

［14］张元恩．蔬菜植保培训教材（北方本）．北京：金盾出版社，2008.

［15］王杰秀．农作物病虫害．北京：石油工业出版社，2008.

［16］屠豫钦．农药科学使用指南．北京：金盾出版社，2009.

［17］徐洪海，陈勇，王玉新．蔬菜园艺工（北方部分）．北京：中国农业科学技术出版社，2014.